2017中国工程建设标准化协会防火防爆专业委员会第六届学术交流会论文集

中国工程建设标准化协会防火防爆专业委员会　主编

西南交通大学出版社
·成都·

图书在版编目（CIP）数据

2017中国工程建设标准化协会防火防爆专业委员会第六届学术交流会论文集/中国工程建设标准化协会防火防爆专业委员会主编. —成都：西南交通大学出版社，2017.12

ISBN 978-7-5643-5981-2

Ⅰ. ①2… Ⅱ. ①中… Ⅲ. ①防火–学术会议–文集 ②防爆–学术会议–文集 Ⅳ. ①X932-53

中国版本图书馆CIP数据核字（2017）第317694号

2017中国工程建设标准化协会防火防爆专业
委员会第六届学术交流会论文集

中国工程建设标准化协会防火防爆专业委员会　主编

*

责任编辑　李芳芳
特邀编辑　李　娟
封面设计　何东琳设计工作室
西南交通大学出版社出版发行
四川省成都市二环路北一段111号西南交通大学创新大厦21楼
邮政编码：610031　　发行部电话：028-87600564
http://www.xnjdcbs.com
四川煤田地质制图印刷厂印刷

*

成品尺寸：210 mm×285 mm　　印张：14.5
字数：437千字
2017年12月第1版　　2017年12月第1次印刷
ISBN 978-7-5643-5981-2
定价：88.00元

图书如有印装质量问题　本社负责退换
版权所有　盗版必究　举报电话：028-87600562

《2017中国工程建设标准化协会防火防爆专业委员会第六届学术交流会论文集》编委会

主　编　赵长征

副主编　王　炯　　赵新文　　江　刚
　　　　　李　智　　周　强　　黄建聪
　　　　　李立志

编　委（按姓氏拼音排序）
　　　　　何学超　　黄建聪　　江　刚
　　　　　李立志　　李　智　　王　炯
　　　　　王屹韬　　尹　航　　张洁玉
　　　　　赵长征　　赵新文　　周　强

前　言

为了加强工程建设防火防爆标准化的学术交流，促进我国工程建设防火防爆标准化工作的发展，不断提高工程建设防火防爆标准的水平，中国工程建设标准化协会防火防爆专业委员会决定举办"2017年中国工程建设标准化协会防火防爆专业委员会年会暨第六届学术交流会"。

经过广泛的论文征集，来自本行业专家学者及工程技术人员的41篇学术、技术论文通过了论文评审委员会的审查。这些论文内容丰富翔实、涉及面广，涵盖了当前工程建设防火防爆工作中出现的难点和热点问题，具有较高的学术水平和应用价值，特汇编成集以供参考和借鉴。

相信此次全国性工程建设防火防爆领域的交流盛会必能为推动本行业的创新与发展尽一份绵薄之力！

公安部四川消防研究所所长
中国工程建设标准化协会防火防爆专业委员会主任委员　赵长征

二〇一七年十二月一日

目 录

新型城镇消防规划技术探索 ……………………………………张洁玉，何 茂，尹 航，王屹韬	1
不燃复合聚苯乙烯保温板与典型无机保温板的性能对比研究 ……………李碧英，朱 剑，颜明强	7
钻井四通防燃气泄漏性火灾的冲蚀规律研究 ………………………………………汪 爽，周晓勇	12
不同火源位置对受限空间燃烧特性的影响研究 ……………………………………………杨晓菡	21
高性能不燃外墙保温装饰系统关键技术研究 …………毛朝君，李平立，周晓勇，姚建军，何世家	29
古建筑及仿古建筑防火阻燃技术 ………………………葛欣国，刘 微，王新钢，卢国建，张泽江	38
国内外防火玻璃产品发展现状 …………………………………刘 微，李利君，张泽江，何学超	43
基于CFD方法对建筑"一"字型内走道排烟口位置的分析 ………………………………韩 峥	49
基于J2EE和SSH的火灾工程计算平台的建立 ……………………………………………邓 玲	57
基于热通道几何构造的呼吸式幕墙火灾危险性比较研究 ………………………………尹 航	62
建筑防火审核辅助系统研究探讨 …………………………………………李明轩，梅秀娟，雷双军	65
屋顶进风和地面进风两种设计模式的效能比较 ………………王屹韬，张洁玉，尹 航，唐胜利	69
虚拟现实技术在消防预案中的应用研究 ………………………唐胜利，卢国建，胡忠日，何世家	77
一起典型的物流运输危险品火灾勘察及思考 ………………………………………彭 波，阳世群	81
用于火场爆炸残留物鉴定的离子色谱技术研究	
……………………………甘子琼，刘军军，唐胜利，胡忠日，何 瑾，郭海东	84
2017年月14日英国伦敦火灾分析与对策 ………………………………王 炯，张洁玉，何学超	87
颜填料对水性超薄型钢结构防火涂料性能的影响 ……………申月琴，戚天游，葛欣国，颜明强	91
西昌市骏峰沙发厂"6·10"火灾事故调查 ………………………………………………周永良	95
城市地铁消防设施不利因素分析 …………………………………………………何 茂，刘晓周	101
采用连续喷砂方式灭火可行性的研究 …………………………梁文帅，王 冕，杜冠雄，梁润洁	108
大数据时代安全评估在消防管理中的作用研究 ……………………………………黄 敏，童盼琦	112
大型博览会消防安全问题初探 ………………………………………………………………徐 洋	115
钢结构厂房消防设计几个问题探讨 …………………………………………………张少晨，张元祥	119
高铁车站在消防验收中常见问题的探讨 ……………………………………………………甄 琦	122
公路隧道火灾的预防研究 ……………………………………………………………王庆华，江 伟	128

汗蒸房类场所消防安全评估初探	黄 涛	132
浅析破拆技术在船舶火灾中的应用	田 飞	135
浅议消防产品质量监管存在问题及对策	刘 玥	140
浅析建筑中庭消防设计	任贵红	143
浅谈超过250米超高层建筑消防灭火设施设计	吴思军，彭建明，李 聪	148
社会单位消防安全区域协作工作初探	崔 颖	153
防火封堵材料抗爆性能浅析	张 瑷，宋 超，饶 盼	157
俄罗斯清洁灭火剂的发展历程	张之立	162
俄罗斯水力坡度计算通式与估算通式	张之立	167
给水通风管道水力光滑区摩擦阻力系数计算通式	张之立	179
国际标准化组织标准中清洁灭火剂的发展历程	张之立	183
论工程技术界外国人名的准确翻译问题	张之立	188
论选煤厂特殊构筑物消火栓用水量的确定问题	张之立	193
美国清洁灭火剂的发展历程	张之立	204
中国清洁灭火剂的发展历程	张之立	213
自然排烟窗开启系统中理解的误区及对策	解 宏，解文炎	220

新型城镇消防规划技术探索

张洁玉[1]，何 茂[2]，尹 航[1]，王屹韬[1]

（1. 公安部四川消防研究所，四川 成都 610036；2. 成都市公安消防支队，四川 成都 610000）

【摘 要】 城镇消防规划是根据城镇总体规划所确定的城镇发展目标、性质、规模和空间发展形态，按照城镇功能分区、各类用地分布状况、基础设施配置状况和地域特点，在分析城镇火灾事故现状和发展趋势的基础上，对城镇火灾风险做出评估，确定城镇消防安全总体目标，对城镇消防安全布局、公共消防基础设施及消防装备建设等进行科学合理的规划，提出具体的工作目标和实施措施，为建立完善的城镇消防安全体系，提高全社会防灾、抗灾和救灾综合能力提供决策和管理依据。目前，我国正推进城镇化建设，要做好小城镇消防规划工作需着眼实际，不能贪大求快，充分尊重民族文化传统，适应各地气候和地理环境差异，因地制宜。

【关键词】 消防规划；小城镇消防规划突出问题；消防规划落实；新型消防规划技术

城镇消防规划是根据城镇总体规划所确定的城镇发展目标、性质、规模和空间发展形态。按照城镇功能分区、各类用地分布状况、基础设施配置状况和地域特点，在分析城镇火灾事故现状和发展趋势的基础上，对城镇火灾风险做出评估，确定城镇消防安全总体目标，对城镇消防安全布局、公共消防基础设施及消防装备建设等进行科学合理的规划，提出具体的工作目标和实施措施，为建立完善的城镇消防安全体系，提高全社会防灾、抗灾和救灾综合能力提供决策和管理依据。

首先我们来探讨一下小城镇①的定义。在我国小城镇是一个使用频率较高的通用名词，但我国对小城镇概念的运用很不规范，因而对小城镇概念的覆盖范围，无论是理论工作者，还是实际工作者，往往存在着许多不同看法。经过查阅各种资料，本文以建制镇为主体来进行消防规划的研究。（下文中所指城镇均是此类小城镇）

根据世界城镇化的一般规律，我国仍处在城镇化率30%～70%的快速发展期。2013年6月26日，在第十二届全国人民代表大会常务委员会第三次会议上，国家发展和改革委员会主任所做的《国务院关于城镇化建设工作情况的报告》中指出："我国城镇化是在人口多、资源相对短缺、生态环境比较脆弱、城乡发展不平衡的背景下推进的，这决定了必须从基本国情出发，遵循城镇化发展规律，积极稳妥推进城镇化健康发展。促进城镇化健康发展的思路是必须坚持公平共享，有序推进农业转移人口市民化，推动城镇基本公共服务常住人口全覆盖，使全体居民共享城镇化发展成果；坚持合理布局，根据资源环境承载能力、发展基础和潜力，科学规划城镇群规模和布局，促进大中小城镇和小城镇协调发展；

---

① 我国狭义上的小城镇是指除设市以外的建制镇，包括县城。这一概念，较符合《中华人民共和国城镇规划法》的法定含义。建制镇是农村一定区域内政治、经济、文化和生活服务的中心。1984年国务院转批的民政部《关于调整建制镇标准的报告》中关于设镇的规定调整如下：a. 凡县级地方国家机关所在地，均应设置镇的建制。b. 总人口在2万以下的乡，乡政府驻地非农业人口超过20%的，可以建镇；总人口在2万以上的乡、乡政府驻地非农业人口占全乡人口10%以上的亦可建镇。c. 少数民族地区，人口稀少的边远地区，山区和小型工矿区，小港口，风景旅游，边境口岸等地，非农业人口虽不足20%，如确有必要，也可设置镇的建制。

公共资源在城乡间均衡配置是很重要的工作。要增强基础设施、公共服务、资源环境对人口集聚的支撑作用。"

所以，消防资源作为公共资源的一部分，消防规划是城镇规划的一个子系统，其建设也应遵循上述原则并与其他专项规划紧密结合。我们在做消防规划设计的时候应该坚持"以人为本"的原则，在提高公共服务能力的同时，努力节省资源。我们认为城镇消防规划应根据城镇总体规划所确定的城镇发展目标、性质、规模和空间发展形态，按照城镇功能分区、各类用地分布状况、基础设施配置状况和地域特点，在分析城镇火灾事故现状和发展趋势的基础上，对城镇火灾风险做出评估，确定城镇消防安全总体目标，对城镇消防安全布局、公共消防基础设施及消防装备建设等进行科学合理的规划，提出具体的工作目标和实施措施，为建立完善的城镇消防安全体系，提高全社会防灾、抗灾和救灾综合能力提供决策和管理依据。

环顾世界，欧美及俄罗斯、日本等国家的城镇规划，一般在20世纪已经建成了完整的管理和设计体系。其中，美国的消防规划管理和规范体系最为完善。

美国相关规范有NFPA 1141农村和郊区土地开发荒地的消防基础设施标准，NFPA 1142郊区与农村消防供水标准，NFPA 1143 林野灭火管理规范与标准（由社区森林防火设备条例发展而来），NFPA11051野外消防队员专业资格标准，NFPA 1906野火设备标准，NFPA 1977年野外消防防护服和设备标准，NFPA 1984荒地消防呼吸器操作标准，NFPA 1710专业消防部门消防行动、紧急医疗事故处理和特别行动的组织和部署标准，NFPA 1720志愿消防部门消防行动、紧急医疗事故处理和特别行动的组织和部署标准等相关规范。

欧盟德国的消防规划以DIN 14095标准消防计划为准则。在消防计划里应包含关于建筑和物体的施工、使用、设备技术方面的重要资料。消防计划实现了快速定位，并在到达事故地点前为消防指挥员提供了重要信息，这些信息对救援任务的成功，特别是对抢救生命起了决定性的作用。

日本于昭和23年（1948年）制定了消防组织法。日本随后又启动市、镇、村消防事业，目前已达到了国际的高端水平。日本按照消防行政和社会的需求，用法制化来规范有关预防、救急、救援活动等工作的配置。日本有《消防法》《城市规划法》《建筑基准法》《消防力量的配置方针》以及其他法规，根据这些法规，各城镇有相应的消防减灾计划，对已有城镇进行改建。

除了标准规范，世界先进的技术主要是基于火灾风险评估方法与技术的消防力量布局方案。美国国际消防组织资质认定委员会（the Commission of Fire Accreditation International，简称CFAI）开发的"风险、危害及价值评估（Risk, Hazard and Value Evaluation）"方法主要针对区域灭火救援力量规划而开发。当各消防辖区决策者需要制定区域灭火救援力量布局规划时，通过收集辖区内各种建筑物场所的相关信息，然后就建筑设施、建筑物本身状况、生命安全要素、供水以及经济价值元素等进行评分，从而确定本地各建筑物场所的火灾隐患，然后综合确定辖区内各级风险的建筑分布情况。该方法有助于消防部门及地方政府针对其消防需求做出科学的决策，更加充分地体现了把消防力量配置与社区火灾风险相结合的原则。在美国一些州立消防局的消防力量规划中该方法得到应用。

英国、日本、中国香港等国家或地区在进行消防力量布局时，均采用了风险分级的方法。以英国为例，其采用网格划分的方法，每个正方形网格大小为 $0.5\ km^2$，网格覆盖整个消防辖区，然后根据每个网格内不同建筑特性与其定性指导原则确定每个网格的风险级别，以"A""B""C""D"命名，A类风险最高，D类风险最低。针对每类风险，确定了不同的响应水平，即针对不同风险级别，第一出动响应消防车辆数和响应时间要求不同。这种风险分级是以消防力量标准形式定义的，缺乏灵活性。近几年，英国为了更好地进行消防力量规划，开发了诸如 Dwelling Risk assessment Toolkit、High Occupancy Building Risk Assessment Toolkit 等火灾风险评估工具，其可作为火灾风险综合管理的依据，并具有良好的实证基础,其量化特征使得消防力量规划更加具有逻辑性、灵活性和可测量性。

消防站布局是消防规划的关键问题,是紧急设施选址的研究应用领域之一,所以选址计算模型的应用也十分广泛。国外将消防车出动、巡警服务、救护车出动等问题归类为"应急服务"问题(Emergency Service)。对此问题的研究始于20世纪60年代,集中发展于20世纪八九十年代,其中最突出的是美国纽约的兰德公司(Rand Corporation)所成立的"兰德火灾项目",其主要涉及的城市消防站规划、城市灭火调度分析、仿真等方面理论已在非常多的城市(如New York Denver Jersey city等)中得到运用。

Helly Walter对城市系统模型进行了研究,把应急响应时间最小作为消防站选址的首要目标,提出了消防站选址的平面模型。

权威的应急管理专家SuleymanTufekei和WiliiainA.Wallace指出,应急管理本质上是一个复杂的多目标优化问题,在应急资源限制的情况下必须要解决资源的折中利用问题。在传统的确定性集合覆盖模型基础之上,即当任何需求地点一旦发生事故时,距离其最近的服务设施到达应急地点的时间小于或等于一个规定的值,如何确定服务设施的地址使需要建立的应急服务设施的数目最小,Vladimir Marianov, Charles Revelle考虑到服务设施经常处于服务状态的情况,提出了随机性集合覆盖模型。Masood A.Badri, Amr k.Mortagy和Colonel Ali Alsayed认为只考虑行车时间或行车距离的传统选址模型已不再合适,还应考虑费用、政策指标、消防给水等问题,提出了消防站选址所涉及的一系列相互冲突的目标,建立了多目标数学规划模型。由于GIS技术的广泛普及,目前基本采用地理信息系统GIS技术手段来进行消防站布局优化,如美国的Flame软件,以GIS为分析平台,以道路的实际行车速度作为基础,能针对布局消防站第一出动、第二出动及第三出动消防车辆响应范围进行分析和显示。

通过上述研究,我们看到欧美发达国家已经建立好了一套完整的消防规划的规范性制度。其对消防规划的研究、制定和决策都有规范性的指导。标准格式的文件内容和文件提交制度都很好的保障了消防规划的合理性。另外一方面,较好的经济基础是保障消防规划得以落实的必要前提。不仅如此,欧美国家以及日本都特别注重人员素质的培养,日本对普通民众的年培训次数甚至高达上百次。

完善的制度、科学的设计、人力和财力的跟进,是发达国家完成消防规划的要素。

再来看看我们国家的情况。目前,我国正推进城镇化建设,我国建制镇有17 000多个,人口超过10万人的仅有56个,且主要分布在珠三角、长三角重要产业带等经济比较好的地方。大部分小城镇很小,1/3小城镇人口不到5 000人,发展速度很慢,经济和自然环境条件参差不齐,通过研究我们总结了下面几类突出问题。

1 城镇消防规划管理体系滞后

根据研究,以重庆市为例,城市的消防规划是遵循先编后审的程序,由规划设计单位参照相关的法规做专项规划和专业规划,在行政评审会议上,消防主管部门提出消防需求,统一调整规划方案,最后通过行政审批。区县一级的消防规划,由当地消防支队或大队组织编制,上报政府进行行政审批。乡镇一级的消防规划,一般就由当地的镇党委组织编制,报县一级行政审批。从这样的管理体系我们不难看出,大城市是当前消防安全保障的重点区域,消防规划的设计力量按区域行政级别逐层降低。以往乡镇人口密度相对较低,重点防火单位比城市少,消防力量的逐层递减也是必然的。但是在推进城镇化建设的进程中,乡镇的行政级别没有变,而人口增多,重点企业增多,对消防安全控制设计和消防救援的需求相应提高,旧的管理体系显然已经不适应当前的需求。

2 消防规划落实难

即使有了高水平的消防规划编制技术力量，如何把消防规划落实，却是消防规划工作的重点和难点。

2.1 消防站用地被占用

我国目前也引进并开发了消防站布局计算模型，从理论技术上解决消防站的合理分布，已经不是大问题。但仅从消防站建设一项来看：据调查，由于规划失控消防站用地被占用，广州市截止到2010年应建消防站79个，但仅建成26个，缺额较大。2011年郑州建成区需建消防站45座，缺口26座。最后，广州市消防站建设项目只好搭车市政建设，问题才得以解决，但这个过程也是举步维艰的。大城市消防站用地尚且堪忧，小城镇更不重视消防站建设。

2.2 人口增长、基础建设落后、人力财力短缺

经济发展水平影响各地的城镇化建设。以江苏盐城市为例，早在2006年亭湖区城镇化率[①]达78.09%，而最低的滨海县城镇化率仅为30.07%。在同一个市的不同区，城镇化率相差尚且如此之大，国内沿海经济发达地区和内地中西部贫困地区的城镇化率更是天壤之别。据中国社科院2011年发布的《城市蓝皮书》，2011年中国城镇人口达到了6.91亿，人口城镇化率达到51.27%。在此，必须注意到的是这里提的城镇化率是人口的城镇化率，反映的是人口向城市聚集的过程和聚集程度，而我们的各种公共资源和配套建设更是远远滞后于人口城镇化率的。

按国际惯例，在城镇中平均每1 000人就要有一名消防队员。然而，根据中国消防在线公布的数据来看，我国近14亿人口，目前公安消防部队的总员额仅为12.465 7万人，相当于每一万人才有一名消防队员。同样，按照国际惯例，城镇中每一万人就要装备一辆消防车。但公安部消防局2007年公布的数据显示，我国公安消防队仅有消防车14 766辆，远远达不到国际标准。而且我国的消防人力物力还主要集中在大中型城市和重点工业区。对于小城镇的消防资源覆盖严重短缺，到了行政乡镇一级，消防资源更是凤毛麟角。按照《乡镇消防站建设标准》，面积超过5平方千米或者居住人口达5万人以上的乡镇应建立相应乡镇消防站，确保乡镇均建立政府专职消防队。然而，在重庆这样的直辖市，在成都这样的省会城市，其城市周边的乡镇也大多不能实现这样的消防站覆盖。在道路、通信、供水等基础设施的建设上也存在严重缺口，不能满足消防救援的使用需求。

2.3 地理位置、气候条件制约

据了解，在我国有60%的城镇都为山地型城镇。长期以来人们自然形成"因水而生，靠水而建"的居住格局。相当分散的居住，为消防管控带来了极大的不便。即使在城镇集市或人口活动相对集中的区域，消防规划建设也十分落后。

以云南昆明市五华区厂口乡为例，主要地貌为高原丘陵地带，总面积131.8平方千米，年平均气温18 °C，年平均降雨量1 000 mm，总人口1.8万，2000年乡财政收入718万元。该乡有钛铁矿、建筑石灰岩，近几年经济发展迅速，人口和过往车辆都增长迅速，但消防建设十分滞后。受地理条件影响，厂口乡主要依靠青龙水库、落水洞水库进行供水。输水管径小，管道网为枝状管，供水可靠性差，且供水管网规划没有考虑市政消火栓的设置。该乡的道路，网络性差，与国境公路相互干扰，局部地

[①] 城镇化率（城镇化水平）通常用市人口和镇驻地聚集区人口占全部人口（人口数据均用常住人口而非户籍人口）的百分比来表示，用于反映人口向城市聚集的过程和聚集程度。

段消防通道梗阻。此外，道路多狭窄，有大量的尽端路，还有一些畸形交叉口和错位交叉口路。这样的道路消防车行进亦十分困难，更是没有必需的回转空间。随着经济发展，社会车辆也大量增加，在乡镇道路更是随意停放，阻断消防车道。再遇到集市或者节日，人口大量聚集，一旦发生火灾，只能"望火兴叹"了。

2.4 各地区、民族文化差异

各地区、民族文化差异也是影响城镇消防规划的重要因素。我们把调研中了解到的情况列举几条：

（1）小城镇的房屋建筑结构多为砖木结构。尤其是少数民族聚居地区，建筑精美，非常有特色，雕梁画栋的建筑艺术，是很多人心中的文化瑰宝。但是这样砖木结构的房屋，火灾危险性也较大。

（2）各民族生产生活中，用火的习惯各不相同。比如凉山西昌每年的火把节，人们可以在任何地方升起火堆来庆祝节日。

（3）各地区各民族对水源的使用也是大相径庭。有很多小城镇居民还在使用河水，泉水，井水。居住地离水源并不近，生活用水尚且不便，消防用水更是没有保障。

（4）小城镇多名胜古迹、庙宇。此类单位也是防火重点区域。

3 结论：符合国情的新型城镇消防规划技术探索

对于我国的国情，在技术理论上，制订合理的消防规划并不是问题。消防规划的难点和重点还是在落实实施的环节。仅仅靠一纸规划，就想对小城镇消防建设进行彻底的改善是不切实际的。这必然是一个长期的改进过程，但是人民对于消防安全保护的需求却是迫在眉睫的。

因此，通过上述研究分析，作者提出几条符合我国国情的新型消防规划技术：

第一，小城镇消防规划需着眼于实际，合理分配资源，制订能实现的目标，消防安全才真正有保障。

以消防站建设为例，对于现有资源短缺的事实，消防建设不能只依靠向国家伸手要的做法，我们还要尊重客观事实，做资源的优化设计。即使是美国这样的经济发达国家，也不能保证每个小城镇都能有消防站全面覆盖。美国有的郊区、小镇自己难以建立正规和高效的消防队，而靠广泛招募志愿者，与邻近的专职消防队或志愿消防队签订消防保护协议，组成消防保护区。这些被保护的区域每年向邻近消防队提供一定的经费或消防设备。在我国的青岛，就有很多小型的消防站，既能节省投资，又能保证消防保护的覆盖范围。又比如，在重庆，对于万州、三峡这样的重点区域，设立了消防分中心。长江库区，以每 35 m 为半径，对消防救援进行了分区，每个片区有一个力量较强的消防队，解决增援困难的问题。在消防站建设资金短缺、人员紧缺、乡镇道路遥远崎岖的客观事实面前，我们不宜只强调消防车 5 分钟到现场，还应积极采取其他应对措施。到乡镇一级，重庆公安消防总队定期对公务员、民兵、志愿者进行消防训练。事实证明在火灾初期，对火势控制起到良好作用，为专业消防队的救援工作争取时间。

第二，在城镇化建设规划进程中，我们不能贪大求快，生产生活建设一定要与消防救援的基础设施建设配套完成。这样才能避免出现大城市建设中的规划失控所导致的消防建设无地可用的情况。此外，也避免工厂、人口过度集中，导致火灾危险性增加而基础设施建设不到位，消防安全没有保障的情况发生。

第三，城镇化建设中的消防规划，不能做全国各地一刀切的制度。必须因地制宜，才能合理利用和配置当地的资源。只有充分尊重各地区民族的文化差异，生活习俗，获得了人民的支持，才能让消防规划设计得以实现。

第四，做好区域火灾风险评估，增强区域防灾能力。提高群众和区域的防灾能力和参与规划的人员和其他人员的理念，不只是局限于消防行政的范围，以群众自身、家庭和区域为主体的防灾能力的提高，区域内消防团体的充实，与企业合作的防灾体制的构筑等，激活提高市民和区域的力量，营造出安全放心，能有效对应灾害的城市区域。

第五，在技术规范上，首先，制订统一的管理制度，是完善我国城镇消防规划技术建设的第一步。管理体系建立起来以后，才谈得上技术体系的建设。可以考虑按照经济条件，地理特性等归类，制订相应的城镇规划技术要点。将来随着经济的发展，再逐步完善乡镇的消防规划。

第六，通过理论模型来优化设计现实规划方案。在理论研究上，像消防站的选址模型这类研究，可以为其提供标准化的条件和准则，来保障其选址模型的合理性。

参考文献

[1] NFPA 1142. Standard on water supplies for suburban and rural fire fighting[S]. 2012.
[2] DIN 14095-2007. Ground plans for components for buildings for fire brigde use[S]. 2007.

作者简介：张洁玉，女，大学本科，从事建筑防火、防排烟领域研究。
电子信箱：279062031@qq.com

不燃复合聚苯乙烯保温板与典型无机保温板的性能对比研究

李碧英，朱 剑，颜明强

（公安部四川消防研究所，四川 成都 610036）

【摘 要】 本文对不燃复合聚苯乙烯保温板与典型无机保温板的性能进行了对比研究，采用极限氧指数、UL94 垂直燃烧、力学性能测试、导热系数测试、耐酸碱性能测试对其性能进行了表征。结果表明不燃复合聚苯乙烯保温板较其他无机保温板具有比重轻、力学性能好、保温性能好、耐酸碱性能好等优点。

【关键词】 防火；保温板；聚苯乙烯；无机保温板

1 前言

建筑节能作为各级建设主管部门的一项重要工作，很多地方已强制性以文件的形式规定，新建建筑物和旧楼改造必须使用节能材料，这给外墙保温新行业带来了无限的市场发展空间。2015 年 5 月 1 日正式实施的《建筑设计防火规范》（GB 50016—2014）[1]，明确规定人员密集公共场所，100 米以上住宅建筑，以及 50 米以上的其他建筑所使用的外墙保温材料，燃烧等级均必须达到 A 级。然而目前的 A 级防火保温材料，诸如无机保温砂浆、胶粉聚苯颗粒保温砂浆等经过实体工程实际应用，虽具有较好的防火性能，但却暴露出了一系列安全隐患，诸如板材太重施工困难（表观密度 ≥200 kg/m^3）、板材易开裂、易渗水、长时间使用还可能造成坠落等安全隐患，以及还存在耐酸性、耐碱性差、节能效率低[导热系数普遍 ≥0.06 W/（m·K）]等问题。目前建设部《关于发布建设事业"十一五"推广应用和限制禁止使用技术（第一批）》（中华人民共和国建设部公告第 659 号）[2]，以及一些地方省市已出台限制无机保温砂浆材料和禁止胶粉聚苯颗粒保温砂浆、无机水泥发泡保温板系统使用的相关文件。鉴于此，公安部四川消防研究所近年来自主研发出了一种轻质不燃复合聚苯乙烯保温板[3]。

为研究不燃复合聚苯乙烯保温板与典型无机保温板的性能，本文采用氧指数测试仪、导热系数测试仪、电子万能材料试验机、耐酸碱等测试方法研究了不燃复合聚苯乙烯保温板与聚苯乙烯颗粒保温板、发泡水泥保温板、纤维类（诸如岩棉、玻璃棉）保温板的性能对比，结果表明本文不燃复合聚苯乙烯保温板较其他无机保温板具有比重轻、力学性能好、保温性能好、耐酸碱性能好等优点。

2 实验部分

2.1 实验设备

氧指数测试仪：HC-2 型，南京江宁分析仪器厂；垂直燃烧测试仪，CZF-3 型，南京江宁分析仪器厂；电子万能材料试验机，5967，美国 Instron 公司，试验速度 5 mm/min。

---

* 基金项目：国家十三五科技支撑计划项目（2016YFC080060402），公安部技术研究计划项目（2016JSYJB29）。

2.2 性能测试方法

（1）板材比重：单位体积的板材在规定温度和相对温度时的质量。按 GB/T 6343—2009 标准测试，试样尺寸（100±1）mm×（100±1）mm×（50±1）mm，试样数量 5 个。

（2）导热系数：按 GB/T 10294—2008 平板法导热系数测试方法进行，试样尺寸 300 mm×300 mm，试样厚度（25±1）mm，温差 15~20 ℃，平均温度（25±2）℃。选用德国耐驰仪器制造有限公司 HFM436/3/0 型导热系数测定仪，采用双平板热护法，稳态温度场测量。

（3）氧指数测定：按 GB/T 2406.2—2009 标准进行测试，样品陈化 28 d，试样尺寸(150±1)mm×(10.0±0.5)mm×(10.0±0.5)mm，试样数量 10 个。

（4）抗压强度：当相对形变 ε 小于 10%时所得的最大压缩力除试样横截面的初始面积所得的商。按《硬质聚氨酯泡沫塑料压缩性能的测定方法》(GB/T 8813—2008)标准进行测试，试样尺寸(100±1)mm×(100±1)mm×(50±1)mm，试样数量 5 个，试验速度 5 mm/min。

（5）耐酸性：室温下将试样同时浸泡于质量分数 10% H_3PO_4 水溶液中 20 天，观察溶液的混浊现象及样品开裂脱落现象。

（6）耐碱性：室温下将试样同时浸泡于质量分数 10% NaOH 水溶液中 20 天，观察溶液的混浊现象及样品开裂脱落现象。

3 结果与讨论

3.1 与水泥基聚苯乙烯颗粒保温板性能对比研究

为研究不燃复合聚苯乙烯保温板与水泥基聚苯乙烯泡沫颗粒保温板的性能对比，本研究分别将不燃复合聚苯乙烯保温板与水泥基聚苯乙烯泡沫颗粒保温板进行了耐酸碱性、抗压强度、比重等测试，具体结果如表 1 及图 1~2 所示。

表 1 与水泥基聚苯乙烯颗粒保温板性能对比

样品	耐碱性，20 天	耐酸性，20 天	比重（kg/m³）	抗压强度	燃烧性能
不燃复合聚苯乙烯保温板	溶液略浑浊，未开裂，未脱落	清澈透明，未开裂，未脱落	≤120.0	600 kPa 不破坏	A 级不燃
水泥基聚苯乙烯颗粒板	溶液略浑浊，未开裂，未脱落	溶液浑浊，5 小时后全散开	358	358 kPa 完全破坏碎裂	A 级不燃

（a）浸泡前

（b）20 天后

图 1 不燃复合聚苯乙烯保温板在 10%H_3PO_4 溶液中的耐酸性测试

（a）浸泡前　　　　　　　　　　　　　（b）5 h 后

图 2　水泥基聚苯乙烯颗粒板在 10%H₃PO₄ 溶液中的耐酸性能测试

由表 1 及图 1~2 还可以看出，不燃复合聚苯乙烯保温板在 10%磷酸溶液中浸泡 20 天后，不燃复合聚苯乙烯保温板溶液完全透明且未出现板材开裂、脱落现象，而浸泡水泥基聚苯乙烯颗粒板溶液则在 5 小时后完全浑浊，且板材全部散开。此外，从表 1 还可以看出，本文不燃复合聚苯乙烯保温板比重虽仅约为水泥基聚苯乙烯颗粒板比重的 1/3，但在 600 kPa 抗压强度下仍不破坏。因此，本文不燃复合聚苯乙烯保温板较传统水泥基聚苯乙烯颗粒保温板具有更好的耐酸碱性能、板材抗破坏性能以及比重轻可减小建筑负荷等优点。

3.2　与发泡水泥保温板性能对比

为研究不燃复合聚苯乙烯保温板与发泡水泥保温板的性能对比，本文分别将不燃复合聚苯乙烯保温板与市售发泡水泥保温板进行了耐酸性、抗压强度、比重、导热系数等测试，具体结果如表 2 及图 3~6 所示。

表 2　与发泡水泥保温板性能对比

样品	耐酸性，20 天	比重 kg/m³	导热系数 [W/(m·K)]	抗压强度	氧指数
不燃复合聚苯乙烯保温板	清澈透明，未开裂，未脱落	≤120.0	0.053	600 kPa 不破坏	大于 70
发泡水泥保温板	溶液浑浊，8 天后全散开	290	0.078	193 kPa 时完全碎裂	—

 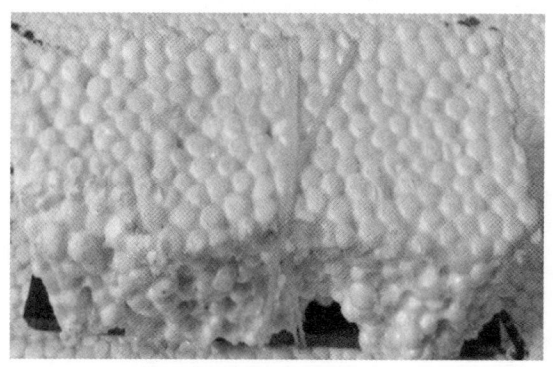

（a）浸泡前　　　　　　　　　　　　　（b）20 天后

图 3　不燃复合聚苯乙烯保温板在 10%H₃PO₄ 溶液中的耐酸性测试

（a）浸泡前　　　　　　　　　　　　　（b）浸泡8天后

图4　发泡水泥保温板在10% H_3PO_4 溶液中的耐酸性测试

 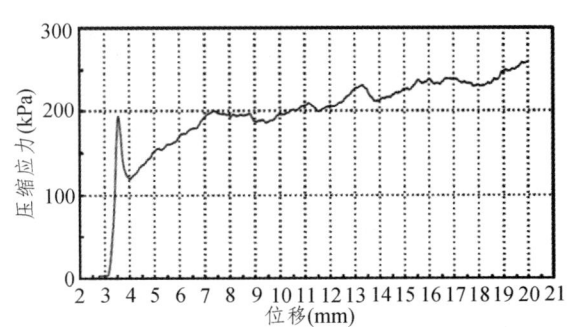

图5　发泡水泥保温板抗压强度测试

 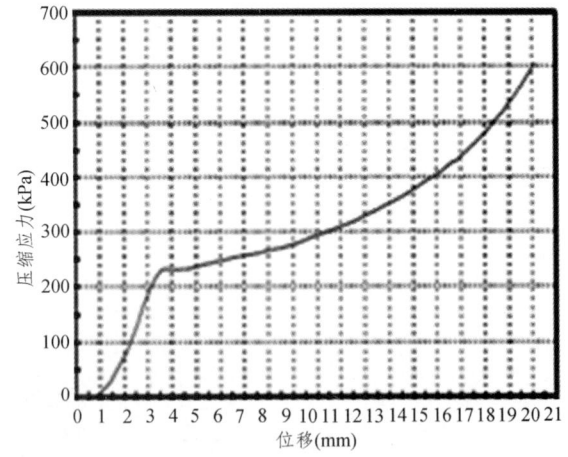

图6　不燃复合聚苯乙烯保温板抗压强度测试

由表2及图3~4可以看出，不燃复合聚苯乙烯保温板在10%磷酸溶液中浸泡20天以后，溶液仍然完全透明，具有优异的耐酸性能。而发泡水泥在酸性溶液中浸泡8天后全部溶胀、脱落，说明本项目不燃复合聚苯乙烯保温板耐酸性比发泡水泥更优；另外由表2及图5~6可以看出，本文不燃复合聚苯乙烯保温板不但具有比重较现有市售发泡水泥保温板轻、导热系数更低等优点，且在600 kPa抗压强度下不碎裂破坏，而发泡水泥保温板在193 kPa抗压强度下便会碎裂。因此，本文不燃复合聚苯乙烯保温板比发泡水泥保温板有更加优异的耐酸性能及抗破坏性能。

3.3 与纤维类保温板性能对比

评定保温板保温效果的好坏，一般情况下只测试保温板在绝干状态下的导热系数，然而实际应用中纤维类保温板会随着环境、气候的变化吸水，随着吸水率的增加，保温板的导热系数也会随之增加，从而影响了保温板的保温持久性能。基于上述问题，本文分别研究了不燃复合聚苯乙烯保温板与纤维类保温板（岩棉及玻璃棉）在一定吸水率下的导热系数，具体对比结果如表3所示。

表 3 与纤维类保温板的性能对比

	绝干状态 [W/(m·K)]	含水率 6.5%	含水率 7.5%	保温持久性能
岩棉板	0.032		0.125	差
玻璃棉	0.032	0.141		差
不燃复合聚苯乙烯保温板	0.053	—	—	好

从表3可以看出岩棉板、玻璃棉在绝干状态下虽然导热系数最低，但由于其耐水性差，当岩棉板吸水率达到7.5%时，导热系数已达到0.125 W/(m·K)，同时玻璃棉在含水率达到6.5%时，导热系数则高达0.141 W/(m·K)，远远超过不燃复合聚苯乙烯保温板的导热系数0.053 W/(m·K)。由于不燃复合聚苯乙烯保温板由于具有良好的防水性能，不会在实际应用中存在吸水等问题，所以从长远来看，不燃复合聚苯乙烯保温板的导热系数远远小于吸水后的岩棉板、玻璃棉保温板。因此，本文不燃复合聚苯乙烯保温板较纤维类保温板具有良好的保温持久性能。

4 结 论

（1）通过将不燃复合聚苯乙烯保温板与聚苯乙烯颗粒保温板的性能对比研究可知，不燃复合聚苯乙烯保温板较传统水泥基聚苯乙烯颗粒板质轻，且具有更好的耐酸碱性及抗破坏性能。

（2）通过将不燃聚苯乙烯保温板与发泡水泥保温板的性能对比研究可知，不燃复合聚苯乙烯保温板较发泡水泥保温板具有轻质、耐酸性好、抗压强度高等优点。

（3）通过将不燃聚苯乙烯保温板与纤维类保温板的性能对比研究可知，不燃复合聚苯乙烯保温板较岩棉、玻璃棉类保温板具有更好的抗吸水性能及保温持久性能。

参考文献

[1] GB 50016—2014. 建筑设计防火规范[S]. 2014.
[2] 中华人民共和国建设部公告第659号. 关于发布建设事业"十一五"推广应用和限制禁止使用技术（第一批）[Z].
[3] 李碧英，等. 改性聚苯乙烯防火保温板防火达到A级[C]. 中国消防协会防火材料分会与建筑防火专业委员会学术会议，成都：西南交通大学出版社，2015：237.

作者简介：李碧英（1979—），女，硕士研究生，副研究员，主要研究方向：阻燃塑料，建筑防火保温材料。
电子信箱：Libiying980321@163.com。

钻井四通防燃气泄漏性火灾的冲蚀规律研究

汪 爽，周晓勇

（公安部四川消防研究所，四川 成都 610036）

【摘 要】 天然气储层被钻破时喷涌而出的携岩气流所带来冲击往往会导致钻采设备出现严重冲蚀，甚至会出现装置刺穿和破裂而产生泄漏性燃爆火灾。而井场易燃气体泄漏又是引发大型火灾的主要因素之一。为预防该类泄漏性火灾，本文结合钻采四通在某天然气钻采项目中出现的严重冲蚀问题，基于气固两相流和冲蚀理论，建立耦合计算模型，对现场放喷作业工况进行了数值计算，并借助实际冲蚀检测数据验证了数值仿真的准确性。同时应用该模型研究了在放喷工况下钻采四通受放喷量、旁通出口压力、岩屑质量流量以及岩屑粒径大小影响的流体速度规律和冲蚀特性。研究表明：冲蚀速率峰值和流体速度峰值都是随放喷量和屑质量流量的增加而基本呈线性递增趋势，而与旁通出口压力和岩屑粒径则都成反比关系。在因素的影响程度上，四个因素对冲蚀速率峰值的影响都较大，相比较而言最为敏感的是放喷量；而在对流体速度峰值的影响程度上，放喷量和旁通出口压力的影响最为明显，岩屑质量流量和岩屑粒径的影响都很小。由此在放喷作业过程中，可根据冲蚀规律合理地调控放喷量和旁通出口压力，降低钻采四通的冲蚀，以保证作业和消防安全。

【关键词】 天然气；气-固两相流；冲蚀；钻采四通；计算流体动力学；数值模拟

1 引 言

随着气体钻井装备的不断丰富和发展，钻井装备的各类安全问题在实际工程中也逐渐得到重视，成为十分重要的研究课题[1-3]。然而，对钻采四通在实际钻井作业中高速携岩冲蚀的问题还没有深入研究，而钻采四通的冲蚀刺穿和管壁破裂又将会导致燃气的泄漏和扩散，在天然气钻采过程中出现作业管线的泄漏扩散是危害的根本原因[4]，一旦发生破裂或断裂，天然气在短时间内快速大量泄漏扩散，容易造成爆炸和大范围的毒性扩散[5-6]，带来毁灭性的灾难和巨大的生命财产损失。为从根本上预防泄漏性燃爆火灾的发生，笔者以某油田天然气钻井实际使用的钻井四通为研究对象，结合其现场冲蚀的实际情况，应用计算流体动力学（CFD）技术，研究氮气钻井过程中携带屑气固两相流对钻井四通的冲蚀规律，定性和定量地分析各参量对钻井四通冲蚀所造成的影响程度。

2 钻井四通的现场应用及其冲蚀损伤检测

2.1 井口装置的现场应用

某油田在氮气钻井中采用的钻井四通配置于如图 1 所示井口装置的下部位置，其左端安装压井管汇后连接 4″-21 MPa 放喷管线，其右端安装节流管汇后连接 4″-21 MPa 放喷管线。该钻井四通可用于钻完井一体化使用，即在不更换钻井四通的情况下，可实现钻进、放喷、测试和采气等工况的转换。在钻井过程中钻井四通本体通径被钻杆贯穿，工作时其结构形式如图 2 所示。在整个作业过程中钻井四通的使用情况如表1所示。钻井四通在应用时出现如图3所示的刺穿管壁的现象。而通过其现场应用情况的分析，确定出造成多功能四通冲蚀的工作状态主要为天然气储层钻破时需作业的放喷工况。而此时会有大量天然气喷涌而出，在防喷管线的尾端会引入燃烧池进行燃烧处理，以预防燃气蔓延和火灾的发生，其现场的作业情况如图4所示。

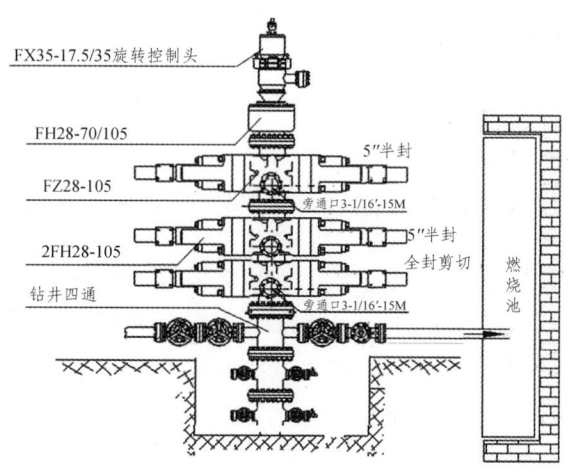

图 1　钻井四通结构配置图

图 2　钻井时钻井四通工作的结构形式图

图 3　钻井失效情况图

图 4　放喷管线燃气燃烧处理

表 1　钻井过程中钻井四通的使用情况

设备名称	累计使用时间（min）	气举（min）	钻进（min）	测试（min）	节流压井（min）	放喷（min）
四通右侧通道	5 832.2	667	0	3 454	1 569.2	142
四通左侧通道	192	0	0	0	50	142

2.2　钻井四通的冲蚀损伤情况

对钻井作业完成后的钻井四通进行冲蚀损伤情况的检测，发现钻井四通的本体下部内腔和左右旁通内壁均有较大的冲蚀损伤，其中左右旁通内壁损伤最为严重的部件，存在巨大的安全隐患，冲蚀区域分布如图 5 所示。然后对冲蚀危害最大的左右旁通段进行超声波定量探测分析，检测结果为（如图6所示）：（1）左侧旁通内通径都有不规则的冲蚀凹痕，在距离法兰 53 mm 的圆周表面合金被冲蚀，出口断面为不规则圆，最大冲蚀量 2 mm。（b）右侧旁通内通径表面耐磨合金面积约剩余 1/10，整个通径都有不规则的冲蚀凹痕，出口断面为不规则圆，单边最大冲蚀量 3 mm，钢圈槽内径厚度仅 2 mm。

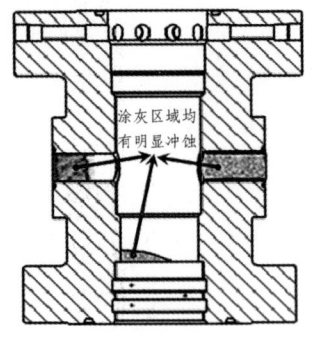 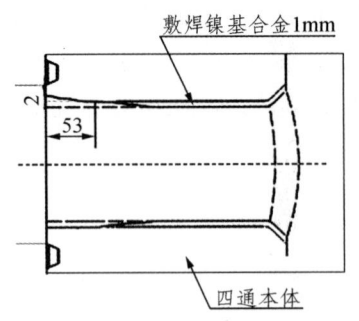 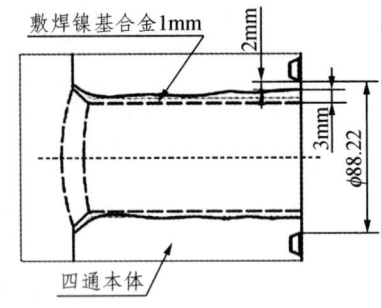

图 5　钻井四通冲蚀损伤区域　　图 6　左右旁通的超声波探测结果（虚线为原始结构轮廓线）

从表 1 和图 4 可以看出，左侧旁通在很短的作业时间内就产生了较大的冲蚀损伤，基于左侧旁通仅在放喷工况和节流工况下有使用，且节流工况作业时间很短且工况远远没有放喷工况恶劣。由此可以判断旁通通径的损伤主要由放喷工况下井内高速、高压、高携岩量的气固两相流冲蚀造成。因此，针对氮气钻井中的放喷工况进行磨损计算和冲蚀预测显得非常必要。

3　气固两相流计算模型

3.1　气体动力学控制方程

钻井四通环空内高速气固两相流中，气体为连续相，岩屑颗粒为离散相。其中气体为连续、可压缩流动。假设钻井四通环空内气体流动为稳态流动，则可在 N-S 方程基础上，运用 RNG K-ε 湍流模型计算气体的连续方程、动量方程和能量方程。则其控制方程通用形式可表示为：

$$连续方程：\frac{\partial \rho_{\mu_i}}{\partial x_i}=0 \tag{1}$$

$$动量方程：\frac{\partial \rho_{\mu_i \mu_j}}{\partial x_i}=-\frac{\partial \rho}{\partial x_i}+\frac{\partial \tau_{ij}}{\partial x_j} \tag{2}$$

$$能量方程：\frac{\partial \rho_{\mu_i e}}{\partial x_j}=\frac{\partial}{\partial x_j}\left[\kappa \frac{\partial T}{\partial x_j}\right]-p\frac{\partial \mu_j}{\partial x_j}+\Phi \tag{3}$$

式中，e 为气体内能，J；T 为气体的温度，K；κ 为气体的导热系数，J/（m²·s）；τ_{ij} 为牛顿流体黏性应力张量，Pa；Φ 为黏性耗散功。

3.2　岩屑运动方程

岩屑颗粒在流体的带动下运动，由牛顿第二定律，可以得到岩屑颗粒在拉格朗日坐标下的轨迹运动方程：

$$m_P \frac{dU_P}{dt}=F_D+F_B+F_R+F_{VM}+F_P+F_{BA} \tag{4}$$

式中，等式右边表示作用在岩屑颗粒上的合力，其中 F_D 为颗粒阻力，F_B 为浮重力，F_R 为旋转产生的向心力和科氏力，F_{VM} 为附加质量力，F_P 为压力梯度力，F_{BA} 为 Basset 力。

3.3 气固两相耦合计算方程

受环空气体流场作用，岩屑沿运动轨迹运移过程中其质量、动量和热量的得到与损失会受到一定的影响。本文假设在气体与岩屑颗粒混合流动过程中，岩屑质量恒定不变，对岩屑的温度变化不予考虑，气体对岩屑颗粒的作用主要以动量进行交换。通过岩屑颗粒动量变化的计算，即可求得气体作用于岩屑颗粒的动量值。岩屑颗粒动量变化值的计算方程为[7]：

$$\Delta F = \sum \left(\frac{18\gamma\mu C_D Re_r}{\rho_p d_p^2 \cdot 24}(V_p - V) + F_{other} \right) \dot{m}_p \Delta t \tag{5}$$

通过交替求解岩屑颗粒与气体的控制方程，即可实现气体钻井中气体与岩屑颗粒的双向耦合仿真计算。

3.4 冲蚀模型

对于固体材料的冲蚀问题，国内外学者通过大量的实验提出了很多的冲蚀模型，本文所选取的冲蚀模型考虑了岩屑的碰撞速度、碰撞角度、形状、质量流量等参数，具体模型[7]表达式为：

$$R_{erosion} = \sum_{p=1}^{N_{particles}} \frac{\dot{m}_p C(d_p) f(\alpha) v^{b(v)}}{A_{face}} \tag{6}$$

式中，$R_{erosion}$ 为冲蚀速率，kg/(m²·s)；$C(d_p)$ 为岩屑粒径函数；$f(\alpha)$ 为冲击角函数；v 为岩屑相对于壁面的速度，m/s；$b(v)$ 为岩屑相对速度的函数。

一般来说，气体钻井所用井口装置的材料大多数为中碳钢，四通的材料为 35 CrMo，和中碳钢的材料特性相似。因此，式（6）中的几个边界函数可以根据文献[8]给定，其表达式如下：

$$b(v) = 1.73 \tag{7}$$

$$C(d_p) = 1.559 B^{-0.59} F_s \times 10^{-7} \tag{8}$$

$$f(\alpha) = \begin{cases} a_1 \alpha^2 + b_1 \alpha & \alpha \leq 0.262 \\ x_1 \cos^2 \alpha \sin \alpha + y_1 \sin^2 \alpha + z_1 & \alpha > 0.262 \end{cases} \tag{9}$$

式中，B 为四通材料的布氏硬度，F_s 为粒子的形状系数，球形粒子的形状系数为 1，a_1、b_1、x_1、y_1、z_1 为常数，如表 1 所示。

表 2 几个常数取值

a_1	b_1	x_1	y_1	z_1
−33.4	17.9	1.239	−0.119 2	2.167

为将基于冲蚀模型仿真计算出来的冲蚀速率，进行冲蚀缺陷坑深度的量化，需要考虑壁面材质的影响。由此可将（6）式变化为：

$$R'_{erosion} = \frac{C_{unit}}{\rho_{wall}} \times R_{erosion} \tag{10}$$

式中，C_{unit} 是单位换算常数；ρ_{wall} 是壁面材质的密度，kg/m³；$R'_{erosion}$ 是单位面积上冲蚀深度的冲蚀速率，m/s。

再考虑气固两相流的冲蚀磨损时间，可将（10）式进一步转化为：

$$D = R'_{erosion} \times T \tag{11}$$

式中，D 为单位面积上冲蚀坑的深度，m；T 为冲蚀时间，s。

4 数值仿真与模型验证

4.1 物理模型及边界条件

为计算流体在钻井四通旁通道内的流场变化规律和冲蚀磨损情况，考虑放喷工况下后续管段的影响，在钻井四通原有流体域的基础上，将两侧旁通各加长 300 mm。应用非均匀结构网格技术，对流体域网格进行了划分，并对壁面设置了细化的边界层网格，如图 7 所示。

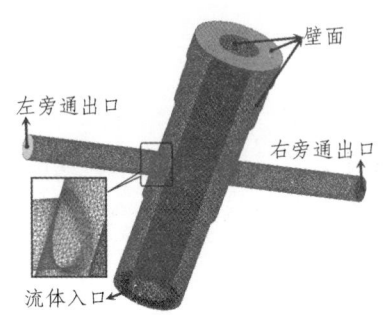

图 7 钻井四通网格模型及边界位置

为与现场实际检测的冲蚀情况进行对比，选用实际放喷条件下的流体边界条件：（1）进口边界：按照放喷工况下的实际放喷量 $1.0 e + 06 \text{ m}^3/\text{d}$ 进行换算，得到质量流量为 7.73 kg/s。（2）出口边界：采用压力出口边界，压力为 1.0 MPa。（3）壁面边界：采用光滑的、无滑移壁面。并设置壁面的弹性恢复系数（包括法向恢复系数和切向恢复系数，可根据文献提供的公式计算得到[9]），以确定岩屑与壁面发生碰撞时，岩屑动量的变化量。（4）岩屑的离散相边界条件：将岩屑颗粒近似为球形，粒径为 1 mm[10, 11]，入口初始速度为 10 m/s，密度为 $2\,650 \text{ kg/m}^3$，质量流量为 2 kg/s。

4.2 数值计算结果与对比验证分析

实际放喷作业工况下钻井四通的冲蚀计算结果见图 8 和图 9。在图 8 中由于流体域的突变作用下，在靠近入口的旁通区域段气流速度达到最大值 147 m/s，随后高流速气体集流于之后的一段旁通顶部区域，该区域处于旁通法兰盘根附近。接着气流流速逐渐减慢，并向旁通下端逐步扩散，最后旁通内气流速度基本趋于一致。在图 9 的冲蚀云图中，可看出存在明显冲蚀的区域主要位于旁通法兰盘根之前的一段区域，最大冲蚀速率为 $1.76e - 03 \text{ kg}/(\text{m}^2 \cdot \text{s})$。在该区域内冲蚀磨损呈现顶部冲蚀磨损大，下端部冲蚀较小的情况，随后冲蚀强度逐步减弱，冲蚀磨损区域逐步分散。造成此现象的原因主要为岩屑在旁通内的运动和撞击主要位于旁通道的上壁面，且颗粒数量大和作用也比较集中，导致这些区域遭受长时间的岩屑颗粒高频次和高强度的激烈碰撞所致，气流流速分布图和岩屑颗粒的运动速度云图也可这一特征。

为验证数值计算模型的准确性，现将钻井四通的冲蚀数值计算情况与实际冲蚀磨损检测结果在冲蚀区域和冲蚀深度上进行详细对比:（1）冲蚀区域对比：图 7 中的放大图选取的是冲蚀速率在 $8e - 04 \sim 1.76e - 03 \text{ kg}/(\text{m}^2 \cdot \text{s})$ 之间冲蚀较明显的区域效果图，图 10 为左侧旁通作业完成后实测的冲蚀区域标识图，从两图可对比发现，主要冲蚀区域的分布情况基本吻合；（2）冲蚀深度对比：提取图 9 中放大图内的冲蚀速率值，代入式（10）和（11），即可算出该区域内的最大冲蚀深度和平均冲蚀深度，分别为 1.91 mm 和 1.1 mm。然后对比图 6（a）中左侧旁通的冲蚀检测结果，可发现两者比较一致。由此可以认为，冲蚀磨损计算结果与实际冲蚀检测情况吻合，从而说明冲蚀磨损计算能很准确的揭示放喷工况下高速高压高携岩量的气固两相流对钻井四通的冲蚀磨损情况，可用于钻井四通冲蚀规律的分析研究。

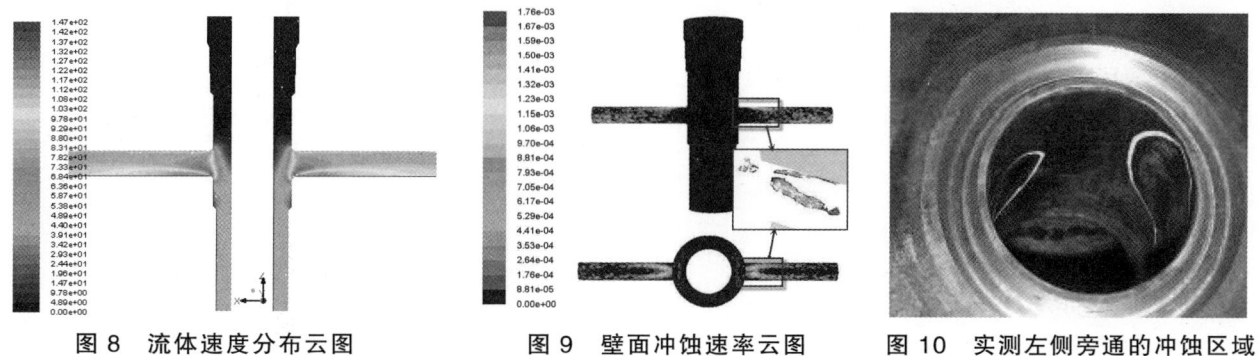

图 8　流体速度分布云图　　　图 9　壁面冲蚀速率云图　　　图 10　实测左侧旁通的冲蚀区域

5　钻井四通冲蚀规律的计算分析

5.1　放喷量的影响

根据现场调研，气体钻井过程中，放喷气体流量因储气层而异的，一般放喷量为 1.0e + 06 ~ 2.5e + 06 m³/d，在该放喷量范围内，井内气固两相流对钻井四通旁通内壁的最大冲蚀速率和最大气流速度的影响，都是随着放喷量的增加而基本呈线性递增趋势，如图 11 和图 12 所示。

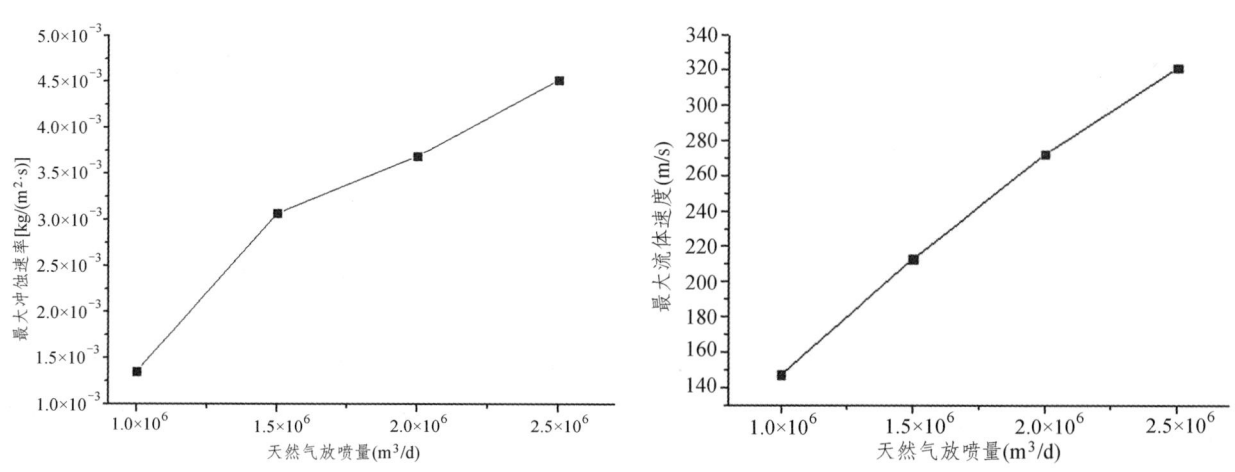

图 11　不同放喷量下最大冲蚀速率对比　　　图 12　不同放喷量下最大气流速度对比

5.2　旁通出口压力的影响

旁通出口控制压力不同时，井口装置的冲蚀情况也会有所变化。在放喷量为 1.0e + 06 m³/d 时，考虑天然气可压缩性，计算不同出口压力下，井内气固两相流对钻井四通旁通的最大冲蚀速率和最大气流速度的影响，得到如图 13 和图 14 所示结果，由结果线图可知，四通旁通的最大冲蚀速率和最大气流速度都是随旁通出口压力的增加而基本呈线性递减趋势。

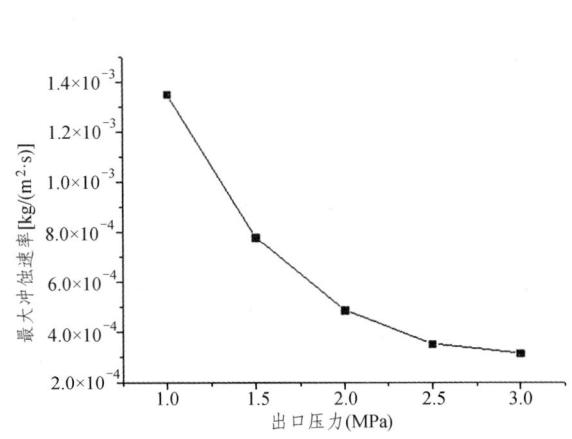
图 13 不同出口压力下最大冲蚀速率对比

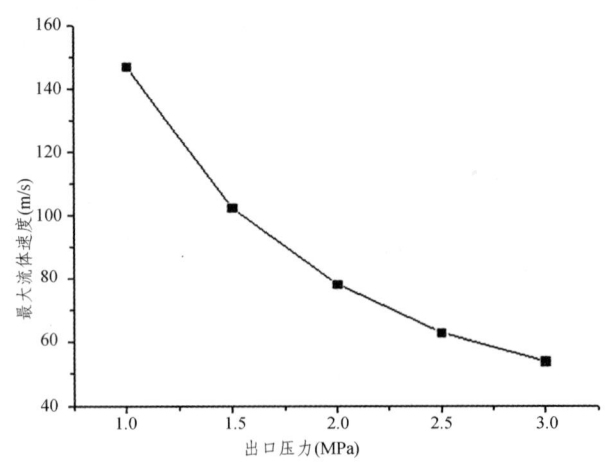
图 14 不同出口压力下最大气流速度对比

5.3 岩屑质量流量的影响

在实际作业过程中,岩屑的质量流量随岩石破碎和井底气流状态而变化,不同的岩屑质量流量其冲蚀规律也不一样。本文选取岩屑质量流量分别为 0.5 kg/s、1.0 kg/s、1.5 kg/s、2.0 kg/s 与 2.5 kg/s 的情况进行分析。通过计算分析,结果如图 15 和图 16 所示。井内气固两相流对钻井四通旁通内壁的最大冲蚀速率随岩屑质量流量的增加而逐渐增大,呈折线递增趋势。而最大流体速度虽也随岩屑质量流量的增加而增加,但影响非常有限,前后的流体速度差仅有 1 m/s。

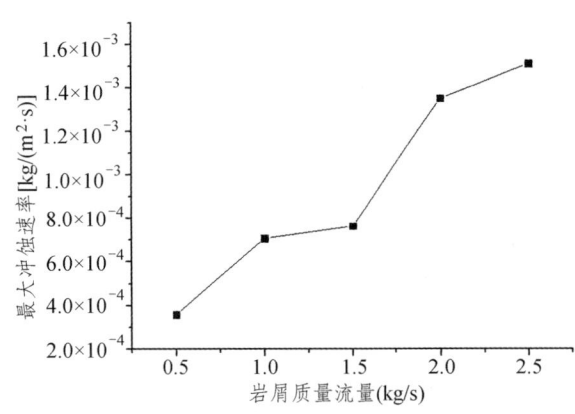
图 15 不同岩屑质量流量下最大冲蚀速率对比

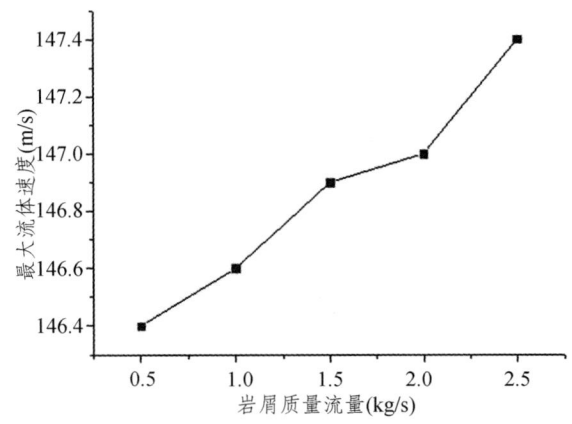
图 16 不同岩屑质量流量下最大气流速度对比

5.4 岩屑粒径的影响

有相关的学者对气体钻井过程中岩屑的粒径进行了分析,文献[14]则认为通常情况下能被顺利带出井筒的岩屑直径一般小于 2.5 mm。黄小兵[15]采用筛分法岩屑样本粒径分布进行统计分析,得出颗粒粒径大小基本在 0.3~2.36 mm 这个区间内,平均粒径为 1.05 mm,大颗粒的情况数量极少。因此,本文选取粒径分别为 0.1 mm、0.5 mm、1.0 mm、1.5 mm 与 2.0 mm 的情况,分析井内气固两相流对钻井四通旁通的最大冲蚀速率和最大气流速度的影响。计算分析结果如图 17 和图 18 所示:随岩屑粒径的增加,最大冲蚀速率和最大气流速度都会逐渐降低,但最大气流速度受影响程度很小,两极端情况下的气流速度差仅为 0.8 m/s。

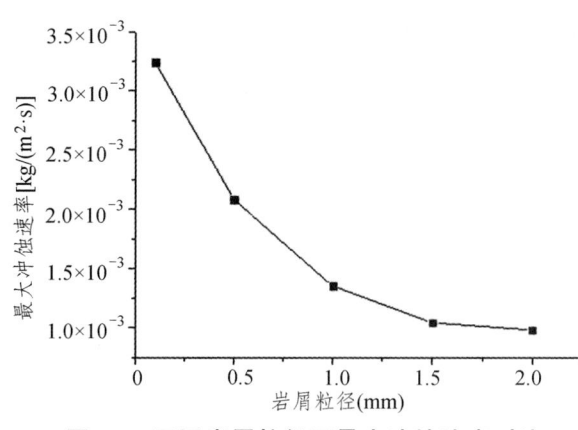

图 17 不同岩屑粒径下最大冲蚀速率对比　　图 18 不同岩屑粒径下最大气流速度对比

6 结 论

（1）通过对某钻井四通的实际冲蚀情况进行检查，并结合四通的现场使用情况的分析，确定出四通旁通的冲蚀主要由放喷工况造成，因此，针对放喷工况的冲蚀规律研究显得非常有意义。

（2）应用计算流体动力学（CFD）与冲蚀模型耦合计算的方法，数值仿真实际放喷工况下钻井四通的冲蚀情况，经与实际冲蚀损伤检测数据进行对比，验证了数值仿真模型的准确性，可用于放喷工况下钻井四通冲蚀规律的研究。

（3）通过规律研究发现：冲蚀速率峰值和流体速度峰值都是随放喷量和屑质量流量的增加而基本呈线性递增趋势，而与旁通出口压力和岩屑粒径则都成反比关系。在因素的影响程度上，四个因素对冲蚀速率峰值的影响都较大，相比较而言最为敏感的是放喷量；而在对流体速度峰值的影响程度上，放喷量和旁通出口压力的影响最为明显，岩屑质量流量和岩屑粒径的影响都很小。

（4）基于钻井四通的冲蚀规律研究，建议在实际放喷作业过程中，可根据冲蚀规律合理地调控放喷量、旁通出口压力与时间、冲蚀深度的关系，以确保作业和消防安全，从根本上避免四通管壁刺穿而导致燃气泄漏蔓延性火灾的发生。

参考文献

[1] 陈浩，梁爱武，李锐钦，等. 井口装置的失效分析[J]. 天然气工业，2004，24（7）：65-68.

[2] 张辉，张川东，付春艳，候铎. 钻井四通开裂原因分析[J]. 中国测试，2010，31（6）：38-40.

[3] 马骏，林盛旺. 采气井口装置安全隐患的整改技术[J]. 钻采工艺，2010，26（4）：89-92.

[4] 刘勇峰，吴明，赵玲，等. 城市天然气管道泄漏数值模拟[J]. 工业安全与环保，2012，38（8）：51-53.

[5] 王大庆，高惠临. 天然气管线泄漏扩散及危害区域分析[J]. 天然气工业，2006，26（7）：120-122.

[6] 沈艳涛，于建国. 毒性重气瞬时泄漏扩散过程 CFD 模拟与风险分析[J]. 华东理工大学学报：自然科学版，2008，34（1）：19-23.

[7] Fluent. Fluent6.1 user's guide [M]. Fluent Inc., 2003.

[8] Edwards J, McLaury B, Shirazi S. Modeling solid particle erosion in elbows and plugged tees[J].

Journal of Energy Resources Technology, 2001, 123(4): 277-284.

[9] Forder A, Thew M, Harrison D. A numerical investigation of solid particle erosion experienced within oilfield control valves [J]. Wear, 1998, 216(2): 184-193.

[10] 孟英峰，等. 气体钻水平井的携岩研究（Ⅰ）—CFD 数值模拟分析[C]. 油气藏地质及开发工程重点实验室第三次国际学术会议论文集，2004，1.

[11] 黄小兵，陈次昌，董耀文. 气体钻井的岩屑特征及粒度分布测试[J]. 天然气工业，2008，28(11)：83-84.

不同火源位置对受限空间燃烧特性的影响研究

杨晓菡

（公安部四川消防研究所，四川 成都 610036）

【摘　要】 为了研究火源位置对受限空间燃烧的影响，在 ISO 9705 试验房间内进行了设计火源为 1 MW 的木垛火试验。分别进行了火源位于墙角、房间中心、后墙边缘等不同位置处的燃烧试验。通过比较不同火源位置处的木垛燃烧对受限空间燃烧特性，包括热释放速率、顶棚温度、CO_2 浓度以及 CO 浓度等参数的影响。结果表明：在木垛燃烧的热释放速率增长阶段，木垛燃烧的增长速率依次递减的顺序为：墙角—中心—后墙边缘。木垛燃烧产生的热释放速率峰值依次降低的顺序为：墙角—后墙边缘—中心。

【关键词】 受限空间；木垛火；火源位置；热释放速率

1　引　言

为了验证在实体房间火试验中，火源位置对于受限空间内燃烧影响，分别在 ISO 9705 房间内房间墙角处、房间中心、房间后墙边缘放置木垛火源，通过热释放速率测试系统及热电偶测试在燃烧试验过程中热释放速率的变化及温度场的分布情况，进而探讨火源位置对受限空间燃烧的影响。

2　试验装置

ISO 9705 墙角火试验装置是研究壁面装饰材料火焰蔓延特性的常用试验装置。该试验房间内的室内净空尺寸长×宽×高为 3.6 m×2.4 m×2.4 m。试验房间的门设在一侧短边墙的中心，宽×高尺寸为 0.8 m×2.0 m，其他墙体、地板以及顶板无通风口。试验房间内由不燃材料组成，密度为 500~800 kg/m^3，厚度不应小于 20 mm。试验房间门口外正上方安装有锥形集烟罩，集烟罩与排烟管道相连，主要将燃烧产生的烟气收集输送，经取样处理及冷却系统，输送至烟气分析系统。

图 1 给出了 ISO 9705 试验房间及其测量仪器的布置示意图。

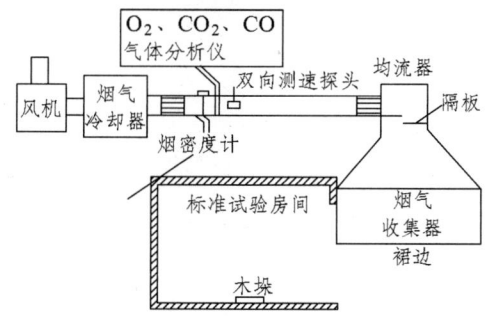

图 1　ISO 9705 试验房间及其测量仪器的布置示意图

3 试验工况

在三组试验中,试验选用的木垛火源的设计功率约为 1 MW,试验过程中选用的木垛尺寸长×宽×高为 0.75 m×1.0 m×0.4 m 的木垛堆砌而成,长木条的长度为 1.0 m,截面尺寸为 0.05 m×0.05 m;短木条的长度为 0.75 m,截面尺寸为 0.05 m×0.05 m,木垛高度 8 层,0.4 m,木条之间的间距为 0.05 m。木垛的含水率一致,均为 9%。

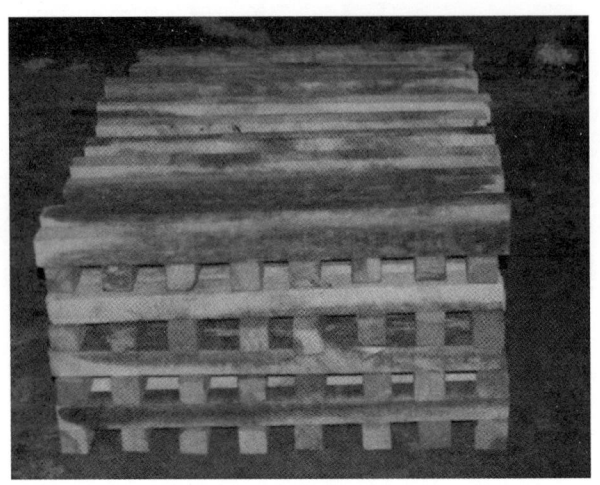

图 2 木垛结构示意图

在前三组试验中,木垛分别位置房间的墙角处(a)、房间中心位置处(b)、房间后墙边缘(c)三个位置。如表 1 所示。

表 1 试验工况安排表

试验编号	火源位置	布置示意图	试验图片	测点布置
(a)	墙角位置			
(b)	中心位置			燃烧气体浓度组分 房间内顶棚温度 燃烧过程中的热释放速率
(c)	后墙边缘			

4 热电偶测点布置

为了监测在实体火灾试验过程中房间内顶部的烟气温度,在 ISO 9705 标准试验房间的顶部位置布置了六只热电偶,其相对位置如图 3 所示。

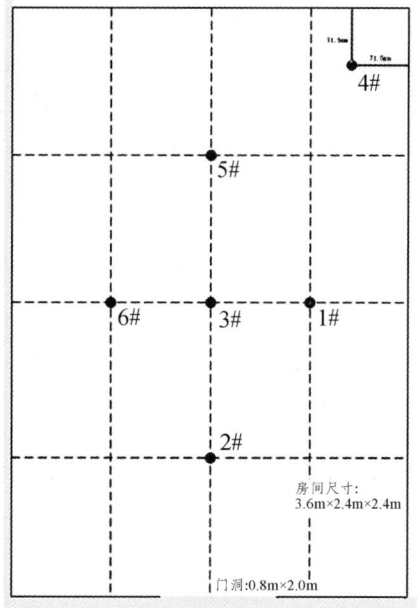

图 3　ISO 9705 标准试验房间顶部热电偶示意图

5 试验结果分析

5.1 热释放速率曲线

图 4 为不同火源位置处的热释放速率曲线。

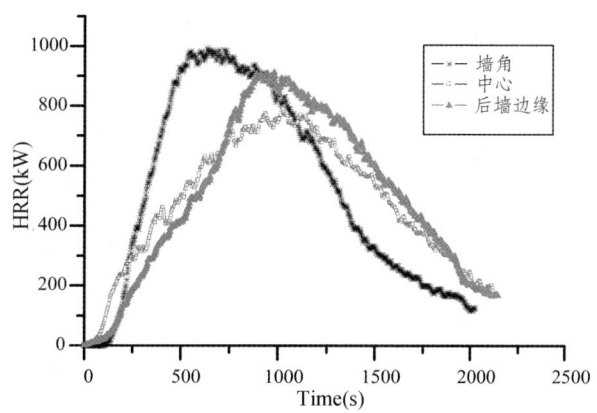

图 4　不同火源位置处的热释放速率曲线

（1）当木垛火源位于 ISO 9705 房间的墙角位置时,在 540 s 达到热释放速率的峰值 1071 kW,在木垛燃烧的 390~798 s 的时间段为稳定阶段,热释放速率在 900~1100 kW。

（2）当木垛火源位于 ISO 9705 房间的中心位置时，在 1029 s 达到热释放速率的峰值 868 kW，在木垛燃烧的 819～1209 s 的时间段为稳定燃烧阶段，热释放速率在 700～800 kW。

（3）当木垛火源位于 ISO 9705 房间的后墙边缘位置时，在 981 s 达到热释放速率的峰值 989 kW，在木垛燃烧的 789～1062 s 的时间段为稳定燃烧阶段，热释放速率在 900～1 000 kW。

针对在不同位置处木垛火在达到热释放速率峰值之前的增长阶段进行分析，木垛燃烧的增长速率最快的为墙角位置，其次是中心位置，最后是后墙边缘位置。如图 5 所示。

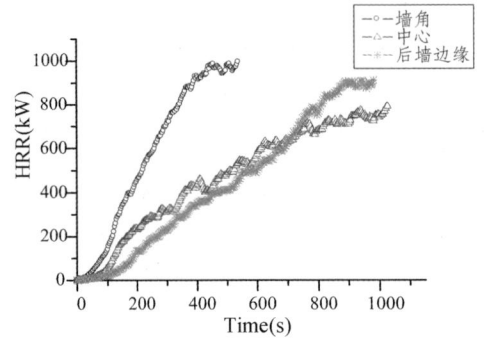

图 5　不同火源位置处的热释放速率增长趋势

5.2　CO_2 浓度曲线

在不同的火源位置条件下，当木垛位于墙角位置处，在 645 s 时，CO_2 浓度达到最高值 3.99%；当木垛位于房间中心位置处，在 1191 s 时 CO_2 浓度达到最高值 2.89%；当木垛位于后墙边缘时，在 1071 s 达到 CO_2 最高值 3.44%。

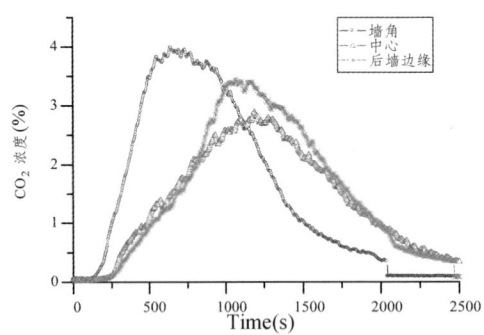

图 6　不同火源位置处的 CO_2 浓度曲线

5.3　CO 浓度曲线

在不同的火源位置条件下，当木垛位于墙角位置处，在 1929 s 时，CO 浓度达到最高值 0.0276%；当木垛位于房间中心位置处，在 1935 s 时，CO 浓度达到最高值 0.032%；当木垛位于后墙边缘时，在 1971 s 达到 CO 最高值 0.349%。

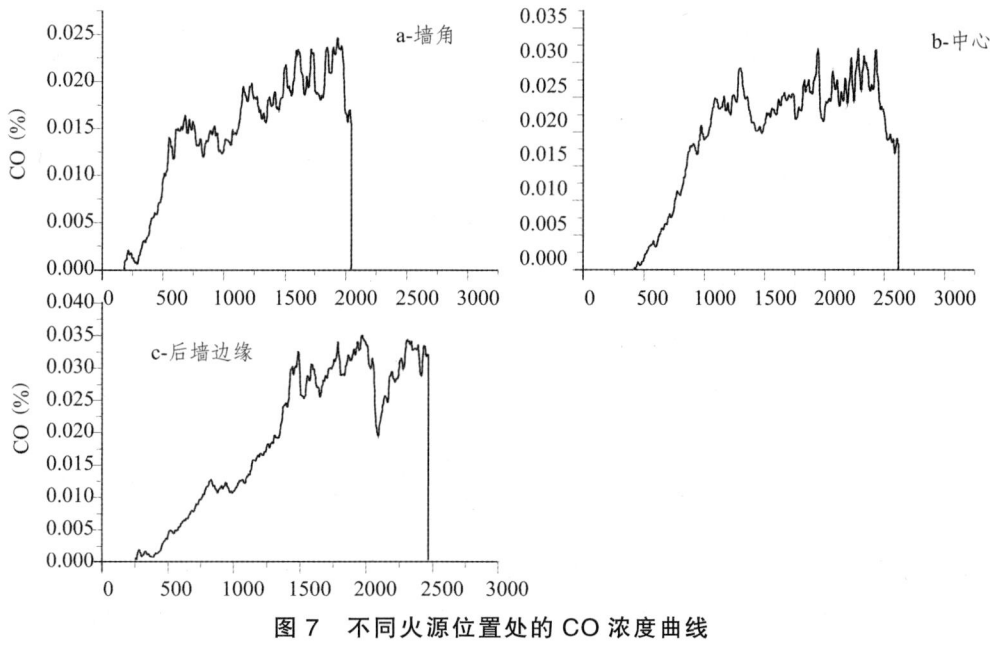

图 7 不同火源位置处的 CO 浓度曲线

5.4 顶棚温度

图 8 为顶棚温度曲线。

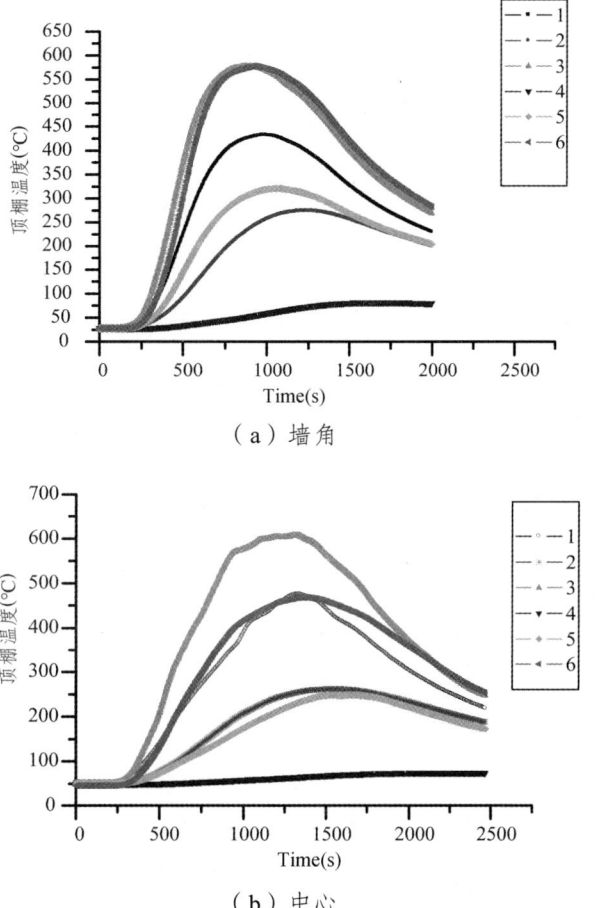

（a）墙角

（b）中心

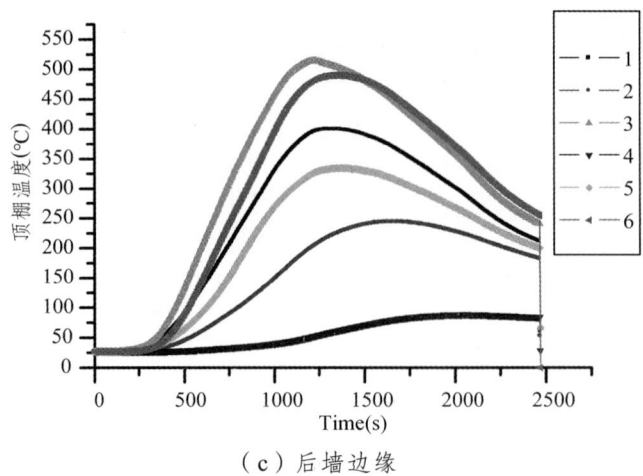

（c）后墙边缘

图 8 不同火源位置处的顶棚温度曲线

通过对不同位置处的三组试验工况下的顶棚温度进行了对比分析，顶棚中心位置处的温度最高。当木垛火源位置处于房间中心时，在 1 311 s 时达到 608 ℃；当木垛火源位于墙角时，在 870 s 达到最高温度 577 ℃；当木垛火源位于后墙边缘时，在 1218 s 达到 514 ℃。在三种试验工况下，当木垛火源位于房间中心，顶棚温度最高。其他两种试验工况下，各测点顶棚温度曲线分布相同，最高温度也相同。

6 试验结果汇总及分析讨论

6.1 试验结果汇总

表 2 给出不同火源位置处试验结果的汇总。

表 2 火源位置试验结果汇总

项 目	火源位置		
	墙角	中心	后墙边缘
热释放率峰值（kW）	1 071.276	868.769	989.56
到达热释放率峰值的时间（s）	540	1029	981
燃烧烟气 CO 最大浓度（%）	0.025	0.032	0.035
燃烧烟气 CO_2 最大浓度（%）	3.991	2.895	3.45
排烟管道烟气最高温度（℃）	268.773	219.700	251.860

6.2 分析与讨论

6.2.1 热释放速率

通过对不同火源位置处木垛火燃烧得到的热释放速率及其他燃烧性能参数的分析可知，在木垛燃烧的热释放速率增长阶段，木垛燃烧的增长速率依次递减的顺序为：墙角—中心—后墙边缘；木垛燃烧产生的热释放速率峰值依次降低的顺序为：墙角—后墙边缘—中心。

火源位置的不同，会对木垛火燃烧到达的热释放速率峰值产生影响。但木垛位于墙角位置以及后墙边缘时，由于热聚效应及受限空间内热壁面及聚集在顶棚处热烟气对可燃物的热辐射作用，受限空间墙角及后墙边缘处的热释放速率峰值明显高于房间中心处的热释放速率峰值。位于墙角处的内壁面及顶棚受热，加剧了热辐射的强度，较之后墙边缘的木垛火燃烧，其热辐射较大，相应地热释放速率峰值也高于其他两种工况。

6.2.2 温度分布

通过对不同位置处的三组试验工况下的顶棚温度进行了对比分析可知，顶棚中心位置处的温度最高。当木垛火源位于房间中心时，在 1 311 s 时达到 608 °C；当木垛火源位于墙角时，在 870 s 达到最高温度 577 °C；当木垛火源位于后墙边缘时，在 1 218 s 达到 514 °C。在三种试验工况下，当木垛火源位于房间中心时，顶棚温度最高。其他两种试验工况下，各测点顶棚温度曲线分布相同，最高温度也相同。

7 结 论

通过木垛火在不同火源位置工况条件下对受限空间燃烧的影响研究，得出试验结果如下：

不同火源位置的木垛火，热释放速率峰值最大的是墙角位置，其次是后墙边缘位置，最后是房间中心位置。

随着火源位置的不同，木垛燃烧的增长速率最大的是墙角位置，其次是中心位置，最后是后墙边缘位置。

火源位置的不同对于木垛火试验中试验房间内烟气温度、排烟管道内 CO 及 CO_2 浓度的变化影响不大。

总之，火源位置的不同，对受限空间内热释放速率的增长及热释放速率峰值的影响是呈一定规律变化的。火源位置对于受限空间燃烧特性的影响研究，对于受限空间燃烧轰燃时间的预测，以及试验房间内烟气的流动特性及热环境的预测都有一定的参考借鉴作用，进而可以有效地减少财产损失和人员伤亡。

参考文献

[1] 王晔. 火源位置对轰燃影响的模拟研究[J]. 沈阳航空航天大学学报，2011，28（3）：70-74.

[2] 张佳庆. 考虑开口与火源位置影响的船舶封闭空间火灾动力学特性模拟研究[D]. 合肥：中国科技大学，2014.

[3] 顾丛汇，毛军. 不同火源位置对地铁火灾烟气流动影响数值模拟与研究[C]. 北京力学会第 19 届学术年会论文集，2013.

[4] 刘旭. 不同火源位置对烟熏痕迹影响的 FDS 模拟研究[J]. 武警学院学报，2010，26（2）：80-83.

[5] 倪建生，杜咏，谢超. 大空间建筑火灾火源位置对温度场的影响[J]. 消防科学与技术，2014，33（5）：477-480.

[6] 姚浩伟,赵哲,等. 不同火源位置的火灾危险性模拟研究[J]. 消防科学与技术,2016,35(3):313-315.

作者简介:杨晓菡,女,硕士,公安部四川消防研究所,副研究员,主要研究方向为热释放速率装置的建立及测试等建筑防火相关工作。

电子信箱:lamb404@126.com。

高性能不燃外墙保温装饰系统关键技术研究*

毛朝君，李平立，周晓勇，姚建军，何世家

（公安部四川消防研究所，四川 成都 610036）

【摘　要】　本文对用普通水泥制备低密度泡沫混凝土的配方及生产工艺、连接饰面铝板与低密度泡沫混凝土的黏结剂选择、不燃保温装饰板成型工艺、装饰板粘锚结合施工方法、装饰板间的接缝的处理及排气孔的安装方式进行了研究，研制的不燃外墙保温装饰系统燃烧等级达到 A2 级、烟气毒性达到 AQ1、吸水率为 6.3%、导热系数值 0.057 W/(m·K)，抗风压值 7.5 kPa，耐沾污性值 3.9%，抗冲击强度为 10.0 J 其破坏点为 0。解决了外墙保温材料存在的燃烧等级低、烟气毒性高、理化性能与保温性能难以兼顾、保温系统使用寿命与建筑设计寿命不同步、保温构造与装饰构造不兼容等技术难题，产品已应用于实际工程，施工面积约 6 万 m^2。

【关键词】　外墙保温材料；保温装饰系统；防火性能

0　引　言

《中华人民共和国节约能源法》总则第四条明确指出，节约资源是我国的基本国策。在我国，建筑能耗占总能耗的 27% 以上，因此外墙保温节能任务艰巨，市场发展能潜力巨大。

外墙外保温体系按其主要保温材料的性质可分为无机保温系统和有机保温系统，有机保温系统主要包括有机发泡板材薄抹灰外墙外保温系统、聚苯板大模内置外墙外保温系统，无机保温系统主要包括砂浆保温系统、纤维棉薄抹灰外墙外保温系统。现有外墙保温系统存在的问题有：

（1）燃烧性能等级低：常用的有机无机发泡板材薄抹灰外墙外保温系统、聚苯板大模内置外墙外保温系统材料的主体材料本身就是易燃材料，即使经过阻燃处理，其燃烧性能最高也只能达到 B 级。即便是砂浆保温系统，或因轻质骨料如聚苯颗粒燃烧性能差，或因胶凝材料中需要加入一定量的聚乙烯-聚苯乙烯胶粉，其燃烧性能也难以达到 A 级。

（2）保温性能与其他性能难以兼顾：要么防火性能好，保温性能差，要么保温性能好，防火性能差。

（3）保温系统寿命与建筑寿命不同步：现有保温系统的使用寿命一般为 25 年，低于一般建筑本身的设计使用寿命 50~70 年。

（4）保温与装饰的问题：保温构造强度低，保温系统外不宜粘贴瓷砖或大理石。

因保温系统燃烧性能低引起的火灾事故时有发生，典型者如北京央视新址附属文化中心、上海胶州路教师公寓火灾，惨痛的损失引起了相关部门的高度重视，如国发〔2011〕46 号《国务院关于加强和改进消防工作的意见》要求加快研发和推广具有良好防火性能的新型建筑保温材料。2015 年 5 月颁布实施的《建筑设计防火规范》(GB 50016—2014) 明确要求人员密集场所建筑、建筑高度大于 50 m 的公共建筑及建筑高度大于 100 m 的住宅建筑，其外墙保温材料燃烧性能应为 A 级，因此，开展具有燃烧等级高、烟气毒性低、装饰效果好、使用寿命长、保温与装饰兼容的不燃外墙保温装饰系统研究，

---

* 基金项目："十二五"国家科技支撑计划项目 (2011BAK03B03)。

是消防公共安全领域急需解决的问题之一。

1 不燃外墙保温装饰系统的结构设计

低密度泡沫混凝土研究较多[1-6]，但低密度泡沫混凝土（以下简称泡沫混凝土或保温基板）作为外墙保温材料却有自身难以克服的缺陷：

（1）保温性能与其他性能的矛盾，为使低密度泡沫混凝土具备保温性能，低密度泡沫混凝土的容重不应高于300 kg/m²，但低容重的结果会导致泡沫混凝土的低强度。

（2）泡沫混凝土的耐水性差，其体积吸水率一般在为10%，某些产品甚至到达50%，在水中长时间浸泡后不能保持其完整性，更谈不上具备保温性了。

（3）后期强度衰减严重，特别是以快硬水泥作为主要胶凝材料的低密度泡沫混凝土板，具有早期强度高、易成型、生产周期短等优势，但后期强度下降明显，半年后即出现粉化现象。为解决这些问题，本项目采用表面涂覆有氟碳漆的铝板（以下简称饰面铝板或者铝板）与低密度泡沫混凝土基板复合，制作成不燃外墙保温装饰板（以下简称装饰板），其中铝板的引入，可以很好地克服上述低密度泡沫混凝土的缺陷。

不燃外墙保温装饰板、锚固件、排气孔、防火膨胀密封条（以下简称密封条）及阻燃硅酮密封胶构成了本项目的不燃保温装饰系统，如图1所示。

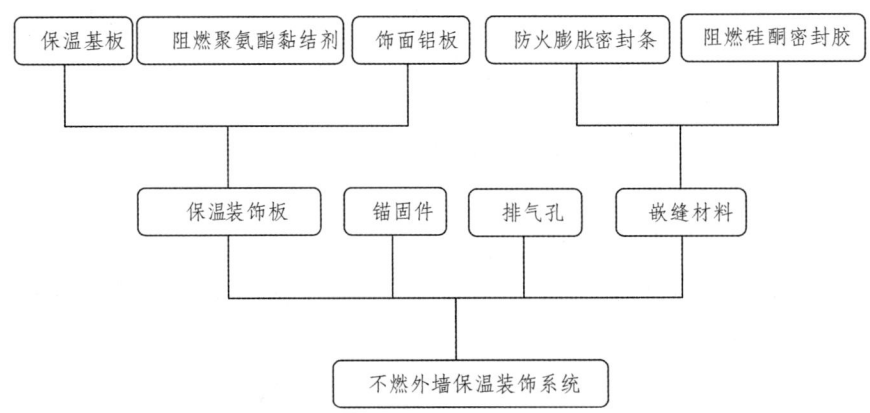

图1 不燃外墙保温装饰系统的结构设计

2 低密度泡沫混凝土基板的研究

2.1 试验原料

2.1.1 胶凝材料

制作低密度泡沫混凝土板胶凝材料主要有硫铝酸盐快硬水泥、早强型普通硅酸盐水泥、高铝高钙快硬水泥等。对于高孔隙率的低密度泡沫混凝土，其胶凝材料必须具有较高的早期强度，否则制备出的低密度泡沫混凝土的最终强度将得不到保证。课题选用普通硅酸盐水泥为主要的胶凝材料制备低密度泡沫混凝土，原因有两点：一是普通水泥的资源分布较广、价格相对低廉，可以降低低密度泡沫混凝土的制备成本；二是普通水泥的早期、后期强度较高、水泥制品的耐久性较好。课题使用的水泥为都江堰拉法基水泥厂产 42.5 R 普通硅酸盐水泥。

2.1.2 粉煤灰

粉煤灰是燃煤电厂的废弃物，我国粉煤灰年排放量可以达到 6 亿吨左右，由此带来的资源和环境问题相当突出。粉煤灰应用于混凝土中不仅变废为宝、利于环保，而且可以在物理、化学两方面对混凝土性能进行改善[7-8]，本试验使用的粉煤灰是国电成都金堂电厂二级粉煤灰。

2.1.3 发泡剂

低密度泡沫混凝土的发泡生产工艺有物理引气发泡和化学反应加气发泡两种方式，物理引气发泡工艺无法生产容重低于 250 kg/m³ 的产品。因此本项目采用化学反应加气发泡方案，常用的化学发泡剂主要有 CaC_2、$(NH_4)_2CO_3$ 及 H_2O_2。

碳化钙 CaC_2 遇水反应生成乙炔气体 C_2H_2。

$$CaC_2 + 2H_2O \rightarrow Ca(OH)_2 + C_2H_2$$

试验发现，碳化钙与水的反应十分剧烈，迅速生成大量乙炔气体，发气速率大大快于料浆硬化速率，形成的气泡无法在料浆中稳定存在，极短时间内即大量逸出，料浆上表面出现众多不规则开口孔。同时，乙炔气体具有一定毒性，属易燃气体，以此作为气源显然是不合适的。

$(NH_4)_2CO_3$ 在碱性水溶液中会分解产生氨气 NH_3。

$$NH_4^+ + OH^- \rightarrow NH_3\uparrow + H_2O$$

试验表明，$(NH_4)_2CO_3$ 作为气源，产生氨气的速率往往较为缓慢，即使提高料浆温度，发气速率也难以与料浆硬化速率相匹配，制得的试件容重普遍偏大，无法满足保温材料低导热性的要求。

过氧化氢可以与高锰酸钾反应放出气体，反应过程如下：

$$2 KMnO_4 + 3H_2O_2 \rightarrow 2 MnO_2 + 2 KOH + 3O_2\uparrow + 2H_2O$$

$$2H_2O_2 \xrightarrow{MnO_2} 2H_2O + O_2\uparrow$$

在某些金属离子存在的情况下，过氧化氢还可以发生自身氧化还原反应，即歧化反应。

$$2H_2O_2 \xrightarrow{Fe^{3+}/Cu^{2+}} 2H_2O + O_2\uparrow$$

试验结果表明，利用 $KMnO_4$ 与 H_2O_2 的氧化还原反应生成的氧气作为化学发泡的气源具有良好的效果，其反应放出气体的速率与放出气体的总量在较大范围内可控，可以实现与料浆硬化速率的完美匹配，本项目选用 H_2O_2 为发泡剂，$KMnO_4$ 为激发剂。

2.1.4 纤维（PP）

加入纤维的目的是为了改善混凝土的抗裂性能[9]。试验中选用的纤维为淄博隆恩纤维有限公司生产的聚丙烯纤维。

2.1.5 憎水剂

项目选用二甲硅油及煅烧高岭土复配自制。

2.1.6 水

在低密度泡沫混凝土的制备过程中，加水量不仅影响料浆的均匀性、料浆稠度及发气效果，而且影响浇筑稳定性和发泡水泥质量[10]。

2.2 试验过程及数据分析

2.2.1 因素水平表（见表1）

搅拌机的转速控制在为 2 500 r/min，水温控制在（50±5）℃。PP 纤维、发泡剂、憎水剂及水的加入量均为以水泥和粉煤灰质量之和的百分比。

表1 因素水平表

水平	水泥（kg）	粉煤灰（kg）	PP 纤维（%）	水（%）	发泡剂（%）	憎水剂（%）
1	80	25	1	45	3	1
2	90	30	1.3	49	4	2
3	100	35	1.6	53	5	3
4	110	40	1.9	57	6	4
5	120	45	2.2	61	7	5

2.2.2 正交试验数据（见表2）

表2 正交试验数据

水平	水泥	粉煤灰	PP 纤维	水	发泡剂	憎水剂	抗压强度（28 d）	导热系数	容重	吸水率（%）
1	80	25	1	45	3	1	0.41	0.056	262.3	14.1
2	80	30	1.3	49	4	2	0.42	0.057	270.5	12.3
3	80	35	1.6	53	5	3	0.46	0.055	251.4	10.1
4	80	40	1.9	57	6	4	0.48	0.052	235.8	8.1
5	80	45	2.2	61	7	5	0.54	0.053	244.8	6.1
6	90	25	1.3	53	6	5	0.47	0.062	283.1	6.4
7	90	30	1.6	57	7	1	0.49	0.058	275.3	14.3
8	90	35	1.9	61	3	2	0.53	0.059	290.2	12.8
9	90	40	2.2	45	4	3	0.62	0.063	305.8	10.5
10	90	45	1	49	5	4	0.52	0.061	298.7	8.5
11	100	25	1.6	61	4	4	0.55	0.067	322.2	8.9
12	100	30	1.9	45	5	5	0.58	0.066	318.1	7.0
13	100	35	2.2	49	6	1	0.65	0.064	305.4	15.1
14	100	40	1	53	7	2	0.53	0.065	312.7	13.0
15	100	45	1.3	57	3	3	0.52	0.069	336.9	11.1
16	110	25	1.9	49	7	3	0.64	0.070	341.6	11.8
17	110	30	2.2	53	3	4	0.67	0.072	359.5	9.2
18	110	35	1	57	4	5	0.56	0.073	351.2	7.5

表2 正交试验数据

水平	水泥	粉煤灰	PP纤维	水	发泡剂	憎水剂	抗压强度（28 d）	导热系数	容重	吸水率（%）
19	110	40	1.3	61	5	1	0.57	0.074	375.1	15.8
20	110	45	1.6	45	6	2	0.60	0.075	368.4	13.6
21	120	25	2.2	57	5	2	0.71	0.079	394.5	13.8
22	120	30	1	61	6	3	0.59	0.078	380.1	12.0
23	120	35	1.3	45	7	4	0.61	0.076	372.1	9.8
24	120	40	1.6	49	3	5	0.71	0.082	410.2	7.9
25	120	45	1.9	53	4	1	0.68	0.081	407.5	16.2

2.2.3 数据分析及配方确定

表3数据表明，水泥量对抗压强度影响最大，PP纤维次之，水量再次之，说明纤维的添加量对泡沫混凝土影响较大，但加入量大于1.6%后，对抗压强度的影响并不明显。水的添加量增多，抗压强度降低，当加入量超过53%时，抗压强度的降低最为明显。

表3 数据分析

极差	水泥	粉煤灰	PP纤维	水	发泡剂	憎水剂
抗压强度	0.198	0.032	0.12	0.036	0.01	0.014
导热系数	0.024 6	0.002 4	0.002 0	0.001	0.003 8	0.001 6
容重	139.92	17.2	8.9	6.6	22.52	9.6
吸水率	1.8	0.14	0.24	0.16	0.08	8.12

发泡剂对泡沫混凝土的容重和导热系数影响较大，但加入量超过5%后，对容重和导热系数影响较小。

憎水剂对吸水率的影响最大，随着憎水剂添加量的增加，吸水率明显降低，但考虑憎水剂价格较高，添加量为3%为宜。

粉煤灰对抗压强度、导热系数及吸水率影响较小，为节约成本，可适当添加，但对容重影响较大，不可添加太多。

综合考虑各方面因素，经过大量实验，确定了低密度泡沫混凝土的生产配方（见表4）。

表4 低密度泡沫混凝土的配方

原料	水泥	粉煤灰	PP纤维	水	发泡剂	憎水剂
添加量	100	36	1.6	52	4.7	3

2.3 低密度泡沫混凝土生产及保温基板制作工艺

按表4的配方制作低密度泡沫混凝土，将低密度泡沫混凝土切割为基板，其制作工艺流程见图2。

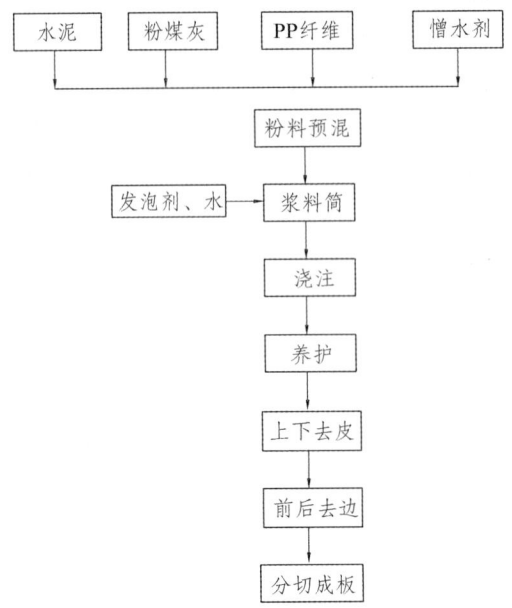

图 2　泡沫混凝土基板生产工艺

3　饰面铝板的成型

饰面铝板成型的目的，是将表面涂覆有氟碳漆铝卷制作成铝盒。其工艺如图 3 所示。

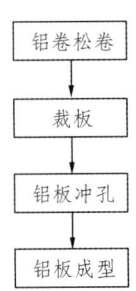

图 3　饰面铝板成型工艺

4　黏结剂选择

连接饰面铝板与保温基板的黏结剂既需具备与保温基板有较好的黏结能力，又需具备与饰面铝板有好的黏结能力，同时黏结剂本身还应有较好的耐久性和较低的成本。

常用的黏结材料主要有高聚合物含量砂浆、无溶剂环氧黏结剂、双组分聚氨酯发泡胶、单组分聚氨酯等。高聚合物含量砂浆属不燃材料，粘贴牢固，但每平方米用量约 3 kg，增加保温装饰板单位面积质量，且成型及养护时间长。无溶剂环氧黏结剂黏结对粗糙的保温基板黏结能力有限，为达到黏结效果，需要提高黏结剂的用量，黏结剂用量的增加，势必增加保温系统的成本。双组分聚氨酯发泡胶具有很强的发泡能力，能有效填塞保温基板粗糙表面的孔隙，达到较好的有效黏结效果，但其黏结性能较差，黏结力一般不超过 0.15 MPa。与双组分聚氨酯发泡胶相比较，单组分聚氨酯胶与铝板表面的黏结效果较好，黏结力超过 0.2 MPa，更重要的是其发泡倍率和发泡成型时间也易于控制，适宜规模化生产。为此，项目选用单组分聚氨酯胶作为黏结剂，发泡倍率控制在 5~10 倍。

5 不燃外墙保温装饰板的复合成型

不燃保温装饰板的复合成型指利用单组分聚氨酯将保温基板和饰面铝板黏结复合成型为不燃保温装饰板。其工艺如图4所示。

单组分聚氨酯胶由于与空气中的水分会发生反应固化,且反应速度很快,因此不能采用开放式的刷涂、滚涂工艺。研究表明,采用定量喷淋工艺最为合理,其胶量可控、涂胶均匀,粘贴面积大(一般能达到90%左右)。在涂胶之后应承压固化,承压力应大于50 kPa。

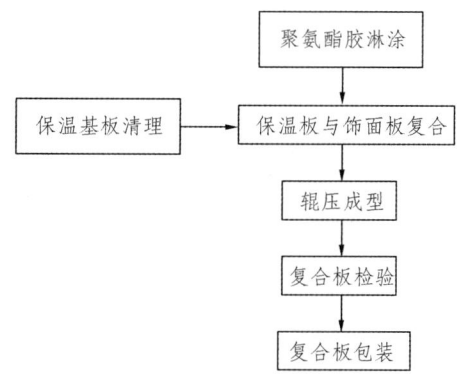

图4 不燃保温装饰板复合成型工艺

6 不燃外墙保温装饰系统施工工艺

6.1 装饰板的粘、锚施工

现有保温系统寿命与建筑寿命不同步的问题,多是由保温材料自身性能和其施工工艺决定的。为保证本项目研制的保温系统的使用寿命达到50年,本系统的不燃外墙保温装饰板采用黏结与锚挂结合的工艺,使其牢固地固定于建筑外墙上,其工艺如下:

(1)基层墙面外侧应用水泥砂浆找平。
(2)装饰板应自下而上按预定排版图为准沿水平方向横向铺贴,板缝宽度按具体工程排版要求设定,宽度不宜超过15 mm。
(3)不燃保温装饰板与基层墙面的粘贴面积应不低于30%。
(4)上下装饰板间应设置锚挂件,锚挂件前部的两个翼片应分别插入上、下两块装饰板的边框槽口中,中部用膨胀锚栓固定于基层墙体中。
(5)锚挂件在基层墙体中的有效锚固深度不低于25 mm,基层墙体为加气混凝土时,其有效锚固深度不低于70 mm。
(6)每块装饰板的锚挂件不低于4个。

6.2 嵌缝处理技术

6.2.1 排气孔设置

为解决保温系统因温度变化引起的压力变化,进而引起装饰板变形,应在嵌缝处理过程设置排气孔,排气孔的设置应注意以下问题。

(1)排气孔应在纵向缝隙中设置,排气孔之间的距离应不大于4 m。
(2)为避免雨水浸入排气孔,排气孔的开口应斜向下设置。

（3）安装好后排气孔截面应与装饰板板面平齐。

6.2.2 接缝处理

不燃保温装饰板间接缝处理，直接影响不燃保温装饰系统的防火性能、保温性能及防水性能，为此，课题采用防火膨胀密封条和阻燃硅酮密封胶处理装饰板间接缝，先于装饰板材接缝处嵌入密封条[11]，密封条的厚度不低于10 mm，再将阻燃硅酮密涂覆于密封条上，直至其与装饰板平齐。

7 不燃外墙保温装饰系统性能指标

保温基板、饰面铝板饰面层、不燃保温装饰板及不燃保温装饰系统检测结果见表5。

表5 不燃保温装饰系统技术指标

序号	子系统	指　标	检测依据和技术要求	检测结果
1	保温基材	干密度（kg/m³）	GB/T 5486	249.8
		抗压强度（MPa）	JGJ/T261—2011，0.4	0.52
		吸水率（V/V）（%）	JC/T 647	6.3
		导热系数，[W/(m·K)]	GB/T 10294 或 GB/T 10295	0.057
		蓄热系数，[W/(m²·K)]	JG/T 283	1.306
		垂直于板面方向抗拉强度		0.175
		软化系数	JG/T 283	0.75
2	饰面铝板	耐盐雾（500 h）	GB/T 9286	无异常
		耐沾污性（%）	GB 9780	3.9
		耐酸性（48 h）	GB/T 9274	无异常
		耐碱性（96 h）	GB/T 9265	无异常
		耐老化（1 000 h）	GB/T 9265	无异常
3	锚固件	拉拔力（kN）		0.61
		悬挂力（kg）		10.5
3	保温装饰板	面密度（kg/m²）		13
		面板与保温基材黏结强度/破坏界面保温基材内，以下同）	标准 JG149—2003	0.14
		耐水后的黏结强度	水中浸泡7 d	0.14
		耐冻融后黏结强度	20 ℃浸泡8 h，−20±℃浸泡16 h，循环10次	0.11
		耐高温的黏结强度	在70 ℃的空气中放置7d后	0.11
		燃烧性能	GB 8624—2012	A2
		烟气毒性	GB 20285	AQ1
4	装饰系统	抗冲击强度3.0 J，破坏点≤4		0
		抗冲击强度10.0 J，破坏点≤4		0
		抗风压（kPa）		7.5

8 结 语

　　对用普通水泥制备低密度泡沫混凝土的配方及生产工艺、连接饰面铝板与低密度泡沫混凝土的黏结剂选择、不燃保温装饰板成型工艺、装饰板粘锚结合施工方法、装饰板间的接缝的处理及排气孔的安装方式进行了系统的研究,解决了低密度泡沫混凝土强度低及耐水性差和外墙保温材料长期存在的燃烧等级低、烟气毒性高、理化性能与保温性能指标矛盾、保温系统使用寿命与建筑设计寿命不同步等技术难题,由于饰面铝板有单色和复合色多个品种,颜色可控,本项目研制的不燃外墙保温系统品还可以替代金属板幕墙石材幕墙装饰,为《建筑设计防火规范》(GB 50016—2014)和国发〔2011〕46号的实施提供了技术和产品支持。

　　项目研制的不燃保温外墙产品应用于原成都军区 78 158 部队办公楼、天回龙腾酒店、中冶田园世界、中国十九冶研发大楼、郫都区政务中心、四川农业大学、金沙医院、四川遂宁滨江路风貌改造、四川达州开江县医院住院楼、甘肃甘南卓尼大酒店等项目,施工面积达 6 万 m^2,良好的产品性能获得了用户的好评,产生了较好的社会和经济效益。

参考文献

[1] 张磊,杨鼎宜. 轻质泡沫混凝土的研究及应用现状[J]. 混凝土,2005(8):45-46.

[2] 王群力. 新型轻质发泡混凝土砌块及节能墙体的性能研究[J]. 砌块与墙板,2006(10):132-133.

[3] W.Lopez, J.A.Gonzales Influence of the proseaturation on the resistivity of concrete and the corrosion rate of steel reinforcement[J]. Cement and Concrete Research, 1993, 23: 369-376.

[4] Yasser MHunaiti. Strength of composite sections with foamed and lightweight aggregate concrete[J]. Journal of Materials in Cival Engineering, 1997(5): 60-62.

[5] Kearsley, E.P.Mostert, H.F.The effect of fibre reinforcing on foamed concrete behaviour.Role of Cement Science in Sustainable Developmcnt-Proceedings of the International[C]. Symposium-Celebrating Concrete: People and Practice, 2003, 557-566.

[6] C.Andrade, C.Alonso, J.Sarria.c.Drmsion rate evolution in concrete structures to the atmosphere[J]. Cement&Concrete Compo sites, 2002, 24: 55-64.

[7] 李益进,周士琼,等. 超细粉煤灰高性能混凝土的力学性能. 建筑材料学报,2005(2):23-29.

[8] 王秀源. 超细粉煤灰在高性能混凝土中的作用效用分析[J]. 广东建材,2008(12):22-23.

[9] Hu WY, Ronald D.Neufeld.Strength Properties of Autoclaved Aeraved Concrete with High Volume Fly Ash.Journal. of Energy Engineering, 1997(8): 44-54.

[10] 徐至钧. 纤维混凝土技术及应用[M]. 北京:中国建筑工业出版社,2003.

[11] 覃文清. SP 膨胀防火密封条的研究[J]. 消防科技,1996(4):33-36.

作者简介:毛朝君(1965—),男,四川南充,公安部四川消防研究所研究员 主要从事消防技术研究及阻火产品开发。

　　　　通信地址:成都市金牛区金科南路69号,610036。

古建筑及仿古建筑防火阻燃技术

葛欣国,刘 微,王新钢,卢国建,张泽江

(公安部四川消防研究所,四川 成都 610036)

【摘 要】 古建筑及仿古建筑由于其特殊的结构形式及使用功能需求,导致建筑火灾荷载大,火灾风险相对较高,且这类建筑火灾一旦发生,不但导致巨大的经济损失,还会对历史文化遗产造成不可修复的破坏。本文简要介绍了国内外典型的古建筑及仿古建筑火灾案例,并简述了美国、欧洲以及我国古建筑及仿古建筑防火阻燃技术研究进展情况。通过对比分析,提出了国内在该领域存在的主要问题,在防火阻燃研究方面,急需加大透明防火涂料的研究力度,特别是在保障涂料防火性能的同时,需要着力解决涂料的耐候性问题。

【关键词】 古建筑及仿古建筑;木结构建筑;防火;阻燃技术

1 国内外古建筑及仿古建筑火灾情况

历史上典型的古建筑及仿古建筑火灾主要有:

(1)英国约克教堂火灾,该教堂主要用石材和木材建造,1984年7月9日,一场大火烧毁了教堂南翼部分建筑,着火的原因是遭雷击。

(2)法国夏约宫火灾,1997年7月22日,夏约宫突然失火,宫内保存的部分文物遭到破坏,损失难以估量。

(3)2007年4月30日,美国距国会山不远的东方市场发生火灾,这一建于1873年的红砖建筑物已被列入美国国家历史遗迹目录。几个小时后,华盛顿公共图书馆的乔治敦分馆也发生火灾,一些珍贵档案和艺术珍品被毁。

(4)日本法隆寺火灾,1949年1月26日,作为世界上最古老木建筑的法隆寺金堂壁画被烧毁,这个事件是日本文化遗产保护史上的象征性事件。

(5)俄罗斯图书馆火灾,莫斯科社会科学信息研究所图书馆建立于1918年,2015年1月31日图书馆发生大火,过火面积达到2 000 m^2,火灾是电线短路所引起。

(6)我国独克宗古城火灾,2014年1月11日,迪庆州香格里拉市独克宗古城发生火灾,造成烧损、拆除房屋面积59 980.66 m^2,烧损(含拆除)房屋直接损失8 983.93万元(不含室内物品和装饰费用),起火的原因是用电不慎,引燃可燃物引发火灾。

2 美国古建筑及仿古建筑防火阻燃技术研究

美国的消防法律和标准规范比较具体详细,具体到古建筑及仿古建筑防火方面,美国已颁布实施相关标准《历史建筑消防安全规范》(NPFA 914)与《规划建筑群防火标准》(NFPA 1141)。在防火阻燃技术研究方面,S. McAllister[1]研究了湿木材点燃的临界质量通量,研究了湿度对木材点燃的影响,文中点燃评价标准考虑的主要是临界质量通量——表面生成扩散火所必需的充足的热裂解气体量,研究表明临界质量通量随着湿度、气体流速、辐射热通量的增加而增加。James Giancaspro[2]等以废木屑为填充材料，钾铝硅酸盐为黏结剂制备了阻燃夹芯板生物复合材料，并研究了板材的防火性能。Sayaka Suzuki[3]等在实验室条件下采用全尺寸试验研究了木结构燃烧产物，研究中采用木材及刨花板搭建了 4 m 长、3 m 宽、4 m 高的房间用于燃烧试验，试验房间内还放置了 1 个沙发。C.A. Ulven[4]等研究了无碱玻璃纤维/乙烯基酯（VE）轻木夹芯板，在 1 250 ℃，175 kW·m^{-2} 的火源条件下，作用时间从 0 s、50 s、100 s；到 200 s 时，板材各项性能的变化。

3 欧洲古建筑及仿古建筑防火阻燃技术研究

英国是对古建筑保护最为严密的国家之一，1882 年就颁布了《古迹保护法令》，1967 年颁布的《城市宜居条例》首次提出了"保护区"的概念。2002 年英国巴斯大学对古教区、教堂防火保护的消防安全评估方法进行了研究，根据各个教堂实际结构及其设施、物品的布局，评估和确定教堂消防安全的"可接受水平"的结构。D.J. Hopkin[5]等对比研究了 Eurocode 5 的炭化参数设计和先进计算模型，通过考虑升温速率和火灾荷载密度将木材的热性能扩展到火灾合并参数的有效性，提出了一个框架。M. Hagen[6]等通过热分析及锥形量热测试对阻燃欧洲云杉木的燃烧性能进行了评价。P. Reszka[7]等研究了木材暴露于强辐射能下内部温度的测试。

瑞士的 Andrea Frangi 等研究了有空腔木框架楼板的炭化模型，这一炭化模型考虑了防火保护脱落后的高温影响，以及热通量叠加在三面暴露于火焰中的木梁的炭化速率的影响。Andrea Frangi 等采用小型水平试验炉（1.0 m × 0.8 m）研究了交叉层压木板的燃烧性能。Andrea Frangi 还提出了一个空心木板（空腔填充玻璃纤维、矿棉等）耐火性能计算简化模型，并将试验测试结果与计算结果进行比较[8-10]。

意大利及欧洲的许多建筑遗产以砖、石或者土坯砌体建成，因此研究其机械性能很重要，考虑到古旧的砖砌体压缩强度、拉伸强度、弹性模量等会与理论值差别较大，Elisa Franzoni[11]等人研究了烧制的黏土砖、水泥砂浆、石灰砂浆、三层砖砌体在干态和湿态下的各项力学性能。针对木制品阻燃防火，Randoux[12]等研究了一种无卤阻燃可交联涂料，研究表明，反应型阻燃单体提高了涂料的防火性能。

土耳其的 Nilufer Akinciturk[13]等研究了土耳其 Cumalıkızık 历史村寨的防火保护，Cumalıkızık 的建筑由易燃材料建造（木结构及木石混合结构），在该村落所有建筑中，开放式楼梯、缺少防火防烟分隔、缺少其他火灾和烟气控制设施可能会导致火灾和烟气迅速蔓延。文中指出，消防安全计划要素应解决村落中各种火灾风险因素，包括起火源、可燃物、特殊构造、疏散设施。应对上述火灾风险要素的备选策略主要有：

（1）预防：使用和维护、教育和培训、强制执行。
（2）降低可燃性：材料替换、覆盖层保护、涂料、阻燃处理。
（3）分区：围护结构、防火阀、门、防火分隔。
（4）结构耐火保护。
（5）检测报警：促进疏散、促进灭火。
（6）灭火系统：手动灭火设施、喷淋设施等。

比利时的 Njankouo[14]等研究了热带国家木材的耐火性能并将试验测试的炭化速率与 3 个计算模型进行了比较，研究表明木材密度对炭化速率影响明显，试验结果与模型计算结果匹配度不够理想。芬兰的 Jukka Hietaniemi[15]采用概率模拟对木梁的耐火性能进行了研究。荷兰的 Ralph Stevens[16]等采用 CP-MAS ^{13}C NMR、TGA 等技术研究了一系列不同分子结构的含磷阻燃剂在木材阻燃中的构效关系，其阻燃剂通过化学键连接到木材分子结构上，且随着烷基基团的增大，对木材进行改性的化学反应活性降低。

4 我国古建筑及仿古建筑防火阻燃技术研究

《古建筑木结构维护与加固技术规范》《古建筑修建工程施工及验收规范》《木结构设计规范》《建筑设计防火规范》中对木结构防火都做了初步的规定，2008 年 7 月 1 日起施行了中华人民共和国国务院令第 524 号《历史文化名城名镇名村保护条例》。2014 年 4 月 3 日公安部、住房城乡建设部、国家文物局联合出台了我国首个由多家职能部门联合制定的强化文物古建筑消防安全工作的规范性文件公消〔2014〕99 号《关于加强历史文化名城名镇名村及文物建筑消防安全工作的指导意见》。

木结构是我国古建筑及仿古建筑的独有特点，也是我国传统建筑的精华所在，在建筑史上享有很高的知名度，早在我国古代，就已经采用在木柱外面涂覆泥浆进行防火的方法。但是，与发达国家相比，我国对古建筑及仿古建筑防火的系统科学研究工作开展的相对晚一些。1992 年，覃文清研制出市场上迫切需求的透明防火涂料（E60-2 无机透明防火涂料）[17]。1994 年，刘正钦以氨基树脂与改性无机磷酸盐混合作为基料，实现了涂料的室温自干，制备了 FPT-I 膨胀型透明防火涂料[18]。曹刚等报道了古建筑建构材料火灾隐患及防火对策，论述了南京典型古建筑技术性防火理念和对策[19]。郭子东等以布达拉宫东大殿为研究对象，探讨了性能化防火分析方法在古建筑防火保护中的应用，应用 FDS 软件进行了模拟研究，根据模拟结果进行分析，得到了一些有益的结果并应用于消防设施设置[20]。中国矿业大学的 Guo Fuliang 等研究了吊脚楼用木材在空气气氛条件下的热降解动力学[21]。西北工业大学的 Jun-wei Gu 等研究了膨胀型阻燃涂料的制备及阻燃机理，涂料以聚酯树脂和环氧树脂混合物为基材树脂，APP、密胺、季戊四醇为阻燃剂，膨胀石墨为协效剂，并添加了二氧化钛、溶剂和其他助剂[22]。

5 小 结

与欧美发达国家相比，我国当前古建筑及仿古建筑火灾防治工作现状不容乐观。主要问题有：

（1）我国古建筑及仿古建筑以木结构为主，建筑耐火等级低、火灾荷载大，且建筑数量庞大。

（2）目前国内没有形成专业、系统、且具有广泛适用性和约束力的古建筑及仿古建筑防火设计规范（如 NFPA 914 和 NFPA 1141 等）。

（3）国内的技术研究工作开展的相对较晚，还有许多问题需要结合我国的古建筑实际情况开展更为深入具体的科研攻关工作。

（4）木结构用透明防火涂料研究方面，尽管国内外都开展了一些研究工作，也开发了一些产品，但是现有产品的耐候性、耐久性等都还不够理想，产品在使用过程中容易变色、脱落，透明防火涂料耐候耐久性还是目前木结构防火急需解决的技术难题。

参考文献

[1] S. McAllister, Critical mass flux for flaming ignition of wet wood[J]. Fire Safety Journal, 2013, 61: 200-206.

[2] James Giancaspro, Christos Papakonstantinou, P. Balaguru, Fire resistance of inorganic sawdust biocomposite[J]. Composites Science and Technology, 2008, 68: 1895-1902.

[3] Sayaka Suzuki, Adam Brown, Samuel L. Manzello, Firebrands generated from a full-scale structure burning under well-controlled laboratory conditions[J]. Fire Safety Journal, 2014, 63: 43-51.

[4] C.A. Ulven, U.K. Vaidya, Post-fire low velocity impact response of marine grade sandwich composites[J]. Composites: Part A, 2006, 37: 997-1004.

[5] D.J. Hopkin, J. El-Rimawi, V. Silberschmidt, T. Lennon, An effective thermal property framework for softwood in parametric design fires: Comparison of the Eurocode 5 parametric charring approach and advanced calculation models[J]. Construction and Building Materials, 2011, 25: 2584-2595.

[6] M. Hagen, J. Hereid, M.A. Delichatsios, J. Zhang, D. Bakirtzis, Flammability assessment of fire-retarded Nordic Spruce wood using thermogravimetric analyses and cone calorimetry[J]. Fire Safety Journal, 2009, 44: 1053-1066.

[7] P. Reszka, J.L. Torero, In-depth temperature measurements in wood exposed to intense radiant energy[J]. Experimental Thermal and Fluid Science, 2008, 32: 1405-1411.

[8] Andrea Frangi, Carsten Erchinger, Mario Fontana, Charring model for timber frame floor assemblies with void cavities[J]. Fire Safety Journal, 2008, 43: 551-564.

[9] Andrea Frangi, Mario Fontana, Erich Hugi, Robert Jobstl, Experimental analysis of cross-laminated timber panels in fire[J]. Fire Safety Journal 2009, 44: 1078-1087.

[10] Andrea Frangi, Markus Knobloch, Mario Fontana, Fire design of timber slabs made of hollow core elements[J]. Engineering Structures, 2009, 31: 150-157.

[11] Elisa Franzoni, Cristina Gentilini, Gabriela Graziani, Simone Bandini, Compressive behaviour of brick masonry triplets in wet and dry conditions[J]. Construction and Building Materials, 2015, 82: 45-52.

[12] Th. Randoux, J.-Cl. Vanovervelt, H. Van den Bergen, G. Camino, Halogen-free frame retardant radiation curable coatings[J]. Progress in Organic Coatings, 2002, 45: 281-289.

[13] Nilufer Akinciturk, Muhsin Kilic, A study on the fire protection of historic Cumalikizik village[J]. Journal of Cultural Heritage, 2004, 5: 213-219.

[14] Jacques Michel Njankouo, Jean-Claude Dotreppe, Jean-Marc Franssen, Fire resistance of timbers from tropical countries and comparison of experimental charring rates with various models[J]. Construction and Building Materials, 2005, 19: 376-386.

[15] Jukka Hietaniemi. Probabilistic simulation of fire endurance of a wooden beam[J]. Structural Safety, 2007, 29: 322-336.

[16] Ralph Stevens, Daan S. van Es, Remko Bezemer, Aldo Kranenbarg. The structureeactivity relationship of fire retardant phosphorus compounds in wood[J]. Polymer Degradation and Stability, 2006, 91: 832-841.

[17] 覃文清. E60-2无机透明防火涂料的研究[J]. 消防科学与技术，1992（1）.

[18] 刘正钦. FPT-I膨胀型透明防火涂料的研究[J]. 消防科学与技术，1994（1）：13-16.

[19] 曹刚，尤飞. 古建筑建构材料火灾隐患及防火对策[J]. 消防科学与技术，2014，33（6）：691-694.

[20] 郭子东，吴烦，吴立志，徐晓楠. 基于火灾动力学模拟的古建筑火灾探测系统设计研究[J]. 火灾科学，2009，18（2）：65-71.

[21] Guo Fuliang, Chen Peng, Wang Xiaoying, Jin Kai, Study on thermal decomposition and kinetics of timber used in houses on stilts under air atmosphere[J]. Procedia Engineering, 2012, 43: 65-70.

[22] Jun-wei Gu, Guang-cheng Zhang, Shan-lai Dong, Study on preparation and fire-retardant mechanism analysis of intumescent flame-retardant coatings[J]. Surface & Coatings Technology, 2007, 201: 7835-7841.

国内外防火玻璃产品发展现状*

刘 微，李利君，张泽江，何学超

（公安部四川消防研究所，四川 成都 610036）

【摘 要】 本文系统全面地介绍了德国肖特（Schott）公司、英国皮尔金顿（Pilkington）公司的防火玻璃产品及分类，对它们各型号的单片、复合防火玻璃产品的防火性能、物理特性，诸如防火玻璃的厚度、透光性、重量等进行了详尽介绍，通过对目前国内外市面上防火玻璃产品的种类、性能的分析比对，探讨了防火玻璃今后的发展趋势。

【关键词】 单片防火玻璃；复合防火玻璃；完整性；隔热性

1 前 言

防火玻璃于 20 世纪 70 年代初首先出现于欧洲，属于建筑安全玻璃，又称之为特种玻璃，迄今为止，已有几十年的历史。随着 21 世纪的经济腾飞，人类的科技文明和物质文化生活水平得到了高速发展，世界各国对建筑住宅及公用建筑物的要求越来越高[1-2]。欧洲的英、法、德等国于 70—80 年代之间相继出台了《建筑设计防火规范》《建筑物件防火性能测试方法和标准》及《高层民用建筑设计防火规范》等法规，这些法规举措的出台严格规范了防火玻璃产品的防火性能以及使用的安全性。目前建筑安全玻璃和防火隔热玻璃的市场需求在世界工业发达国家逐年呈上升态势[3-4]，从而大大促进了防火玻璃的生产应用步伐。

防火玻璃的主要生产国有：英国、法国、德国、日本、比利时、美国、俄罗斯、中国等。英国是世界防火玻璃研制生产应用最早的国家，英国皮尔金顿公司（Pilkington）也是欧洲最早研制生产防火玻璃的商家之一。该公司现有浇注法夹丝防火玻璃、复合型防火玻璃以及树脂夹层隔火安全玻璃三大防火玻璃系列产品[4]。德国是欧洲研制生产防火玻璃的发达国家之一，它的玻璃制造及玻璃加工商除了能生产复合型、夹金属丝网型及湿法灌浆型的防火玻璃外，最突出的还有 Schott 公司生产有硼硅酸盐透明钢化防火玻璃，此种玻璃具有良好的热稳定性和化学稳定性、机械性能和工艺性能好、优良的光学性能等特点。日本旭硝子公司（AGC）、日本板玻璃公司和桑田硝子公司生产的防火玻璃在世界名列前茅，尤其是以生产不夹入任何丝网的复合型防火玻璃闻名，此类玻璃主要是采用几层钢化处理的优质浮法玻璃和硅酸钠交替组成。美国康宁公司是世界上最早生产出锂铝硅透明微晶玻璃的国家，但由于制备技术的复杂性和工艺上的难度，成本一直较高，影响了该类玻璃的推广应用[5]。

我国防火玻璃行业从 20 世纪 80 年代中期起步，发展至 90 年代末，主要以灌浆型防火玻璃（湿法）和夹丝玻璃产品为主，行业集中度不高，近年来国内大部分厂家开始侧重于单片防火玻璃的生产（其

---

* 基金项目：国家重点研发计划"协同高效的火灾蔓延控制技术与新产品研发"（2016YFC080060403）。

中主要以铯钾类防火玻璃为主），复合防火玻璃的生产方面没有大的突破，市场仍被灌浆型防火玻璃和部分复合型防火玻璃产品占据，其中复合型（干法）防火玻璃由于工艺配方陈旧，导致夹层材料耐候性差，使产品在使用一段时间后透明性降低，产品应用受限，而灌浆型防火玻璃多以聚丙烯酰胺作为夹层材料，此类凝胶材料除自身具有易起泡、长期使用后会发黄甚至失透等缺点外，夹层中残留的丙烯酰胺单体还易在防火玻璃的制造和使用过程中对人体和环境造成伤害，因此国外虽有相关专利，但鲜有此类产品的生产和销售。纵观以上状况，相较于产品种类繁多的国外市场，我国防火玻璃行业长期处于发展缓慢的状态[7-8]。本综述分别将两家国外大型防火玻璃生产厂家肖特（Schott）、皮尔金顿（Pilkington）公司作为对象，对其防火玻璃产品的种类、性能进行了详细的介绍，希望通过对国外先进防火玻璃产品的了解，为今后我国防火玻璃的研发和生产提供有益的借鉴。

2 防火玻璃类型及其防火机理

2.1 单片防火玻璃（DFB）

单片防火玻璃是由单层玻璃构成并满足相应耐火等级要求的特种玻璃。市场上常见产品有硼硅酸盐防火玻璃、铝硅酸盐防火玻璃、微晶防火玻璃、单片铯钾防火玻璃、低辐射镀膜防火玻璃。

2.1.1 单片铯钾防火玻璃

单片铯钾防火玻璃是目前国内市场上常见的单片防火玻璃，此种防火玻璃是借助化学方法在玻璃表面形成一种膨胀系数比中间层低的表面低膨胀层，冷却时膨胀系数较高的中间层对膨胀系数较低的表面层产生拉伸作用，使得两者收缩不一致，表面层被置于压应力之下，中间层则产生了补偿作用的拉应力，通过相互作用提高了玻璃的抗热应力性能。

2.1.2 硼硅酸盐防火玻璃

硼硅酸盐防火玻璃的化学组成为 SiO_2、B_2O_3、Al_2O_3、R_2O 等，它的热膨胀系数在 0~300 °C 时为 $(3~40) \times 10^{-7}/°C$，耐火极限在 60~120 min，因此可达到 BS6206 A 级安全等级，在德国和欧洲各国的建筑中被广泛地应用，可以用于民用及商业建筑物的立面、隔断墙、窗户及防火门等。

2.1.3 铝硅酸盐防火玻璃

铝硅酸盐防火玻璃的化学组成为 SiO_2、B_2O_3、Al_2O_3、R_2O、CaO、MgO 等，此类防火玻璃主要特征是 Al_2O_3 含量高，碱含量低，该玻璃软化点在 900~920 °C，热膨胀系数在 25~300 °C 为 $36 \times 10^{-7}/°C$，耐火极限在 80 min 以上，甚至放到火焰上加热也不会炸裂或变形，可直接用作防火玻璃。

2.1.4 微晶防火玻璃

微晶防火玻璃在玻璃生产原料中加入一定量的 Li_2O、TiO_2、ZrO_2 等晶核剂，待熔化后再进行热处理的防火玻璃，该玻璃具有极低的膨胀系数，为 $(0±5) \times 10^{-7}/°C$ 以内，理论上可以是零膨胀，由于热膨胀系数小，该玻璃对加热过程中所出现的温差并不十分敏感，软化点温度达 900 °C，耐火极限可达到 240 min，是一种极为理想的防火玻璃。

2.2 复合防火玻璃（FFB）

复合防火玻璃是由两层或两层以上玻璃复合而成或由一层玻璃和有机材料复合而成，并满足相应耐火等级要求的特种玻璃，主要有复合型防火玻璃、灌注型防火玻璃、夹丝防火玻璃、中空防火玻璃。

2.2.1 复合型防火玻璃（干法/夹层法）

复合型防火玻璃是在两层或多层玻璃上附一层或多层水溶性无机防火胶夹层，经固化、干燥，复合而成，成品可磨边、打孔、改尺寸切割，适用于房间、走廊、通道的防火门窗及防火分区和重要部位防火隔断墙。无机防火夹层多选择硅酸钠水玻璃或锂、钾硅酸盐水玻璃的混合物，在火灾时会发泡膨胀，形成坚硬的乳白色泡状防火胶板，从而有效阻断火焰、隔绝高温和有害气体。

2.2.2 灌注型防火玻璃（灌浆法）

灌注型防火玻璃是将两层（或三层）玻璃原片的四周以特制阻燃胶条密封，中间灌注防火胶液，经固化后形成透明胶冻状，并与玻璃黏接。灌浆法制备的防火玻璃可加工成弧形，且隔音效果极佳，适用于防火门窗、建筑天井、中庭、共享空间、计算机机房防火分区隔断墙。

3 国外防火玻璃产品类型及性能

3.1 肖特公司[9]

肖特（Schott）公司拥有125年的玻璃制造史，目前生产的防火玻璃有两类，分别是单片防火玻璃PYRAN®系列和复合型防火玻璃PYRANOVA®。

3.1.1 PYRAN®系列

PYRAN®系列有PYRAN® S，PYRAN® white，PYRAN® G和PYRAN® Platinum产品，都属于单片浮法硼硅玻璃，此类玻璃在火灾时能阻止火焰、热气及烟雾的蔓延，即使在高温下仍具透明性，方便现场人员疏散。PYRAN®系列防火玻璃可适用于对安全性要求高，同时还需保持高设计感的场合，如外墙、隔墙、采光天窗、门、屋顶、隔烟幕墙、电梯玻璃门和电梯玻璃等。它们作为防火玻璃都除了都可满足标准EN 13024-1的E 30，E 60，E 90和E 120防火需求以外，还具备一些附加功能，PYRAN®系列防火玻璃的具体型号及性能见下：

PYRAN® S：根据Z-70.4-174等德国标准，PYRAN® S为通过认证的建筑材料。它可在无需进行热浸泡测试（the heat soak test）的前提下作为单片玻璃或是中空玻璃使用。PYRAN®S是一种可满足各项安全性能需求的单片玻璃（发生破裂时属于典型的钢化玻璃破裂形态，如小碎片），对温差、UV、腐蚀性试剂以及外界环境有较好的适应性，适用于户外场合；

PYRAN® white：据Z-70.4-174等德国标准，PYRAN® white为通过认证的建筑材料。由于属于热退火的单片硼硅玻璃，PYRAN® white可承受更大的温差，同时具有优异的透光性能（其透光率甚至高于某些钠钙浮法玻璃）。它适用于任何防火级别需达到E30要求的场合，也可作为单片和中空防火玻璃使用；

PYRAN® G：PYRAN® G为未通过认证的建筑材料，需通过单独的建筑审批后方可使用。它在制备时呈现圆柱形，可作曲面的防火玻璃使用，同时具有优异的透光性能，结合钢制框架时可满足E 30级防火要求；

PYRAN® Platinum：PYRAN® Platinum是首个满足防火功能的浮法玻璃陶瓷，此类防火玻璃没有热膨胀，在高温下可承受热冲击，满足最高的美国标准（要求房屋燃烧时玻璃在高温下可承受高压冷水冲击）。玻璃为不带黄的中性色，制备过程环保，不使用锑、砷等重金属。PYRAN® Platinum做防火窗时耐火时间可达90 min，作为防火门时耐火时间可达180 min。

3.1.2 PYRANOVA®

PYRANOVA®产品是具有透光性的多层复合防火玻璃，结构中有数层浮法玻璃和防火夹层，透明防火层在火灾燃烧中发泡，生成具有防火、防烟及隔离热辐射功能的膨胀耐火夹层。它作为防火玻璃时可满足 EI 15 ~ EI 120 或 EW 30 ~ EW 60 的防火要求；作为防火屏障时可满足 T 30 ~ T 90 的防火需求，其隔热性能（EI）能保证火灾时玻璃背火面的平均温升不超过 140 ℃，单点温升不超过 180 ℃。该产品的耐火时间随玻璃厚度变化而变化，具体产品参数见表 1。同时根据不同建筑要求，此 PYRANOVA® 还衍生出了适合外部环境使用的防火玻璃产品，如 ISO PYRANOVA®，PYRANOVA® secure 等。

PYRANOVA®产品适用于对火灾中隔热性能要求较高的场所，如门、外墙、内部隔墙以及在逃生路径和楼梯间中的使用。

表 1 PYRANOVA®防火玻璃产品性能*

种类	防火级别（EN 13501 Ⅱ）	厚度（mm）	重量（kg/m²）	透光率（%）	隔音 R_w 值（dB）
PYRANOVA® EW	EW30	7	17	89	33
PYRANOVA® EW	EI 15/EW 30	11	26	87	36
PYRANOVA®30	EI 30	15	35	86	38
PYRANOVA®45	EI 45	19	44	85	38
PYRANOVA®60	EI 60	23	55	87	41
PYRANOVA®90	EI 90	37	86	84	44
PYRANOVA®120	EI 120	52	106	74	42

防火玻璃需与相应的玻璃框架配合使用才能得到更加可靠的安全性能，Schott 公司还对不同防火玻璃所适用的框架系统进行了归纳分类，具体见表 2。

表 2 防火玻璃框架系统

防火级别	窗框材料/系统					
	钢制	木制	铝制	石膏板构造	对接	固定点
E 30	✓	✓		✓	✓	✓
E 60	✓	✓		✓	✓	
E 90	✓			✓		
E 120	✓					
EI 30	✓	✓	✓	✓	✓	
EI 60	✓	✓	✓		✓	
EI 90	✓	✓				
EI 120	✓					

3.2 皮尔金顿公司[10]

皮尔金顿（Pilkington）公司的防火玻璃产品有 Pyrostop™，Pyrodur™ 和 Pyroshield™ 三类。

---

* 注：EI 和 EW 后的数字分别表示耐火完整性或耐火隔热性的时间。

Pyrostop™ 和 Pyrodur™ 都由数层浮法玻璃和膨胀夹层复合而成，火灾时迎火面玻璃原位破裂，透明夹层受热发泡膨胀形成坚硬、不透明的防火层，防火层具有一定的弹性和韧性，阻止了火势、烟雾蔓延和热量传递。Pyrostop™ 和 Pyrodur™ 系列防火玻璃都具有耐火完整性和一定的隔热性，但 Pyrostop™ 的隔热性能优于 Pyrodur™。Pyroshield™ 产品属于夹丝玻璃，火灾时玻璃原位破碎，碎片附着于丝网上，具有一定的安全性，但无隔热功能。

3.2.1 Pyrostop™

Pyrostop™ 系列防火玻璃同时具有耐火完整性和隔热性，是最早满足欧洲火灾和冲击试验标准的防火玻璃之一。玻璃厚度根据防火需求不同可在 15～62 mm 调整，隔热性能可达 120 min，某些产品的耐火时间甚至可达 180 min，能承受油田的烃类火灾测试。为提高产品的透光性能，Pyrostop™ 选用高透光的 Optiwhite™ 作为原材料。该防火玻璃产品可与水喷淋系统配合使用，适用于多数窗框系统（如钢制窗框、硬木制窗框）。产品抗冲击性能（BS 6206）达到 A 级，并具有隔音功能。

3.2.2 Pyrodur™

Pyrodur™ 系列防火玻璃具有耐火完整性和部分隔热性能，也可满足欧洲火灾和冲击试验标准。它的厚度一般为 10 mm 和 13 mm，含有两个防火夹层和一个抗冲击夹层，耐火完整性可达 60 min。其中的 Pyrodur™ Plus 产品厚度可降至 7 mm，耐火完整性达到 30 min，隔热性≥15 min，其轻便的外形使之成为室内使用玻璃（防火门如隔墙）的首选。Pyrodur™ 系列的防火机理与 Pyrostop™ 相似，但玻璃间防火夹层含量较少。该产品适用于对隔热要求不高的户内和户外场合，抗冲击性能（BS 6206）达到 B 级。

3.2.3 Pyroshield™

Pyroshield™ 防火玻璃具有耐火完整性，无隔热性能，是目前被最广泛应用的单片夹丝防火玻璃产品。它具有耐火时间长、轻便、价格低等优点，耐火完整性在使用钢制框、硬木框时可分别达到 120 min 和 60 min，抗冲击性能（BS 6206）达到 C 级。

4 结束语

Schott 公司是目前世界上唯一成熟掌握硼硅酸盐浮法玻璃技术的厂家，其生产的硼硅酸盐透明钢化防火玻璃具有良好的热稳定性和化学稳定性、机械性能和工艺性能好、光学性能优良等特点，同时它的复合玻璃 PYRANOVA® 系列除能满足 EI 15～EI 120 的防火性能外，ISO PYRANOVA®，PYRANOVA® secure 产品还将防火隔热性能与抗人为冲击性能、防弹性能相结合，生产了一系列多功能防火玻璃。Pilkington 公司的防火玻璃产品为非隔热型夹丝单片玻璃和隔热型复合玻璃，同时为满足市场需要，通过改变防火夹层厚度的方式又将隔热型防火玻璃细分为 Pyrostop™ 完全隔热型和 Pyrodur 两种，使用时可以采用不同型号防火玻璃搭配的形式达到更好的防火效果。目前国内防火玻璃的正规生产企业约已有 140 多家，生产灌浆、复合防火玻璃的厂家仅有 40 余家。国内生产企业应将研发重点更多的转移到生产耐候性高、轻便、原料经济、环保和防火安全级别更高的复合防火玻璃产品上来；还可尝试将防火玻璃多功能化，进一步拓展此种安全玻璃的使用领域；在后期使用上可通过不同类型防火玻璃的搭配使用满足更高的防火需求。而单片玻璃方面，可进行高性能硼硅酸盐及陶瓷防火玻璃的研发。

参考文献

[1] 王志辉,曹德生,刘迎利. 防火玻璃发展概况及新产品展望[J]. 河南建材,2008(1):20-22.

[2] 李引擎,宋丽,王安春. 防火分隔与防火玻璃[J]. 建筑玻璃与工业玻璃,2010(6):15-19.

[3] 刘微,葛欣国.防火玻璃生产工艺的研究现状[J]. 玻璃,2012,39(11):37-41.

[4] 徐美君. 现代建材史上最人文的技术——世界防火玻璃扫描[J].国外建材科技,2003(4):33.

[5] 胡志鹏. 浅谈防火玻璃[J]. 玻璃,2008(10):36-44.

[6] 张长水,杨参.薄型防火玻璃透明夹层凝胶体的研究[J]. 新型建筑材料.2007(9):62-65.

[7] 韩伟平,吴颖捷,赵壁. 多元复合阻燃剂应用于防火玻璃夹层凝胶[J]. 消防科学与技术,2009(6):440-443.

[8] 王锦贵,王希光,郭祥旭.浅谈几种常用的防火材料[J].技术研究,2010,17(5):21-23.

[9] Schott 公司防火玻璃产品说明书[EB/OL]. http://www.schott.com/architecture/english/download/procuctbrochure_frg_row_web.pdf.

[10] Pilkington公司防火玻璃产品说明书[EB/OL]. http://www.pilkington.com/assetmanager_ws/fileserver.aspx?cmd=get_file&ref=1314.

作者简介:刘微,女,材料学博士,助理研究员,主要从事防火材料的研究。
电子信箱:0024361_cn@sina.com。

基于 CFD 方法对建筑"一"字型内走道排烟口位置的分析

韩 峥

（公安部四川消防研究所，四川 成都 611830）

【摘 要】 火灾时根据建筑内烟气蔓延的特点，对烟气进行有效控制排除是保证人员安全疏散至关重要的影响因素。结合现行规范对民用建筑内走道排烟要求，本文通过 CFD 方法对建筑"一"字型内走道排烟口位置进行模拟分析，选取典型火灾功率及计算模型，最终确定在机械排烟情况下排烟口的位置。

【关键词】 内走道；火灾；排烟口；模拟

1 概述

一般火灾发生时，火灾烟气由房间进入走道再蔓延至楼梯间等其他部位，最后充满整个建筑物，如果火灾时能把所侵入走道的烟气排至室外，以防止烟气继续蔓延，无疑会对人员安全疏散起到非常关键的作用。由于目前建筑规模趋于大型化，因功能、面积等因素需求，建筑中会出现各种类型的内走道。因此，如何有效、科学、合理地控制这些人员逃生通道的烟气蔓延扩散是值得研究的重要课题。

目前《高层民用建筑设计防火规范》（以下简称《高规》）中规定：一类高层建筑和建筑高度超过 32 m 的二类高层建筑的无直接自然通风，且长度超过 20 m 的内走道或虽有直接自然通风，但长度超过 60 m 的内走道应设机械排烟系统。另外还规定防烟分区内的排烟口距最远点的水平距离不得超过 30 m。本研究通过开展典型火灾功率下，"一"字型内走道的烟气蔓延特性研究，分析烟气层稳定后的蔓延距离及下沉趋势，结合规范要求，确定走道内排烟口距最远点的距离。

2 数值模拟软件 FDS 介绍

FDS 模型是美国国家标准局（NIST）的建筑火灾研究实验室开发的产品，该软件采用数值方法求解受火灾浮力驱动的低马赫数流动 N-S 方程，重点计算火灾中的烟气和热传递过程。

FDS 火灾模拟软件包含 FDS 和 SomkeView 两部分。FDS 是软件的主体部分，主要完成火灾的数值计算，而 SomkeView 是 FDS 的后处理程序，它既能处理动态数据也能输出静态数据，并将这些数据以二维或三维形式显现出来。Pyrosim 是由 Thunderhead Engineering 咨询公司开发的针对 FDS 的前处理软件，通过 Pyrosim 科研实现 FDS 快速和直观的建模，并可以连接 SomkeView，以及实现二维数据曲线的绘制。

3 火灾场景设计

3.1 火灾功率确定

本课题主要针对办公及酒店类场所的内走道进行分析,所以火灾功率的选取将参照上海市地方标准《民用建筑防排烟技术规程》(DGJ 08—88—2006)中的相关参数,模拟分析时选取"设有喷淋的办公室、客房"的火灾场景,热释放量为1.5 MW。

3.2 火灾场景确定

在计算机模拟中综合考虑实际情况,设计起火房间为15 m^2,走道为"一"字型,高2.8 m,宽2.4 m。自然排烟口面积按照走道地面面积的2%确定。机械排烟量参照原《高规》进行计算,按60 m^3/h 的排烟指标计算。"一"字型内走道机械排烟量14 400 m^3/h(顶部排烟)如图1所示。

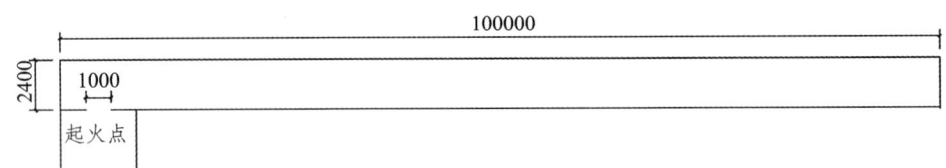

图1 "一"字型走道计算结构示意图

本文选取几组典型火灾场景进行分析,内容如表1所示。

表1 火灾场景列表

场景编号	走道类型	模拟内容	模拟结果
1	内走道"一"型走道宽2.4 m,长100 m	1.5 MW,机械排烟,排烟口距端头20 m	走道内温度、能见度、烟气稳定后蔓延距离、烟层下降高度
2		1.5 MW,机械排烟,排烟口距端头30 m	
3		1.5 MW,机械排烟,排烟口距端头40 m	
4		1.5 MW,未采用排烟	

3.3 模拟输出结果设定

在"一"字型走道场景中,设置9只热电偶树,如图2所示,每只热电偶树之间的间距为10 m。每只热电偶树上有5只热电偶,热电偶间的距离为0.2 m,距离地面的高度分别为2.8 m(热电偶1)、2.6 m(热电偶2)、2.4 m(热电偶3)、2.2 m(热电偶4)、2.0 m(热电偶5)。

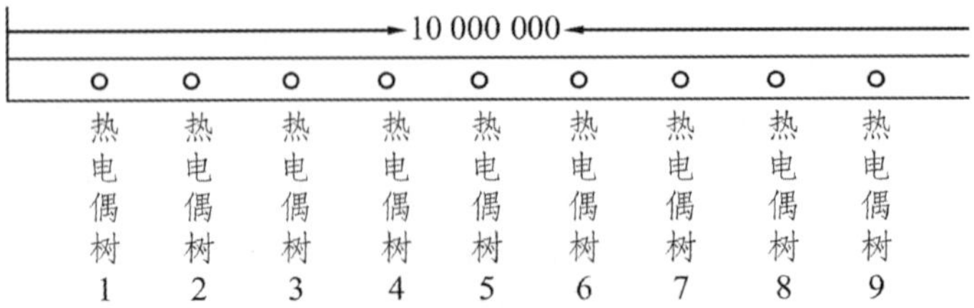

图2 热电偶树布置示意图

在"一"字型走道场景中,设置9个烟层高度采集点,每个采集点之间的间距为10 m(位置与热电偶树相同)。

4 模拟结果及分析

本文选取具有代表性参数进行分析。

4.1 火灾场景1

内走道"一"字型，走道宽 2.4 m、长 100 m，起火房间起火后采用机械排烟措施，开启距走道端头 20 m 的排烟口。考察走道内温度、能见度、烟气稳定后蔓延距离及烟层下降高度。

4.1.1 热电偶温度模拟结果

增加机械排烟后，热电偶树的温度有所降低，模拟结果如图3所示。

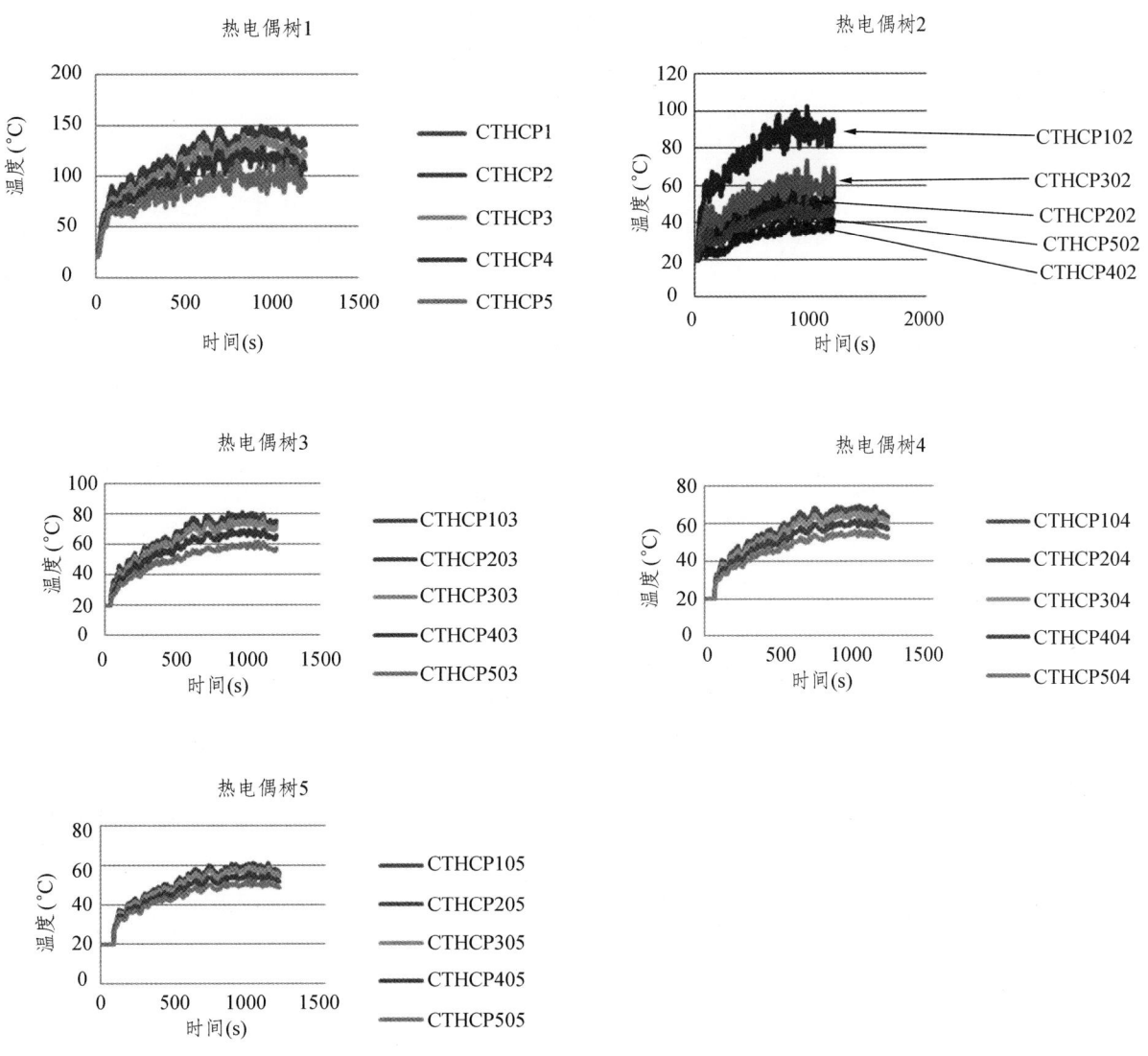

图3 走道内热电偶温度曲线图

4.1.2 烟层高度模拟结果

增加机械排烟后，排烟口附近烟层高度有所升高，模拟结果如图4所示。

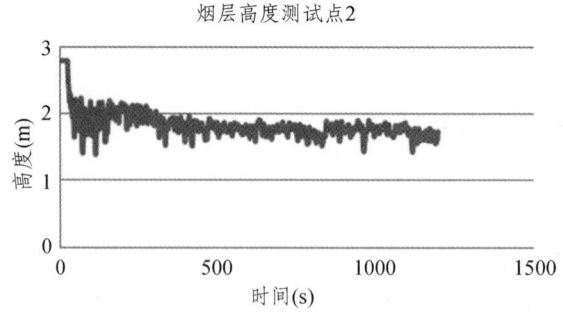

图 4　走道内烟层高度曲线图

4.1.3　小　结

距走道端头 5 m 处最高温度为 150 ℃，随着距离的增加，走道内温度逐渐递减，接近走道尾部的热电偶树最高温度为 40 ℃。开启 20 m 处的机械排烟口时，排烟口附近烟气温度由 160 ℃ 降至 100 ℃，降幅较大，烟层距地面高度也由 1.3 m 提高至 1.7 m。

4.2　火灾场景 2

内走道"一"字型，走道宽 2.4 m、长 100 m，起火房间起火后采用机械排烟措施，开启距走道端头 30 m 的排烟口。考察走道内温度、能见度、烟气稳定后蔓延距离及烟层下降高度。

4.2.1　热电偶温度模拟结果

与场景 1 相比，排烟口附近的温度有所上升，模拟结果如图 5 所示。

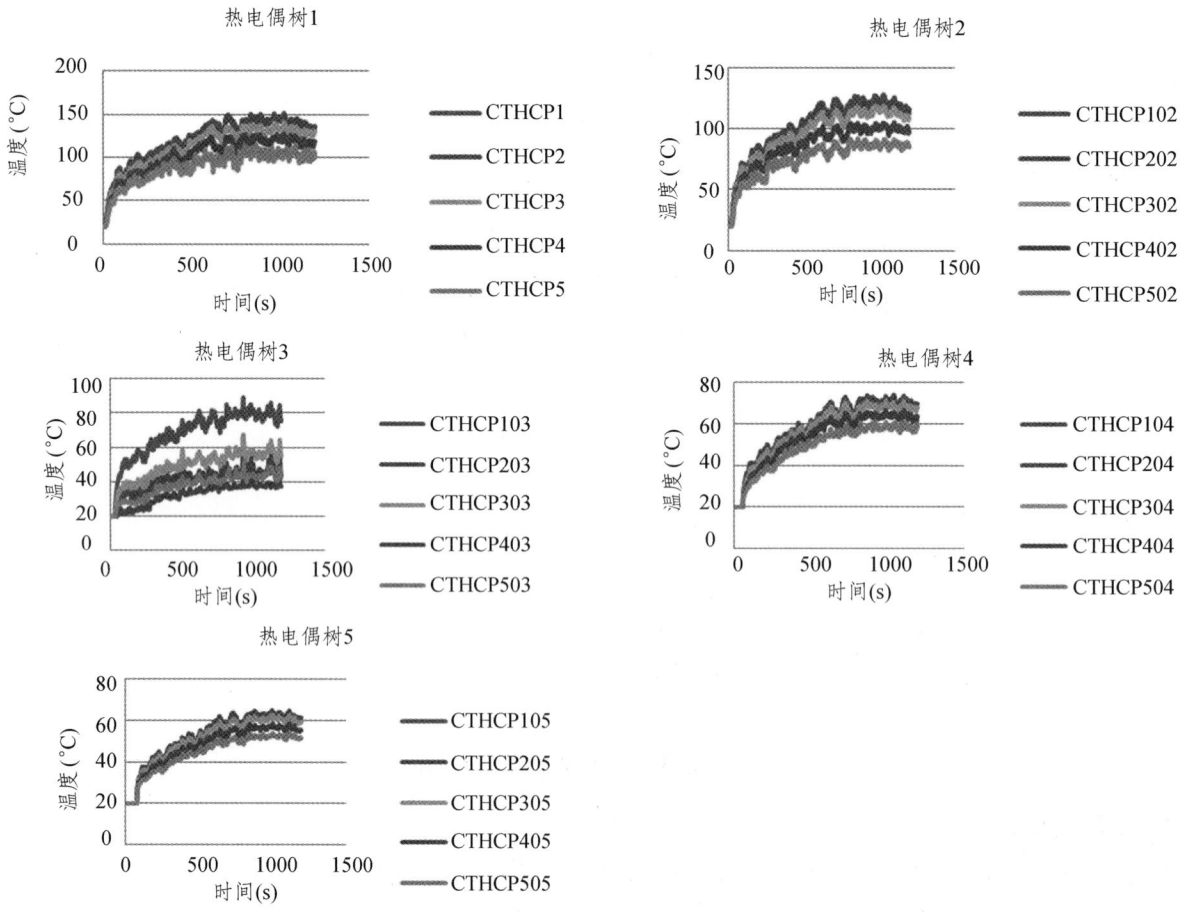

图 5　走道内热电偶温度曲线图

4.2.2 烟层高度模拟结果

排烟口附近的烟层高度明显升高，模拟结果如图 6 所示。

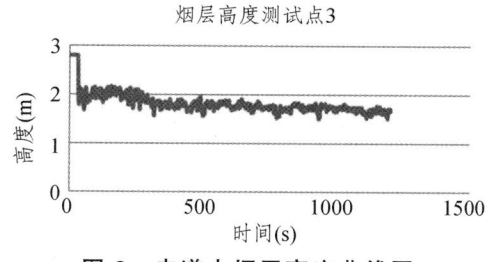

图 6　走道内烟层高度曲线图

4.2.3 小　结

距走道端头 5 m 处最高温度为 150 °C，随着距离的增加，走道内温度逐渐递减，接近走道尾部的热电偶树最高温度为 40 °C。开启 30 m 处的机械排烟口时，与无排烟开启相比，排烟口附近烟气温度由 120 °C 降至 90 °C，烟层距地面高度也由 1.2 m 提高至 1.7 m。

4.3　火灾场景 3

内走道"一"字型，走道宽 2.4 m、长 100 m，起火房间起火后采用机械排烟措施，开启距走道端头 40 m 的排烟口。考察走道内温度、能见度、烟气稳定后蔓延距离及烟层下降高度。

4.3.1　热电偶温度模拟结果

机械排烟口附近温度有所升高，模拟结果如图 7 所示。

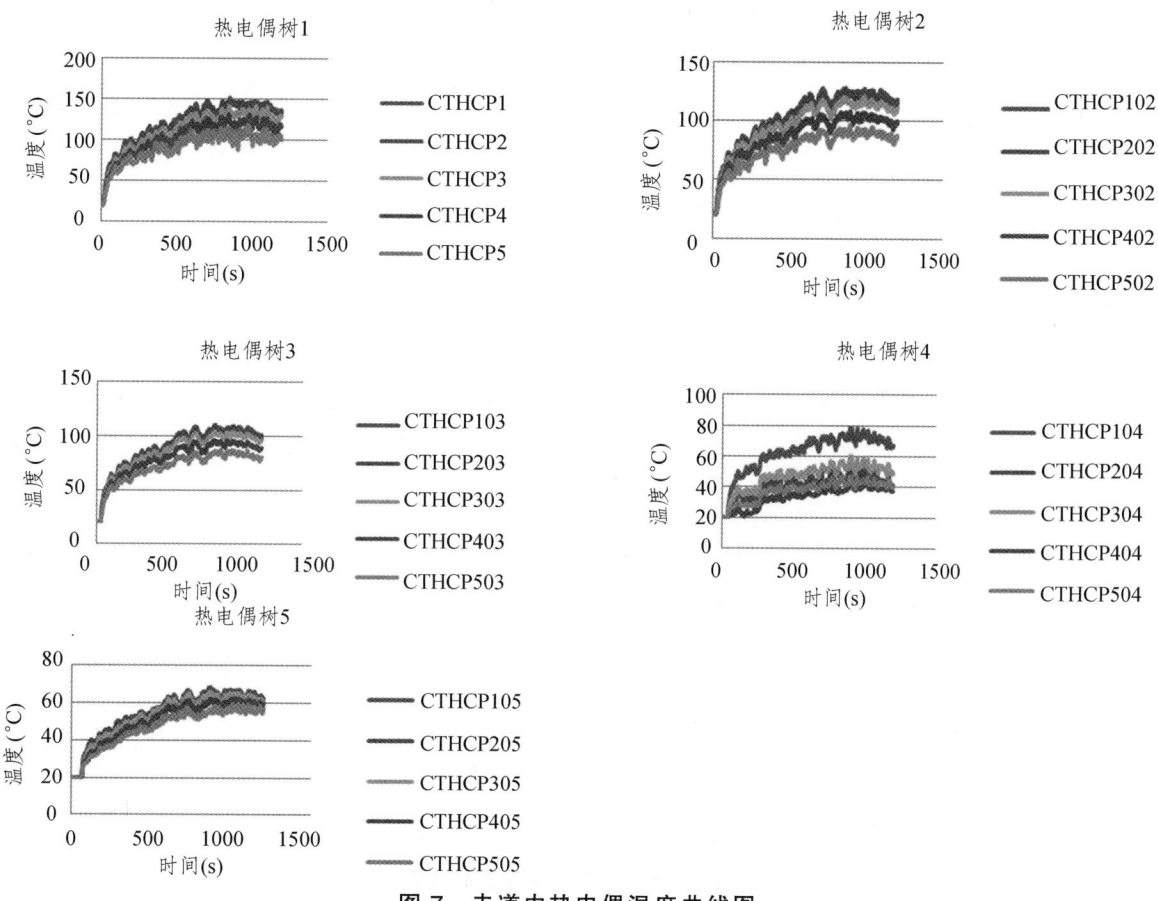

图 7　走道内热电偶温度曲线图

4.3.2 烟层高度模拟结果

排烟口附近的烟层高度明显升高。

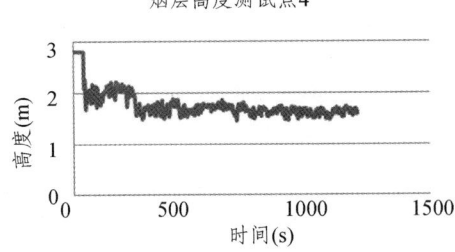

图 8 走道内烟层高度曲线图

4.3.3 小 结

距走道端头 5 m 处最高温度为 150 ℃，随着距离的增加，走道内温度逐渐递减，接近走道尾部的热电偶树最高温度为 40 ℃。开启 40 m 处的机械排烟口时，与无排烟开启相比，排烟口附近烟气温度由 100 ℃ 降至 80 ℃，烟层距地面高度也由 1.1 m 提高至 1.7 m。

4.4 火灾场景 4

内走道"一"字型，走道宽 2.4 m、长 100 m，起火房间起火后不采用排烟措施。考察走道内温度、能见度、烟气稳定后蔓延距离。

4.4.1 热电偶温度模拟结果

随着距离的增加，热电偶树的温度逐渐降低，模拟结果如图 9 所示。

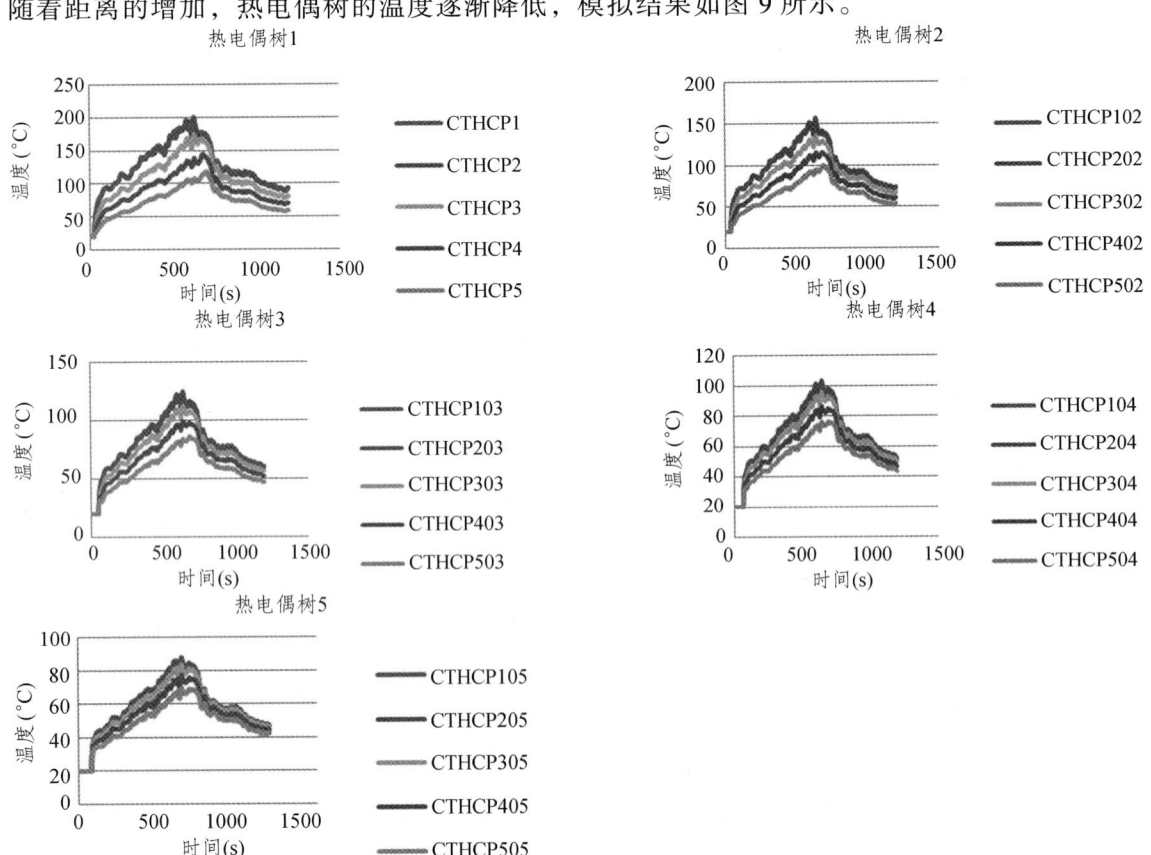

图 9 走道内热电偶温度曲线图

4.4.2 烟层高度模拟结果

随着距离的增加,烟层高度逐渐降低,模拟结果如图10所示。

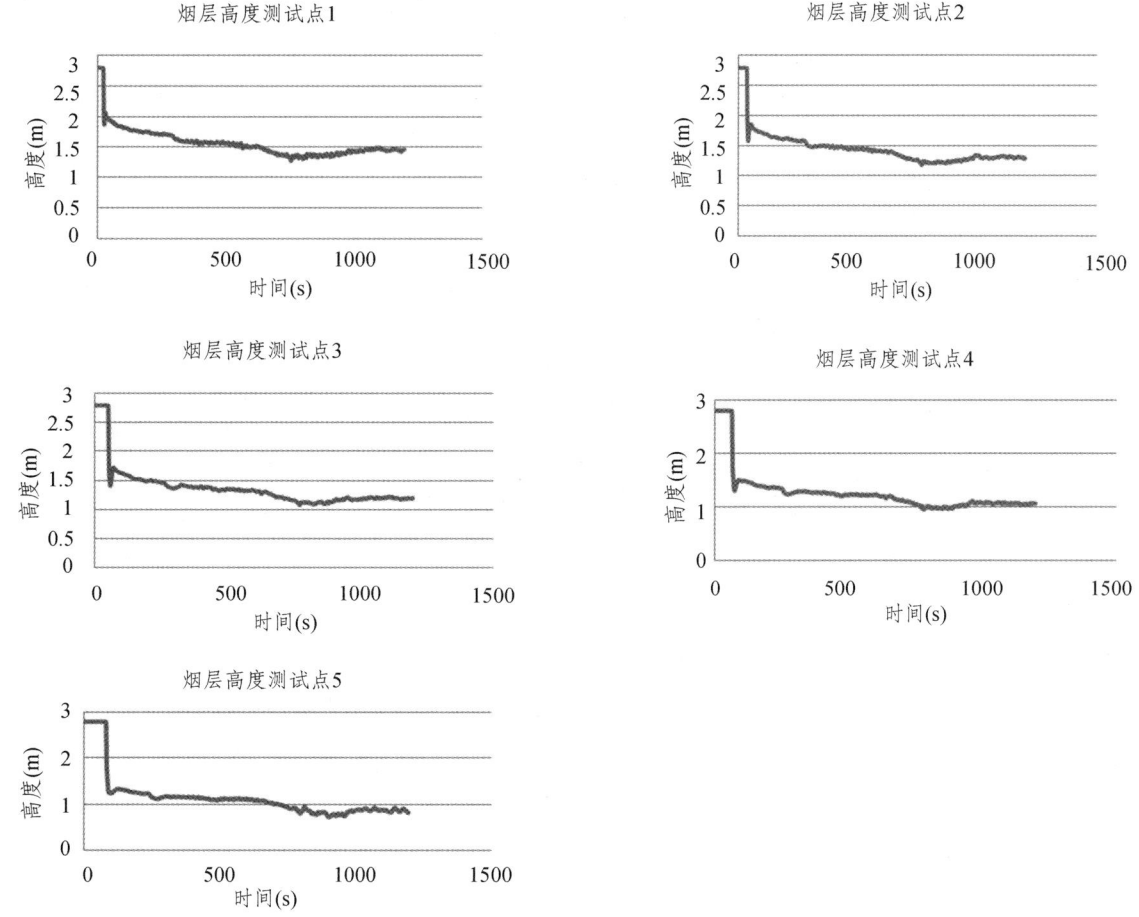

图10 走道内烟层高度曲线图

4.4.3 小 结

距走道端头 5 m 处最高温度为 200 ℃,随着距离的增加,走道内温度逐渐递减,接近走道尾部的热电偶树最高温度为 50 ℃。烟层距地面高度由 1.5 m 降至 0.5 m。

4.5 模拟分析

分别开启距走道端头 20 m、30 m、40 m 处的排烟口,烟层高度均能维持在 1.7 m 以上。当走道没有排烟设施启动时,内部烟气在距走道端头 30 m 处下降至 1.2 m,40 m 处下降至 1.0 m,随后降至 1.0 m 以下。建筑内走道人员疏散特点是疏散路线距离短、路径明确,在开启排烟设施的情况下能够满足人员安全疏散。

5 小 结

在计算机模拟过程中,"一"字型走道内烟气的温度、沉降高度等烟气蔓延特性有所不同。通过对数据的分析可以得到以下结论:

（1）采用机械排烟措施时走道内的烟气温度相对于未采用机械排烟措施时有所降低，温差大约50 ℃。

（2）采用机械排烟措施时走道内的烟层距地面高度相对于未采用机械排烟措施时有所提高。

（3）机械排烟口设在距走道端头 40 m 处时，烟层距地面高度均在 1.7 m 左右，排烟效果明显。

（4）对于宽度大于 2.4 m "一"字型内走道，机械排烟口之间的距离可以为 40 m。

参考文献

[1] 国家技术监督局，中华人民共和国建设部. GB 50045—95（2005）. 高层民用建筑设计防火规范[S]. 2005.

[2] 中华人民共和国建设部，中华人民共和国国家质量监督检验检疫总局.GB 50016—2006 建筑设计防火规范[S]. 2006.

[3] 黄白蓉. 长走道排烟优化方式可行性研究[J]. 消防科学与技术，2009，28（1）：40-42.

[4] 高艳. 消防机械排烟系统优化设计探讨[J]. 消防科学与技术，2013，32（2）：143-145.

[5] 苏琳. 移动式排烟机安放位置的讨论[J]. 消防科学与技术，2012，31（1）：29-31.

[6] 高勋，朱国庆. 基于烟气特性的商业综合体防排烟研究[J]. 消防科学与技术，2014，33（6）：636-638.

基于 J2EE 和 SSH 的火灾工程计算平台的建立

邓 玲

(公安部四川消防研究所,四川 成都 610036)

【摘 要】 基于 J2EE 和 SSH 技术来搭建火灾工程计算平台,采用 B/S 模式的四层架构方式,实现了涉及火灾发生发展过程的送风量的计算、排烟量的计算、火羽流的计算、烟层的计算、顶棚射流的计算和开口气流的计算。对系统进行了详细设计,保证系统实现主要功能,并通过窗口身份验证技术和数据库安全设计技术来确保 Web 应用程序的安全性。

【关键词】 计算平台、J2EE、Struts、Spring、Hibernat

1 前 言

随着对火灾发生发展规律的研究,国内外建立了多种得到各界认可的、针对不同场景的代数公式,这些公式涉及复杂的幂计算和多次的迭代过程,难以通过简单手算来求解。本论文整理了即将颁布的《建筑防排烟技术规范》中送风量和排烟量的计算方法,以及《火灾安全工程》第五~八部分火羽流、烟层、顶棚射流和开口气流的计算方法,建立了火灾工程计算平台来实现以上六种计算过程。

2 基于 J2EE 和 SSH 框架的系统总体设计

火灾工程计算平台是基于 J2EE 技术来开发设计的,同时使用了业界流行的三个 Web 框架 Struts、Spring 和 Hibernate 来搭建体系结构。SSH 是 J2EE 平台上非常优秀的开源框架,本论文结合了两者优势来完成系统的总体设计。

2.1 需求分析

需求分析是系统设计的关键步骤,本论文将系统的需求分析分为三个层次来展开。

2.1.1 业务需求

对系统要达到的性能目标提出了四点要求:

(1)可用性:计算平台要提供统一的界面风格,软件的操作要简单,避免复杂的流程,给用户提供友善的界面。

(2)统一性:对系统的体系结构进行统一设计和统筹规划,着重考虑系统的结构设计,包括数据的存储结构、模型结构和系统的扩展规划等内容。

(3)可扩展性:系统设计时应具有一定的前瞻性,应能支持硬件、软件等多个层面的可扩展性。充分考虑到标准和规范可能在使用过程中的修订工作,保证软件升级、扩容、扩充的可行性,使得整个计算平台可支持未来不断变化的特征。

（4）先进性：在软件设计时，首先对目前的计算机发展技术进行分析，在保证实现各项功能需求的基础上，系统使用成熟先进的技术方法，并选择标准化产品，保证系统具有较高性能，有较长时期的使用价值。

2.1.2 用户需求

目前，计算平台的使用对象主要分为两类：普通用户和系统管理员。

普通用户在平台上可以选择要进行的计算类别，如送风量计算、排烟量计算、火羽流计算、烟层计算、顶棚射流计算和开口气流计算等，只需要输入经验公式所需的参数，如热释放速率、环境温度、开口面积、火源面积、空间高度和特定物质浓度等，就能得到对应的计算结果，如楼梯间的加压送风量、疏散门的最大允许压力差、排烟口的最大允许排烟量、质量流量和特定物质浓度等。平台应能平稳运行，且保证计算结果的正确性。

系统管理员主要负责对平台进行配置以及系统相关参数的设置等，能够根据标准和规范的修订情况，对平台上的计算表达式进行修改和添加的操作，系统管理员用例图如图1所示。

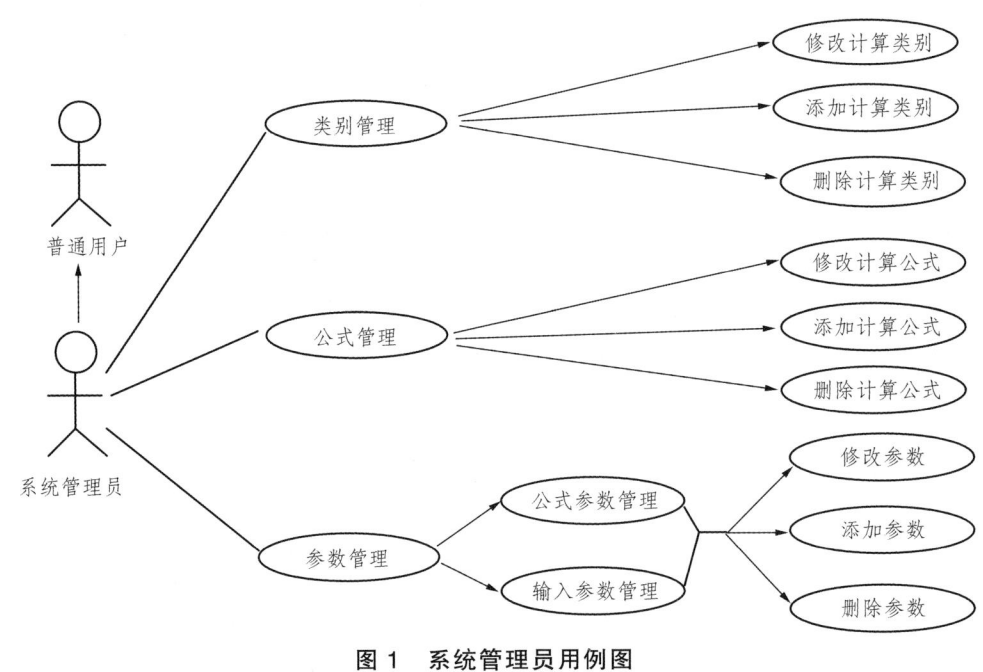

图1 系统管理员用例图

2.1.3 功能需求

（1）身份验证：通过身份验证来区分用户类型。普通用户可以正常使用软件的所有计算功能，完成参数的输入以及计算结果的输出，但不能对软件的公式设置做任何修改。系统管理员具有更高权限，能够对平台进行管理和维护，可以根据规范和标准的制修订情况，调整系统的参数和公式设置。

（2）数据输入：用户选择要进行的计算类别，根据软件提示输入对应的参数值。

（3）结果输出：根据输入参数得到计算结果，软件能够给出两种方式的计算结果：一种是数据结果，一种是曲线图。

（4）系统管理：系统管理员对系统包含的各种计算类别、参数和公式进行设置。

2.2 体系结构设计

结合火灾工程计算平台的特点，在平台体系结构的搭建上，采用了四层架构的模式，架构图见图

2，从而使系统更加稳定、便于扩展和维护。

（1）表现层：由 Struts 实现，使得模型、视图、控制相分离，增强了程序的可重用性。利用 JS+DIV+CSS 来设计用户操作层的 Web 程序端界面，界面具有统一的页面风格，并且具有友好的、利于用户理解的数据表现形式。

（2）业务逻辑层：利用 Spring 框架来搭建，Spring 框架使用依赖注入来保证系统的各个业务逻辑之间组织有序。通过封装一个或多个组件，实现程序的业务逻辑，将用户操作层采集的数据按预定的计算规则进行处理，转换成符合要求的有意义的结果信息。

（3）数据持久层：由 Hibernate 框架来实现，使用对象-关系映射文件建立起数据表与实体对象之间的对应关系，并完成后期的维护，程序访问业务对象来替代访问底层数据库，从而简化了程序复杂性，提高了开发效率。

（4）数据库层：数据库层使用 Oracle 数据库实现，该数据库应用广泛，具有完整的数据管理功能。数据库层主要为数据持久层提供数据，并根据持久层的变化，更新自身存储的数据。

根据整个系统的特点分析，为保证计算平台的可扩展性，确定平台采用 B/S 模式。B/S 模式对于管理者来说运行和维护都很方便，对于使用者来说不用安装任何专门软件就可以通过网络实现对计算平台的操作。浏览器作为客户端，用户只需登录浏览器即可使用火灾工程计算平台上的各种计算功能。

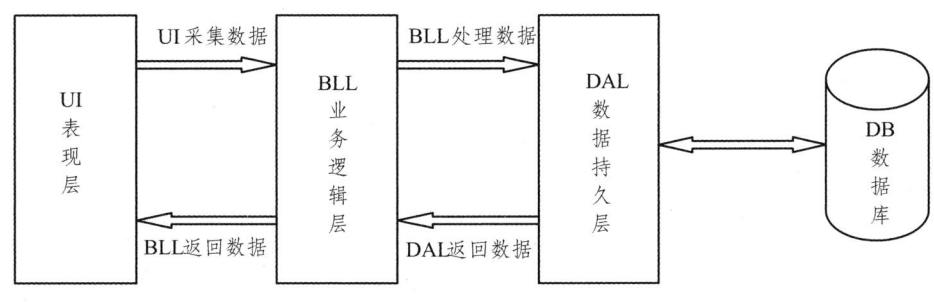

图 2　平台架构图

2.3 数据结构设计

数据库的设计与组织结构是整个系统设计中的重要环节，建立一个简单、高效、全面的数据库对提高系统的运行性能十分重要。本论文根据需求分析中分析出来的数据项，设计出满足功能需求的各种实体类以及它们之间的关系。

系统中的计算公式映射成 4 个实体类，包含"公式类别""公式""公式参数"和"输入参数"，其中：

公式类别：是指系统中涉及的各个系统或计算环境，如送风系统、排烟系统、火羽流、烟层、顶棚射流、开口气流等。

公式：是指各个系统或计算环境中需要计算结果的公式。

公式参数：是指各个系统或计算环境中自身是一个公式同时又是另一个公式中的参数的情况。

输入参数：是指各个系统或计算环境中需要用户手动输入的参数变量。

本系统根据功能设计建立了七张数据表，在数据库的实现过程中，各个表之间的关系如图 3 所示。

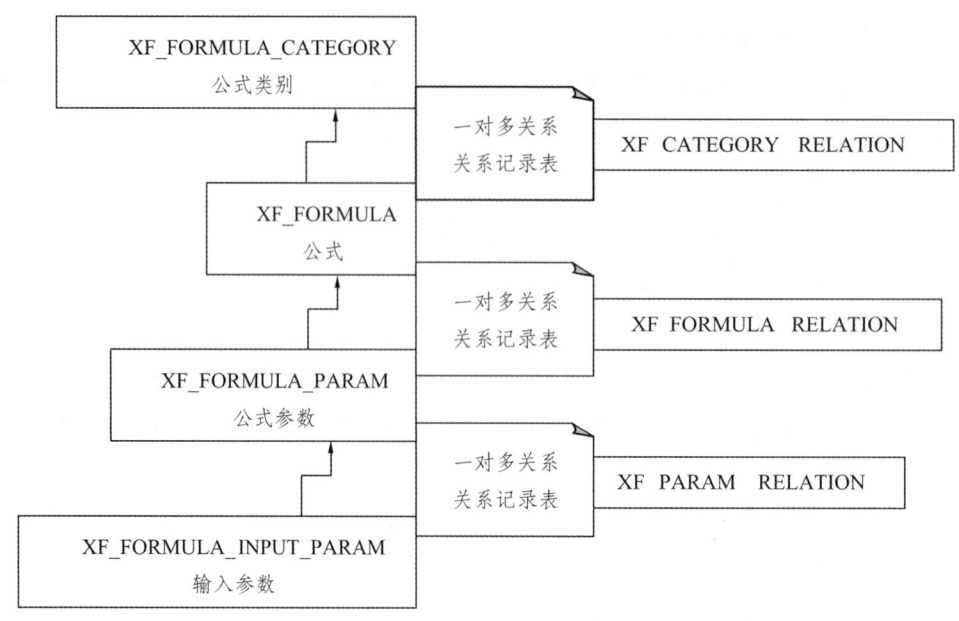

图 3　数据库表关系图

3　平台安全性设计

随着网络技术的发展，人们日常生活越来越离不开各类 Web 应用程序服务。Web 应用程序服务在提高用户生活便捷性的同时，也面临着越来越大的潜在威胁，对 Web 应用程序进行安全性设计是系统成功的保证。本论文主要采用了窗体身份验证技术和数据库混合加密技术来保证系统的安全。

3.1　Forms（窗体）身份验证技术

由于受到访问权限限制，用户只能使用自己权限范围内的页面功能。根据功能分析，平台的每个页面完成不同的计算功能，系统根据用户请求来调动对应页面。由于系统各个页面之间相互独立，如果程序设计时，不进行页面合法性检测，那么不知道系统用户名和密码的非法用户就能够使用页面的 URL 去访问超出其权限的页面。论文使用 Forms（窗体）身份验证技术来避免越权操作的发生，使用该技术能够避免用户直接输入链接地址进入到超出用户权限的界面。

用户在使用计算平台之前，需要输入正确的密码和用户名，从而获得对应的权限，系统会针对用户的路径请求，在后台通过数据库进行比对。如果是合法用户，则可以打开所请求的页面；如果该用户不具有访问权限则显示错误提示页面。由于可能存在登录的账号被别人盗用的情况，而系统无法检测这种情况，所以当用户长时间没有进行系统操作时（本系统设置为 10 分钟），所登录账号就不能再继续使用，系统提示重新登录。

以上功能的实现主要是基于服务器端三个数据表的建立，分别是一个权限表和两个数据库表。权限表列出了每个页面所对应的密码和用户名，用户访问页面时，系统要求对应的用户名和密码必须与表一致，才允许其继续进行。两个数据库表分别是级别信息表和权限信息表，级别信息表保存权限级别和对应该权限级别的页面标识；权限信息表保存用户名、用户密码和权限级别。用户对某个页面提出访问请求时，系统对两个数据库表内信息进行查询，首先在权限信息表中查询输入的用户名和密码，如果没有对应信息该用户就无法访问此页面，否则再到级别信息表中查询用户是否有访问该页面的标识，如果没有，用户也无法访问此页面。

3.2 DES-RSA 混合加密技术

由于对称加密算法 DES 和非对称加密算法 RSA 各有利弊，因此为了满足系统设计的要求，本论文结合两者的优点，提出了 DES-RSA 混合加密技术来保障数据库的安全。

在实现过程中首先使用 DES 算法对明文进行加密后生成密文，然后使用 RSA 的公钥对 DES 密钥进行加密，最后结合两种算法完成所需传输文件的加密，加密过程详见图 4。解密时，首先拆分加密文件中的数据，得到密文和密钥，通过 RSA 私钥进行密钥恢复得到 DES 密钥，然后通过 DES 密钥来完成信息的获取。

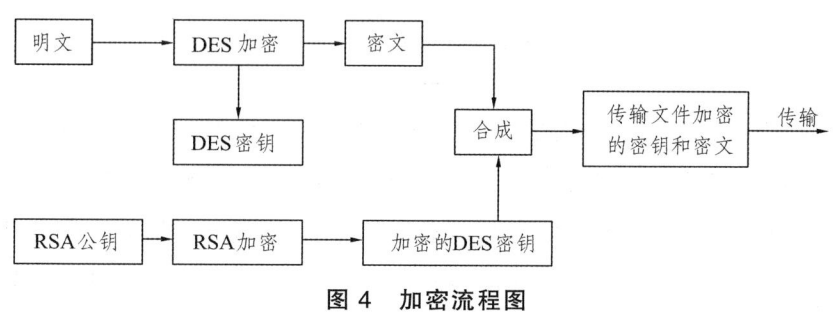

图 4 加密流程图

4 结 论

本文基于 J2EE 框架对火灾工程计算平台进行了实现，使用了 SSH 技术来简化了开发的复杂性并提高了系统的灵活性，配合使用 JavaScript、CSS 等前端技术，优化了 Web 前端的开发。通过对系统进行详细的需求分析和体系结构设计，保证系统实现了主要功能，同时通过窗体身份验证技术和 DES-RSA 混合加密技术来保证了系统的安全性，达到了预期的设计目标。

参考文献

[1] GB 50016—2014，建筑设计防火规范[S]. 2014.
[2] GB /T 31593—2015，消防安全工程[S]. 2015.
[3] Subrahmanyam. J2EE 服务器端高级编程[M]. 北京：机械工业出版社，2001.
[4] 蒲子明. Struts+Hibernate+Spring 整合开发技术详解[M]. 北京：清华大学出版社，2010.
[5] 刘红，范青刚. 一种基于 Oracle 的数据存储优化方法[J]. 教育技术导刊，2009.
[6] 叶升路，徐波. 提高 Web 应用程序的安全性[J]. 计算机安全，2010.
[7] 邵维忠，杨芙清. 面向对象的分析与设计[M]. 北京：清华大学出版社，2013.

作者简介： 邓玲，女，1982 年 1 月 4 日，汉，公安部四川消防研究所，助理研究员，主要从事建筑防火研究。
通信地址：四川省成都市金科南路 69 号，邮政编码：610036；
联系电话：13219017716。

基于热通道几何构造的呼吸式幕墙火灾危险性比较研究*

尹 航

(公安部四川消防研究所，四川 成都 610036)

【摘 要】 本文针对呼吸式幕墙热通道几何构造的不同，对窗盒式、竖井式、走廊式及整体式四类呼吸式幕墙的火灾危险性进行了比较分析。分析结果表明，窗盒式呼吸式幕墙的隔火阻烟性能较好，相较其他三类呼吸式幕墙火灾危险性较小；整体式呼吸式幕墙由于热通道内缺乏任何形式的分隔措施，火灾危险性最大；走廊式呼吸式幕墙虽不像竖井式呼吸式幕墙容易引发火势沿全楼的蔓延，但在热通道跨域楼层数相同时，其与窗盒式呼吸式幕墙相比缺乏对火势沿水平方向蔓延的阻隔，因而火灾危险性大于窗盒式小于竖井式。

【关键词】 呼吸式幕墙；火灾危险性；热通道

1 引 言

呼吸式幕墙，又被称为双层幕墙、热通道幕墙或节能幕墙，其是一种由外层幕墙、热通道和内层幕墙（或门、窗）构成，且在热通道内能够形成空气有序流动的建筑幕墙。自2001年北京旺座中心于我国首次采用呼吸式幕墙技术以来，伴随着经济的高速发展，呼吸式幕墙这一外墙形式目前已如雨后春笋般在国内许多工程项目中得到了广泛应用。

虽然呼吸式幕墙在节能减排等方面具备诸多优点，但是除了存在较高的初投资及清洁费用等弊端以外，较高的火灾危险性也是该项技术一项不可避免的风险。因为一旦发生火灾内外层幕墙之间的热通道可形成烟囱效应，烟气和火焰极易沿垂直通道迅速蔓延至建筑其他部位。本文正是从呼吸式幕墙热通道的几何构造着手，对窗盒式、竖井式、走廊式及整体式四类呼吸式幕墙的火灾危险性进行分析比较，从而为更加合理地进行呼吸式幕墙的设计选型并采取有针对性的火灾防控措施提供参考。

2 按热通道几何构造分类的呼吸式幕墙形式

如图1所示，根据内外层幕墙内部空间水平分隔及竖向分隔形式的不同，可按热通道的几何构造将呼吸式幕墙分为窗盒式、竖井式、走廊式及整体式四种主要类型。

---

* 基金项目：国家重点研发计划课题（2016YFC0800604）。

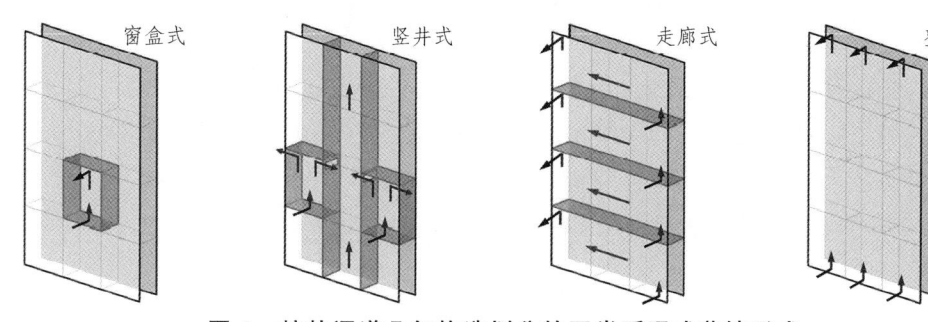

图 1 按热通道几何构造划分的四类呼吸式幕墙形式

根据国内外的工程经验，若使呼吸式幕墙的设计满足消防要求，需满足两大原则：

（1）火灾时能够有效阻隔烟气及火焰通过呼吸式幕墙的热通道向上蔓延。

（2）着火层上方各楼层的内幕墙不破裂或不先于外幕墙破裂。

即最终目的是为了确保烟气及火焰不会破坏非着火层的内幕墙从而引发上下楼层间的火灾蔓延[1]。下文正是基于这一判据对四类呼吸式幕墙的火灾危险性进行分析比较。

3 四类呼吸式幕墙火灾危险性的分析比较

如其名所示，窗盒式呼吸式幕墙的热通道被水平及竖向分隔约束为若干个窗盒式的空间。对于每个空间可以延伸的范围，国外文献大多仅将其在纵向上限制于一个楼层高度，横向上限制于一个窗单元或一个房间宽度[2]。由于此种定义方式并不能涵盖体量较大的窗盒式空间，故笔者更倾向于上海市消防局在关于印发《双层玻璃幕墙防火设计规程（暂行）》的通知（沪消发〔2008〕146号）中采用的相关定义，即认为每个窗盒式空间纵向可跨越一个或多个楼层，横向也可跨越一个或若干窗单元或房间。在火灾危险性上，由于热通道内的空气流通及循环受到约束，仅能在每个窗盒式的空间内进行，因而一旦发生火灾，烟气和火焰也将被有效地局限在有限的窗盒式空间内。因此，此类呼吸式幕墙的隔火阻烟性能较好，相对于其他三类呼吸式幕墙火灾危险性较小。但值得注意的一点是，对于热通道几何尺寸不同的窗盒式呼吸式幕墙而言，热通道跨越多个楼层的情形相较仅跨越一个楼层的情形具有更高的火灾危险性，因为增大了火灾由起火层蔓延至上部其他楼层的风险。

竖井式呼吸式幕墙更像是由许多窗盒式呼吸式幕墙单元与通风井道结合而成的共同体。每个通风井道两侧分别依次布满了若干窗盒式呼吸式幕墙单元与其紧密贴邻。同理，每个窗盒式呼吸式幕墙单元两侧也分别与一个通风井道通过接触面上部的通风口相连。当整个呼吸式幕墙进行气流组织时，每个窗盒式呼吸式幕墙单元独立进行空气循环，并通过其热通道两侧上部的通风口将空气排入通风井道中。此类呼吸式幕墙由于包含通风井道，一旦发生火灾烟囱效应明显，烟气和火焰极易通过井道迅速蔓延至其他楼层，因而属于火灾危险性较大的一类呼吸式幕墙。

走廊式呼吸式幕墙则通过若干水平分隔将整片呼吸式幕墙的热通道约束为许多走廊式的狭长空间。由于大多数国外文献在定义此类呼吸式幕墙时仍局限地将走廊式的狭长空间在纵向上限制于一个楼层高度[2]，因而笔者仍采用上述上海市消防局文件的定义，认为每个热通道在纵向上可跨越一个或若干楼层。在火灾危险性上，由于空气流通及循环仅在每个走廊式的热通道内独立进行，因而发生火灾时虽然火势沿水平方向的蔓延没有得到有效抑制，但是垂直方向上在一个热通道的高度范围内，烟气和火焰仍然可以获得较为有效的阻挡和抑制。所以此类呼吸式幕墙虽然不像竖井式呼吸式幕墙容易引发火势沿全楼的蔓延，但是在热通道跨越楼层数相同的情况下，其与窗盒式呼吸式幕墙相比缺乏对火势沿水平方向蔓延的抑制和阻隔，因而其火灾危险性大于窗盒式而小于竖井式。

整体式呼吸式幕墙，顾名思义，即在呼吸式幕墙内部没有任何水平及垂直方向的分隔，整个呼吸式幕墙的热通道自下而上跨越整个建筑外立面。此类呼吸式幕墙虽然在通风效果的层面上可能是各类幕墙中最出众的，但是由于热通道内缺乏任何形式的分隔措施，所以其火灾危险性是四类呼吸式幕墙中最大的。

4 小 结

根据上述分析，在同等条件下，按热通道几何构造划分的四类呼吸式幕墙的火灾风险性比较如下：窗盒式<走廊式<竖井式<整体式。而国内外专门针对此四类呼吸式幕墙的火灾危险性进行研究的相关文献并不多见，Poirazis H[2]简单将通过热通道相连通的房间数目作为判据，得出了窗盒式及竖井式呼吸式幕墙火灾危险性较低、走廊式呼吸式幕墙危险性居中、整体式呼吸式幕墙危险性最高的结论，显然忽视了竖井式呼吸式幕墙中通风竖井的拔烟特性。而张智强[3]采用大涡模拟方法对整体式、走廊式和竖井式三类呼吸式幕墙的分析比较结果则与本文较为一致。本文的分析结果可为呼吸式幕墙的设计选型及火灾防控提供参考依据。

参考文献

[1] 回呈宇. 高层建筑呼吸式幕墙消防设计对策[J]. 消防科学与技术，2009，28（1）：36-39.
[2] Poirazis H. Double Skin Façades for Office Buildings, Literature Review[J]. Report EBD-R--04/3 [R]. Lund: KFS AB, 2004: 1-192
[3] 张志强. 不同类型双层玻璃幕墙火灾烟气流动特性对比研究[J]. 武警学院学报，2014，30（2）：5-9.

作者简介：尹航，男，东京大学工学博士，公安部四川消防研究所助理研究员，主要研究方向为建筑防火、建筑防排烟、暖通等。
电子信箱：yinhang@scfri.cn。

建筑防火审核辅助系统研究探讨*

李明轩[1]，梅秀娟[2]，雷双军[3]

（1. 公安部四川研究所，四川 成都 610036；2. 宁夏吴忠消防支队，宁夏 吴忠 610036）

【摘　要】 针对目前建筑防火审核工作量大、审核过程不可追溯等突出的现实问题，提出了开发建筑防火审核辅助系统，系统基于建筑防火设计规范等条文，建立审核流程，使得审核更全面，并通过 CAD 二次开发或者图像识别技术对建筑防火设计图纸中的信息进行获取，并将获取的信息与规范条文对照自动生成审核结论，提高审核结果的准确性以及审核效率，对提高消防部队快速、准确进行建筑防火审核具有重要意义。

【关键词】 建筑；防火审核；辅助系统；图像识别

1　引　言

通过总结以往火灾经验教训并结合最新的火灾研究成果，综合考虑建筑的防火安全要求和建筑消防资金投入，最大限度地减小人员和财产损失，国家制定了相关的建筑防火标准、规范，规定了详细的建筑防火设计条文。以往的历史经验表明，严格按照规范制定的条文进行建筑消防设计和施工是消防安全的保证，建筑防火审核是防止火灾事故发生的第一道关口，是消防部队日常工作的重要内容。建筑防火审核部门是审核建筑消防工程是否满足规范条文的执行者和监督者，科学准确地进行建筑防火审核是一项专业性要求较高的工作，审核人员需具备相关的专业知识和素质。随着我国经济进入一个高速发展的阶段，城镇化进程的不断深入，开工和在建的工程数量是以往的几倍，随之而来的建筑防火审核量大增，且建筑呈现出形式多样化、体量大型化趋势，防火分区方式、疏散路线复杂化，消防建审部门工作面临很大的挑战：一方面是建筑防火审核工作的剧增，另一方面沿袭传统的建筑防火审核方法，已经不能适应现实工作的需要。

因此，亟须开发出一个可以辅助建筑防火审核人员的一个工具，使用者可以通过这个工具，基于对建筑设计者提交的建筑防火设计图纸进行图形识别，找到图形中的消防设计信息，针对建筑设计防火专篇中的信息进行读取，找到相应信息。因此，需要通过对建筑防火审核过程进行研究，并开发出审核流程合理、准确、高效的建筑防火审核软件，以提高建筑防火审核人员审核的工作效率和保障审核结果的准确性。目前，山东科技大学曹庆贵、程卫民等人进行过《建筑设计防火审核的方法与应用软件研究》，提出了建筑设计防火审核方法，根据拟审建筑的具体情况生成"防火审核表"，审核表中的各个项目审核完后，又需要按照一定规则，及时给出整个建筑的最终审核结果，该软件目前只针对石油化工行业，没有图形、图像识别功能。清华大学也进行了相关的研究，但缺乏成熟的针对建筑图纸图像识别功能，且审核的结果以条文通过百分比进行判定，缺乏相应的法理依据。美国 TradeMaster 公司开发了 MobileEyes 软件，该软件基于 PDA 平台（如 Tablet PC, IPAD, IPHONE, smartphone），结合 NFPA 等消防标准、法规，在建筑现场利用检查表形式对消防设计施工情况进行

---
* 基金项目：基本科研业务经费"基于图形技术的建筑防火审核系统研究"（20138804Z）。

监督审核,该系统也没有涉及利用图形识别技术来进行辅助的消防审核,也只局限于在建筑消防施工现场监督检查使用。

2 辅助系统应实现功能

通过对传统的审核方法和审核过程进行深入的分析研究,认为与传统的审核方式相比,信息化的建筑消防图纸智能审核系统的功能应包括以下几个方面:

2.1 管理信息化

传统的审核方式,从图纸审核开始到最后得到审核结果并结束审核的中间过程中会产生一定的纸质文档,这些纸质文档的管理工作往往变得很棘手,特别是文档的保存和修改。而建筑消防图纸智能审核系统具备信息获取、信息传递、信息处理、信息再生与保存、信息利用的功能,能够将整个审核过程中产生的中间文档电子化地保存、高效地进行管理。

2.2 审核效率高

传统的人工审核方式通常要求审核人员需要过硬的审核知识,有较高的专业知识门槛,同时,人工审核存在审核进度慢、审核流程不规范等问题,而且审核结果的归档管理比较麻烦。消防图纸智能审核系统可改变传统的审图模式,它大大提高了审图工作的效率,可节省大量的时间、精力和成本,它带来的互动沟通让建筑设计方和审核机构或组织之间的多方交流和协作更高效。

2.3 审核流程规范化、标准化

信息化是提高工作效率,提升自身竞争力的重要手段,而规范化、标准化作为现代管理的基础,只有在标准规范的作业流程中,才有可能进行规范化操作,信息才可能畅通无阻的流转,各项业务资源才能有效地加以整合。即便有些工作多年的员工,他们工作随意性也仍然比较强,因此,工作的过程中随机问题表现明显,消防图纸智能审核系统提供了一套以人为本的规范化的信息化的工作流程,使审核工作可以有条不紊地进行,使大量的人力从烦琐杂乱的工作中解放出来,大大提高工作效率。因此,工作规范化、流程化可以减少随机问题,快速提升处理问题的能力。依据规范的流程也可以轻松和准确地估计工作的强度和工作量,便于统筹规划。

2.4 一体化的审核办公平台

建筑消防图纸智能审核系统合理地整合用户管理子系统、消防规范学习子系统和图纸审核管理子系统等多个子系统于一体,真正做到管理、学习与审核的三位一体。一体化以数据库技术为基础,对所研究对象各要素汇总至数据库,提供了工作、学习、审核等各种行为相结合的一种技术,使用该技术后,可以极大地提高各种行为的效率,为推动单位进步提供了强大的技术支持。

2.5 自动化、智能化审核

建筑消防图纸智能审核系统中用户通过简单的交互就可以自动计算出复杂图形的参数,同时利用图像智能识别子系统,能够对某些图形实体进行类型识别和参数的智能计算。

2.6 审核的全面性

建筑消防图纸智能审核系统将目前在消防审核领域中通用的消防规范都按照某种规则合理地整合到数据库中，用户可以一次选择一个或多个规范对消防图纸进行审核。同时，在审核过程中可以提供一个展示消防规范的列表，方便用户对规范进行追踪，对用户遗漏的规范，系统能够做到及时提醒。

2.7 大量数据存储与共享

采用 C-S 结构，消防图纸智能审核系统将审核过程中产生的其他文档以及使用的相关规范都存储到数据库中，多个客户机可以同时对数据库进行访问或执行相关的操作，数据库中的数据是为众多用户所共享其信息而建立的，已经摆脱了具体程序的限制和制约。不同的用户可以按各自的用法使用数据库中的数据，多个用户可以同时共享数据库中的数据资源，即不同的用户可以同时存取数据库中的同一个数据。数据共享性不仅满足了各用户对信息内容的要求，同时也满足了各用户之间信息通信的要求。消防图纸智能审核系统为检索查阅历史审核记录提供强大的查询支持，告别以往海量的纸堆查找，同时为高效审核提供海量的数据储存，为建立历史的审核数据库提供基础平台。消防图纸智能审核系统还支持各种审批表单可视化查看，提供审核数据简单又直观的展现。

3 系统构成与架构

系统研究的总目标是开发一个审核软件，设计一个合理的审核工作流程，将各种类型建筑防火设计的标准、规范条文形成数据库，针对审核的不同的建筑对象，选择相对应的标准、规范数据库，再结合图形、图像识别技术对建筑消防图纸进行识别，找出需要审核的参数，将这些和相对应的标准、规范数据库中的数据进行对比，给出一个最终审核结论。

系统设计采用逻辑与界面分离的原则进行设计。用户界面主要负责系统界面的显示，业务逻辑部分主要包括数据库的访问、图像的智能识别、图纸审核等逻辑处理。应用程序可使用 AutoCAD .net API 来达到对 AutoCAD 二次开发的目的，当然 AutoCAD 也提供了 com 的方式供外部应用程序对其进行访问和操作。AutoCAD 与外部应用程序的数据交换可以利用数据库作为媒介。目前，典型的分层架构是三层架构，即自底向上依次是数据访问层、业务逻辑层和表示层。这种经典架构经历了时间的考验和实践的多次检验，被认为是合理、有效的分层设计，所以在本项目中，可沿袭这种经典架构，使用数据访问层、业务逻辑层和表示层的三层架构体系，如图 1 所示。

通常意义上的三层架构（3-tier application）就是将整个业务应用划分为：表现层（UI）、业务逻辑层（BLL）、数据访问层（DAL）。区分层次的目的即为了"高内聚，低耦合"。表现层（UI）通俗讲就是展现给用户的界面，即用户在使用一个系统时候的所见所得。业务逻辑层（BLL）是针对具体问题的操作，也可以说是对数据层的操作，对数据业务逻辑处理。数据访问层（DAL）即该层所做事务直接操作数据库，针对数据的增添、删除、修改、更新、查找等。本系统应采用 C/S 结构即客户机和服务器，客户端完成数据处理、数据表示以及用户接口功能，服务器端完成 DBMS（数据库管理系统）的核心功能，这种客户请求服务、服务器提供服务的处理方式是一种成熟的计算机应用模式。

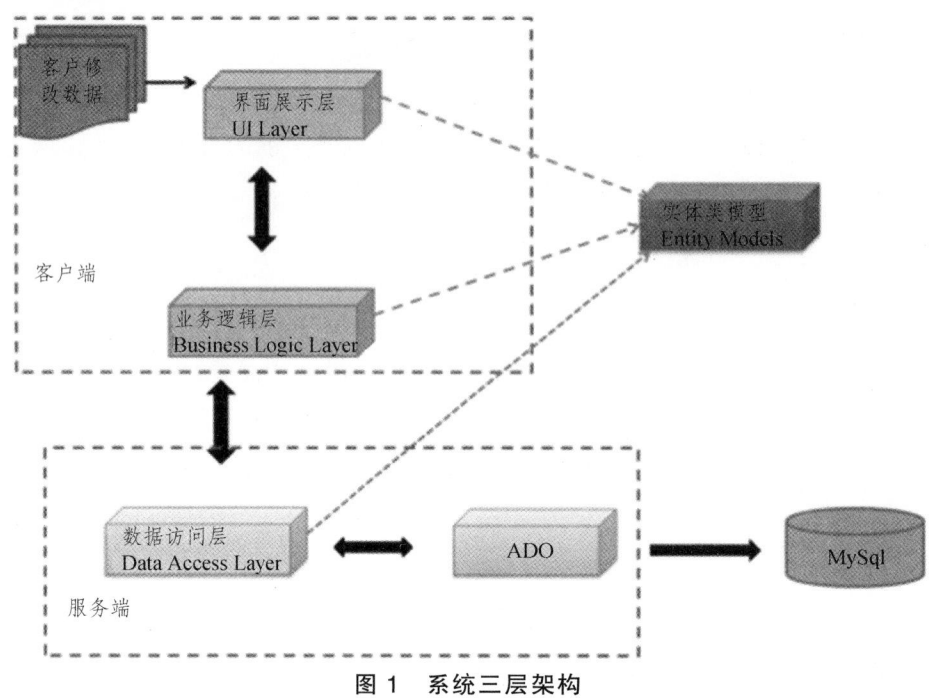

图 1 系统三层架构

4 小 结

针对目前国内和国际建筑防火审核的现状，传统的防火审核方法已经不能很好地适应防火审核的现实需求，因此急需研究出一个能够提高审核效率和审核结果准确性的审核辅助系统。该系统应能对建筑设计图纸中的图形、图像进行识别，将设计信息与规范条文进行对比，并自动生成审核结论，审核监督管理部门能够对审核过程进行复核、查询，审核结果可追溯。本文对建筑防火审核系统需要实现的功能和系统的组成架构进行全面的分析，随着建筑消防设计图纸的设计的规范，图形图像识别率进一步提高，以及计算机数据库技术的逐步完善，相信在不久的将来一定会开发出一款能够提高建筑防火审核效率和审核结果准确性的建筑防火审核系统。

参考文献

[1] 林泽兵. 建筑消防审核和验收问题探析[J]. 城市建设理论研究：电子版，2012（22）.
[2] 曹文华，李滢. 谈高层建筑消防审核重点应注意的问题[J]. 工业，2016（4）：180.
[3] 阳杨. 建筑消防审核执法工作的现状与对策分析[J]. 低碳世界，2016（27）：264-265.
[4] 李莹. 高层建筑消防审核中应注意的问题探讨[J]. 科技创新与应用，2016（8）：247.

作者简介：李明轩，男，硕士，助理研究员，主要研究方向为建筑防火。
电子信箱：41408990@qq.com。

屋顶进风和地面进风两种设计模式的效能比较

王屹韬，张洁玉，尹　航，唐胜利

（公安部四川消防研究所，四川　成都　610036）

【摘　要】　本文主要研究楼梯间正压送风系统屋顶进风和地面进风两种不同设计模式对楼梯间的送风效能的比较，探讨正压送风系统的设计位置对楼梯间送风的影响，提出优化解决方法，拟最大化的提升正压送风系统的送风效能。

【关键词】　正压送风，屋顶进风模式，地面进风模式，效能，比较

1　引　言

随着国家社会的发展，国内高层建筑越来越多，实际工程中正压送风系统的应用的日渐增加。正压送风系统作为一个体系，一些细节问题如在设计和施工中不加以重视，在系统调试的时候它所发挥的效能就无法达到预期的效果。其中正压送风系统的设置位置的不同可能导致楼梯间送风效能的不同。《高层民用建筑设计防火规范》（以下简称《高规》）对加压送风系统的送风量和送风条件做出了相应的规定，但是对于送风机的位置尚未进行明确，在实际工程中常常出现送风井道上下不均匀的现象，远离送风机风道的风口风压很小，而为了方便于施工与管理以及最大化利用建筑的商业利益，设计人员往往将送风机设置在建筑顶部或距地面较高的位置，这样的设计会导致楼梯间内上方顶部压力高于下部的压力，一旦烟气进入楼梯间，就会造成烟气下沉，对人员的疏散不利。本文通过分析正压送风系统的关键参数，比较不同送风设计模式对关键参数产生的影响，并通过模拟与试验进行对比正压送风系统不同位置的设置方式对楼梯间的送风效能的影响。

2　相关的规范要求

2.1　楼梯间的风量及余压要求

通过对《高规》及《建筑设计防火规范》（以下简称《建规》）关于正压送风系统相应条文的梳理，规范规定了正压送风系统的风量及余压值要求如下：

第 8.3.2 条规定高层建筑防烟楼梯间及其前室、合用前室和消防电梯间前室的机械加压送风量应由计算确定；第 8.3.7 条规定机械加压送风机的全压，除计算最不利环管压头损失外，尚应有余压。其余压值应符合下列要求：防烟楼梯间为 40～50 Pa；前室、合用前室、消防电梯间前室、封闭避难层（间）为 25～30 Pa。

2.2　风量和风速及压力之间的关系

《高规》及《建规》对计算方法均做了相应的规定：

(1)风量与压力之间的关系式。

$$L = 0.827 \times A \times 1.25 \times \Delta P^{1/N} \times 3600$$

式中　L——加压送风量（m^3/h）；
　　　A——总有效漏风面积（m^2）；
　　　ΔP——压力差（Pa）；
　　　N——指数（一般取 $N = 2$）。

(2)风量与风速之间的关系式。

$$L = 3600 \times fnv$$

式中　L——加压送风量（m^3/h）；
　　　f——每层开启门的总断面积（m^2）；
　　　v——断面风速（m/s）；
　　　n——同时开启门的数量，20层以下取2，20层以上取3。

3　正压送风系统效能比较参数分析

由以上公式我们可以推断在正压送风出风口中，风速与风量是成正比关系，其出风口的风速越快，出风量越大。根据笔者在国内实际工程调研，发现正压送风系统存在着风量能够满足设计要求，但实际送入防烟楼梯间、前室等部位的风量不能满足设计要求；加压送风的余压值难以实现，风口设计不合理，风管或竖井漏风、管道连接不严，导致各层风速不平衡；楼梯间内的压力不均匀，个别存在超压和压力不足的情况等问题。这些问题导致正压送风系统效能低下，存在这些问题的设计模式均为屋顶进风模式，根据前面风量与风速和压力之间的关系，在风量达到要求的情况下，我们需要对地面进风模式和屋顶进风模式进行对比分析，研究不同送风口风速以及楼梯间的压力的变化情况。

4　不同送风模式设计比较试验

为了比较不同送风模式设计的效能，笔者决定以某栋高层建筑作为试验场景，该建筑是一栋12层、高31米的塔式高层建筑，建筑中间为核心筒，设置有一个楼梯间、一个前室，核心筒周围均为防火单元，楼梯间和前室分别设置有正压送风系统和前室加压送风系统，满足规范规定的高层建筑机械加压送风设置要求。其中楼梯间的正压送风系统有2个，分别设置在建筑楼顶和建筑首层，并共用一个正压送风井道，正压送风井到楼梯间其有8个出风口，分别设置在3~11层，如图1所示。

采用屋顶进风模式时，关闭地面送风机的进风阀门，由设置在建筑屋顶的送风机向井道内往下送风；反之采用地面进风模式时，关闭屋顶送风机的进风阀门，由设置在建筑地面的送风机向井道内往上送风，使两个送风系统互不干扰，满足本次的比较试验要求。

试验分3个工况进行比较，在首层门完全开启状态下分别开启3、6、9不同楼层的防火门，代表楼梯间的上中下3个区域，观察门的开启对正压送风出风口以及楼梯间压差的影响。得到正压送风井道出风口风速的数据如表1所示。

屋顶进风和地面进风两种设计模式的效能比较

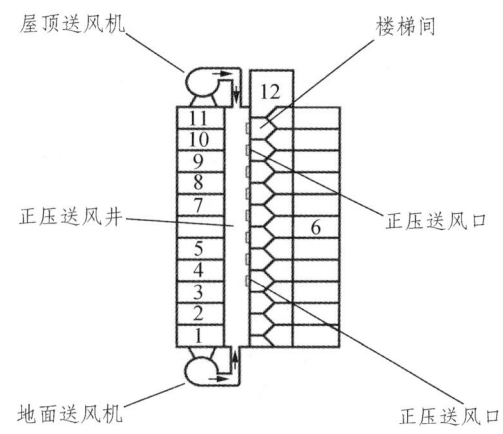

图 1　场景正压送风系统示意图

表 1　正压送风井道出风风速数据

风口位置	地面进风模式（m/s）			屋顶进风模式（m/s）		
	首层与3层开启	首层与6层开启	首层与9层开启	首层与3层开启	首层与6层开启	首层与9层开启
3 层风口	3.5	4.1	4.9	3.9	3.6	3.1
4 层风口	4.8	5.7	5.5	3.2	3.4	2.8
5 层风口	5.2	5.3	5.3	2.4	2.8	2.1
6 层风口	5.0	5.1	5.4	2.4	2.5	2.0
7 层风口	5.6	5.9	5.9	2.6	2.8	2.3
8 层风口	4.1	5.3	5.7	2.3	2.1	1.8
9 层风口	4.7	5.3	6.1	1.6	1.8	1.5
10 层风口	4.8	5.2	5.6	1.5	1.9	1.6

从表1中我们可以看到，正压送风机将新风送入井道从每个出风口进入楼梯间，不同的出风口其出风风速并不均匀，近端风速低于远端风速，并呈现出递增的趋势。在屋顶进风模式下，该趋势尤其明显；在地面进风模式下，该趋势有所弱化，但是基本保持着与屋顶进风模式的变化趋势。两种进风模式的风速趋势变化如图2所示。

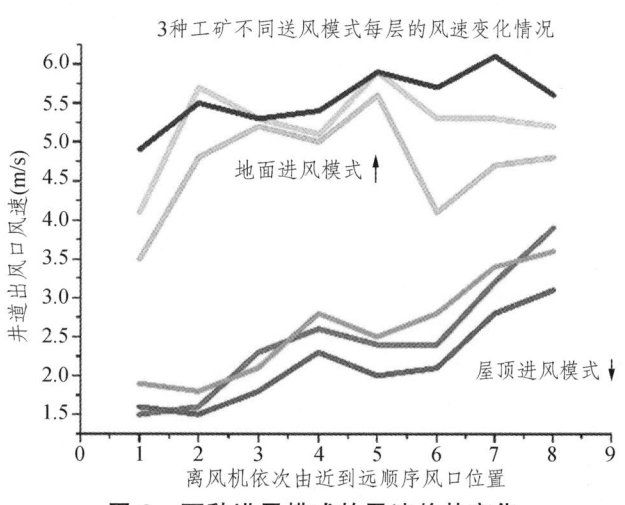

图 2　两种进风模式的风速趋势变化

在了解到不同进风设计模式的风速变化关系后，笔者对上述3个工况进行热烟试验，观察烟气进入楼梯间以后，不同进风设计模式在不同楼层对烟气流动影响。试验火源地点设置在楼梯间前室，在起火 120 s 烟气进入楼梯间以后我们分别采用屋顶和地面两种进风模式进行楼梯间加压送风，在起火层靠近前室的楼梯间一侧设置烟密度测试仪进行烟密度测试，观察烟气的流动变化，其测试的结果如图 3 所示。

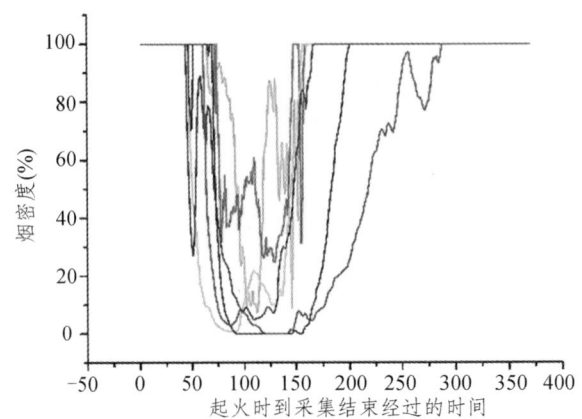

图 3　烟气进入楼梯间后不同楼层采用不同进风模式的烟密度变化情况

从上面可以看出在烟气进入楼梯间 120 s 后，开启正压送风机以后烟气在楼梯间里停留的时间基本上非常接近，最多不超过180 s。其中烟气停留时间最长的180 s 的工况采用了屋顶进风模式，较之于地面进风模式，其进风设计模式方式对烟气停留在楼梯间的时间长短的影响较小，并且两种送风设计模式在目前的试验工况下均能将烟气排出至楼梯间。

5　不同送风模式设计数值模拟比较

根据试验的场景要求，笔者建立相应的模拟场景，其数据用作于试验的对比。计算模型分 A 和 B，模型 A 是一栋高层建筑核心筒，共有 11 层，设有前室、楼梯间、正压送风井道，井道共有 8 个出风口，分布在 3~10 层的位置，分别采用屋顶进风模式与地面进风模式设计；模型 B 是在模型 A 的基础上增加了地下 3 层部分，模型 B 共有 14 层，其中地上部分有 11 层，地下部分有 3 层，设有前室、楼梯间、正压送风井道，楼梯间地上与地下部分完全分隔，共用一个正压送风井道，井道共有 11 个出风口，分布在地下 1~3 层，地上 3~10 层的位置，分别采用屋顶进风模式与地面进风模式设计，如图 4、图 5 所示。

图 4　计算模型 A　　　　　　**图 5　计算模型 B**

其中模型 A 的火源设置在 3 层前室，模型 B 的火源设置在地上 3 层前室，楼梯间起火层与首层门开启，其余楼层均关闭，地下部分开启任意一个防火门，风量设计参考最新的《建筑防排烟系统技术规范》报批稿第 3.4.2 条的表 3.4.2-4，模型 A 的正压送风设计风量为 25 300 m³/h，模型 B 的设计风量为 27 800 m³/h，在起火 600 s 后开启，楼梯间每层分别设置风速和压力探点，主要比较屋顶进风模式与地面进风模式的优劣。本次模拟 600 s 开始送风考虑了实际工程中火灾发生地点并未设置烟感系统，烟气通过蔓延一段时间，部分进入楼梯间后才触发其他区域的烟感装置，属于火灾中的不利情况。模拟工况较之试验条件更加恶劣，能够更准确地反映两种不同进风模式的效能。在模拟 1 800 s 后，模型 A 采用两种送风方式的灰密度比较结果如图 6、图 7 所示。出风口风速与楼梯间压差的比较结果如图 8、9 所示。

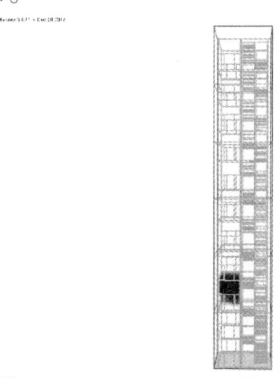

图 6 地面进风模式楼梯间灰密度情况

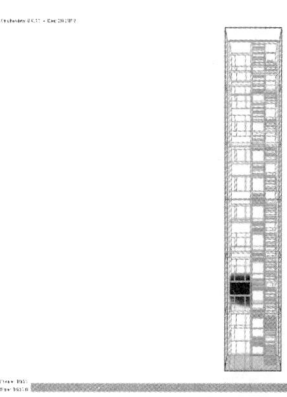

图 7 屋顶进风模式楼梯间灰密度情况

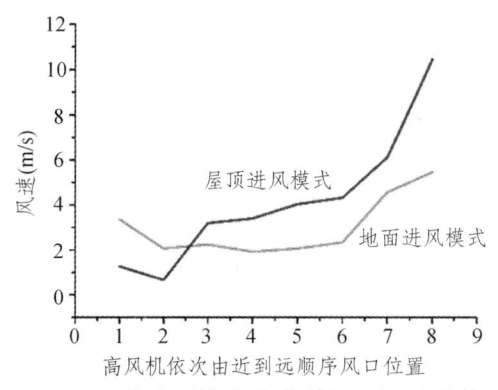

图 8 两种进风模式井道送风口风速比较

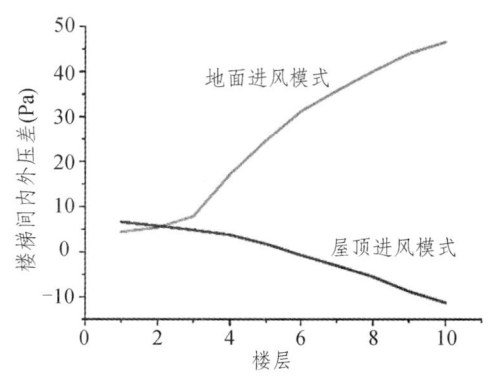

图 9 两种进风模式楼梯间压差比较

模型 B 采用两种送风方式的灰密度比较结果如图 10、图 11 所示，出风口风速与楼梯间压差的比较结果如图 12、图 13 所示。

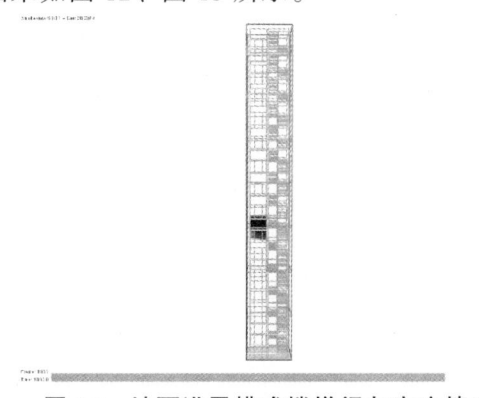

图 10 地面进风模式楼梯间灰密度情况

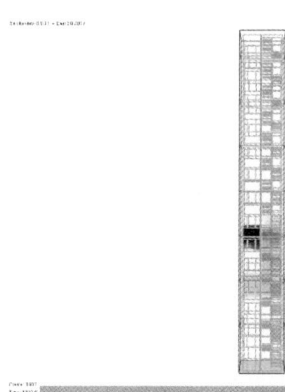

图 11 屋顶进风模式楼梯间灰密度情况

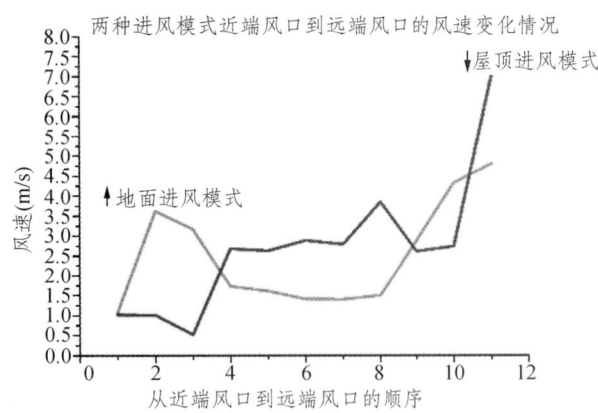
图12 两种进风模式井道送风口风速比较

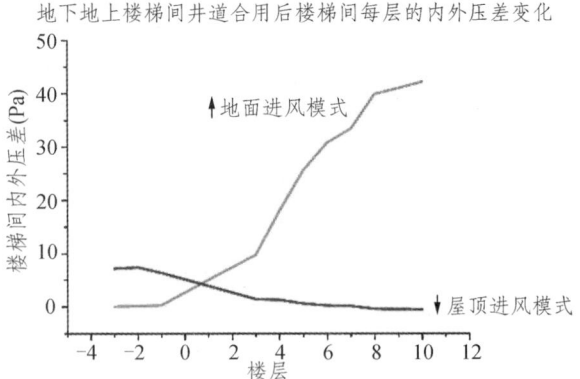
图13 两种进风模式楼梯间压差比较

由图中我们看到，两种送风模式的楼梯间风速变化均为远端风速高于近端风速，在屋顶进风模式下，出风口风速分布不均匀，远端风速大大高于近端风速，其风速变化的趋势与我们实验中测得的数据基本吻合。在边界条件完全一致的情况下，模型A采用任意送风方式，楼梯间的压力均能将烟气排出楼梯间，与试验结果基本一致，证明在正压送风系统负担一个楼梯间的情况下，两种送风模式的送风效能基本一致；模型B采用屋顶进风模式由于下方出风量较高，大量的风量进入楼梯间地下部分导致楼梯间地上部分压力不足，从而无法将烟气排出楼梯间。图11表明，在模拟了1 800 s后屋顶进风模式都无法将烟气阻挡至楼梯间外，从而证明在采用地上与地下井道共用的设计中，屋顶进风模式的送风效能不如地面进风模式。

6 结论

针对火灾事故中防排烟系统不能有效发挥作用等问题，本文对防排烟系统问题中的其中一环正压送风系统在实际工程中无法发挥相应效能的问题进行了研究，通过大量的试验以及模拟的对比分析，研究了不同送风模式送风效能的不同的本质，得到了以下应用于实际工程的结论。

6.1 屋顶进风与地面进风两种不同送风模式的比较结论

（1）当正压送风系统负担至一个独立的楼梯间时，它们的送风效能基本一致，在满足现有规范的规定的送风量下，正压送风机设置在顶部或是底部均能阻止烟气进入楼梯间，并能使进入的楼梯间烟气排出，如图14所示。

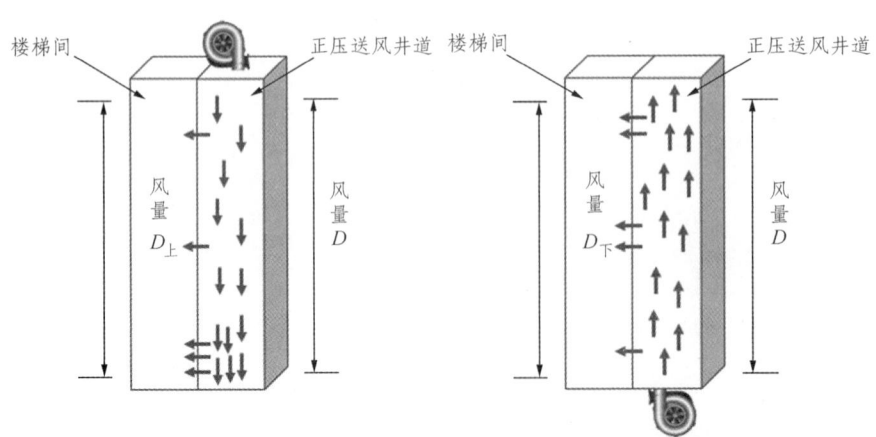

图14 一个独立楼梯间情况下上下两种送风模式的效能比较示意图

图 14 中，设风量为 D，屋顶进风模式的风机在建筑上方，因此送入楼梯间的风量用 $D_上$ 表示，同理地面进风模式的风机在建筑下方，送入楼梯间的风量用 $D_下$ 表示。风量 D 是恒定的，代表正压送风总风量，在不考虑其他不利条件的情况下，$D_上 = D_下$，风量相同代表送风的效能一致。

（2）当正压送风系统同时负担楼梯间及地下室两个独立空间的情况下时，由于地上楼梯间部分与地下楼梯间部分在首层进行了分区隔断，使楼梯间成为两个分别独立的空间，而正压送风井道仍然处于连通状态，因此在屋顶进风模式下，最远端最高的风速出风口则连通至地下部分，使得屋顶进风模式的地下部分风量损失远高于地面进风模式的风量损失，造成屋顶进风模式的送风效能低于地面进风模式，用图 15、16 表示。

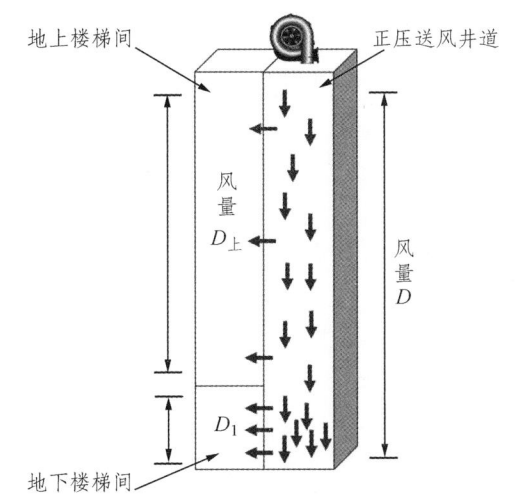

图 15 风机负责两个独立楼梯间屋顶进风模式的效能示意图

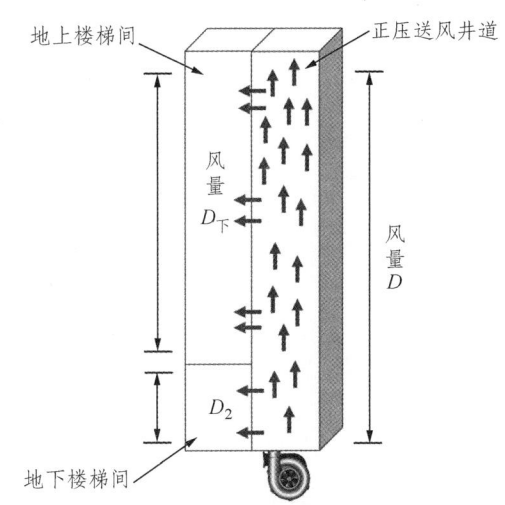

图 16 风机负责两个独立楼梯间地面进风模式的效能示意图

图 15 与 16 中，相对图 14 多出了地下部分，在屋顶进风模式地下部分的风量用 D_1 表示，地面进风模式地下部分的风量用 D_2 表示。风量 D 是恒定的，但是由于正压送风系统同时负担两个系统，因此总风量是地上楼梯间部分和地下楼梯间部分相加之和，表示为 $D = D_上 + D_1 = D_下 + D_2$，我们知道远端风速高于近端风速，那么在送风模式下流入至地下室的风量要大于地面进风模式下流入地下室的风量，即 $D_1 > D_2$，推出 $D_上 < D_下$，得出在该工况下地面进风模式的效能大于屋顶进风模式的结论。

6.2 实际工程应用中需要注意的问题

（1）从建筑外部影响来看，当采用屋顶进风模式时，正压送风机设置在建筑的屋面，当建筑同时设置了排烟风机时，正压送风机和排烟风机需要做好防止"烟流短路"措施；当采用地面进风模式时，由于正压送风机设置在建筑的下方，不会与设置在屋面的排烟风机产生"烟流短路"效应，因此无须采取相关的措施。

（2）从建筑内部影响来看，当采用屋顶进风模式时，为了防止系统风量的损失超过临界值，楼梯间应设计为一个独立的地上楼梯间，当建筑设计了地下与地上两个独立的楼梯间时，其正压送风井道不能共用；当采用地面进风模式时，正压送风系统在按照了现有规范规定的情况下，可以共用地下与地上楼梯间的正压送风井道。

参考文献

[1] GB 50016—2014. 建筑设计防火规范[S]. 2014.
[2] 刘忠，龚敏枫，佟海涛，赵克伟. 高层建筑楼梯间正压送风方式的浅析[J]. 火灾科学，1997.
[3] 熊洪，Erlc W. Marchant. 自然风对正压送风系统屋顶进风效果的影响[J]. 建筑科学，2004.
[4] 夏虹，加压送风系统设计中的几点问题[J]. 建筑科学，2009.
[5] 吴思成，余敏，关笑. 楼梯间正压送风对高层建筑火灾的影响[D]. 沈阳：沈阳建筑大学，2009.
[6] 李思成，荀迪涛，王万通，正压送风排烟在火场中的应用[J]. 灭火指挥与救援，2014.

作者简介：王屹韬（1987—），男，四川成都，公安部四川消防研究所助理工程师，本科，主要从事建筑防火，防排烟领域的研究工作。

通信地址：四川省成都市金牛区金科南路69号，邮政编码：610036。

虚拟现实技术在消防预案中的应用研究*

唐胜利,卢国建,胡忠日,何世家

（公安部四川消防研究所,四川 成都 610036）

【摘　要】　本文主要描述了虚拟现实技术在消防领域的现状,并通过消防预案案例,展示了该技术在消防预案中的应用情况。虚拟现实技术能够创建全新的训练环境,拟现实技术支持下的各种仿真训练会发生质的变化,拟仿真训练环境拥有过去消防演练无可比拟的优势。

【关键词】　虚拟现实；消防预案；灭火；救援

1　引　言

近年来发生的一些重特大火灾,场调集的战斗车几十台到上百台,人员上千,参战力量涉及方方面面,就要灭火又要救人,给火场的调度指挥,兵力部署,现场通信,水源供给,装备物资保障等都带来新情况、新问题。每一个环节或方面指挥不当都可能造成扑救失利,造成内外人员伤亡和更大的物资损失等严重后果。越来越多地呈现出以下规律和特点：情况的复杂性、多样性；危害的严重性；灾害的突发性、连锁性；施救的艰巨性。

公安消防部队迫切认识到消防官兵所面临的灭火和抢险救援双重任务的艰巨性。公安消防部队不仅要具有现代化的灭火救援设备,还要研究现代化的灭火救援技术、战术,而现代化的灭火救援技术、战术必须通过严格、科学的训练才能生成。通过制定的灭火作战预案为基础,在将灭火战斗的实践与计算机仿真技术结合起来,灭火理论的指导下,建立起适用于各种灭火作战的一般性原理、原则和方法。

基于虚拟现实的消防预案仿真系统是指利用先进的计算机虚拟现实技术（Virtual Reality, VR）,以消预案为基础,火灾特定火灾场景的扑救工作进行模拟仿真,而实现火情侦查、火场模拟、车辆调度、灭火实施、虚拟训练等功能。通过虚拟火场的设定、火战术的选择、火行动措施的实施等功能设计,从灭火战术和灭火过程中的具体行动措施两方面对火场的宏观指挥、现场调度、决策分析能力和具体的灭火技能、消防业务的掌握、突发事故处理能力等内容进行交互式辅助训练教学并提供综合评判。该功能的重点是提供全视角的可视化火场三维立体视角,运用计算机仿真和虚拟现实技术,特定火灾现场在数字平台上进行虚拟再现,使用户仿佛置身于真实的火场之中,通过对火灾扑救实战过程的全方位模拟,以达到以较小代价来提高各级调度指挥人员指挥水平的目的。

---

* 基金项目："十三五"大型综合体火灾蔓延控制技术（2016YFC080060403）和公安部四川消防研究所基本科研项目（20168820Z）。

2 消防仿真系统的研究现状

我国在这一研究领域已逐渐引起政府有关部门和科学家们的重视。国家攻关计划、国家 863 计划、国家 973 重点基础研究发展规划和国家自然科学基金等都把 VR 列入了重点资助范围。我国军方对 VR 技术的发展关注较早,且支持研究开发的力度也越来越大。国内一些高等院校和科研单位,相继开展了 VR 技术和应用系统的研究,得到了一批研究和应用成果。

在防灾建模的应用方面,国内已开发出洪水泛滥淹没区的洪水发展过程演示系统。但在消防领域,目前国内尚未开发出成熟的基于虚拟现实技术的模拟演练系统。因此,本系统将为用户提供一个对火灾扑救与调度指挥的战术技术进行模拟演练的虚拟环境。

3 消防预案仿真系统中模型的构建

在虚拟现实技术中,模型数据库是仿真系统的数据基础。仿真系统过程中的绘制过程实际上就是对三维模型数据库的动态调用和实时渲染。对于消防预案这个特定火场的模拟,消防预案仿真系统将从灭火战术和灭火过程的具体行动措施两方面展开。根据现场提供的有关材料和数据,通过分析可知,不仅要利用建模工具制作一个三维地形和一些消防灭火设施,还要包括油库地形、消防车辆、消防员和各种消防栓。

3.1 三维地形的构建

我们通过等高线形成的一系列多边形进行简单的放样运算来生成地形造型,通过 Delauny 三角形根据等高线上的点进行三维地形造型,并且使用多细节层次技术来进行了简化,如图 1 所示。

图 1 三维地形图

3.2 消防车辆的构模

消防车辆模型的构建是虚拟场景中动态仿真的重要部分,也是很重要的场景内容。我们采用多自由度技术,并在系统中考虑车辆的运动情况,创建了消防车模型。

图 2 消防队员、消防车辆图

4 消防预案仿真系统的实现

4.1 消防预案仿真系统的功能

系统采用虚拟现实技术和多媒体技术，对油池火灾特定火灾场景的扑救工作进行模拟仿真。通过虚拟火场的设定、火战术的选择、火行动措施的实施等功能设计，从灭火战术和灭火过程中的具体行动措施两方面对火场的宏观指挥、现场调度、决策分析能力和具体的灭火技能、消防业务的掌握、突发事故处理能力等内容进行交互式辅助训练教学。该功能的重点是提供全视角的可视化火场三维立体视角，运用计算机仿真和虚拟现实技术，特定火灾现场在数字平台上进行虚拟再现，用户仿佛置身于真实的火场之中，从而达到训练的目的。

本系统为用户提供一些典型的虚拟消防任务环境，该虚拟环境中用户应用消防知识与技能执行任务，达到对消防指战员进行灭火救援战术、技术训练的目的。在功能上分为火情侦察、虚拟火场的设定、车辆调度和灭火部署四个组成部分。

4.2 系统场景的总体设计

该系统创建的场景是个规模较大的三维场景，如图 3 所示，能比较真实地反映油库场景，以通过三个方面来表现这个虚拟境界：户外。第一，模技术是建立 VR 系统的基础，此首先要根据实际的油库场景对油库内各个对象进行建模。这些对象包括油罐、道路、办公楼、消防栓、树木及其他一些建筑物，通过对这些对象的建模构建出虚拟油库场景的基础框架，且有一定的交互能力，油罐的着火设置等可以通过用户交互的方式来完成。第二，要训练用户能按作战意图进行灭火部署，可以考虑动态加入消防车辆进行灭火力量的部署，动态调用车辆数据库来实现。第三，火情侦察中，能全面地显示火灾区域的各种信息，包括单位概况、地理地形图、消防设施、水源分布图、消防实力等信息，以用文字、图形、图像、数据等多媒体方式下呈现给用户。

图 3　火灾场景图

5　结　论

虚拟现实技术能够创建全新的训练环境，拟现实技术支持下的各种仿真训练会发生质的变化，拟仿真训练环境拥有过去消防演练无可比拟的优势。本文对虚拟训练系统的设计、实现进行了简单的研究，构建了针对户外大型油库场景的消防预案仿真训练系统，实际应用中也获得了良好的效果，对消防预案仿真系统中模型的构建问题进行了探讨。

总之，用虚拟现实技术开发的虚拟训练系统，彻底改变了过去单一性的、传统的、以语言文字为主的或者课本教材式教育训练的面貌，使现代仿真训练资源向多样化方向发展，仿真训练的内容具有良好的交互性，有针对性、直观，训练效率大大提高。同时，学员可以自行选择自己需要的内容和形式反复进行自我训练，解决了过去的训练难以完成的促进学员技能熟练化训练的要求。虚拟现实技术与先进的现代仿真训练通道相结合，可以在任何时间、任何地点、对任何规模和任何类型的学员进行所要求内容的训练，大大降低了消防演习训练的成本。

参考文献

[1] 李媛池. 打造红河特色消防景观[J]. 中国消防，2016（21）：23.
[2] 张磊，朱国庆，郭大刚. 基于 VR 的公共建筑火灾逃生训练系统研究[J]. 消防科学与技术，2015（04）：526-529.
[3] 张磊，朱国庆，郭大刚，基于 VR 的公共建筑火灾逃生训练系统研究[J]. 消防科学与技术，2015（04）：526-529.
[4] 杜宝江,梅强,陈飞. 基于 VR 的消防体验逃生舱系统[J]. 中国水运(下半月)，2015(12)：119-122.
[5] 王兆其，等. 人群疏散虚拟现实模拟系统——Guarder[J]. 计算机研究与发展，2010（6）：76-82.
[6] 张云明，陈蕾. 基于虚拟现实技术的灭火救援训练系统[J]. 消防科学与技术，2010(11)：996-998.
[7] 尤飞，蒋军成. 城市消防安全前沿技术及进展——新型消防信息技术和防灭火技术[J]. 消防科学与技术，2010（10）：851-862.
[8] 张芳. 浅析虚拟现实技术在消防领域的应用[J]. 消防技术与产品信息，2009（1）：38-39.

作者简介：唐胜利，男，硕士，助理研究员，主要研究方向为建筑防火。
　　　　　电子信箱：5822859@qq.com。

一起典型的物流运输危险品火灾勘察及思考

彭 波，阳世群

（公安部四川消防研究所，四川 成都 610036）

【摘 要】 本文通过一起典型的物流运输货车火灾的燃烧原因现场勘察，分析了火灾的成因，并对当前物流公司接受委托运输物品中存在的火灾危险性予以警示。

【关键词】 物流运输、危险品、货车火灾、火灾勘察

1 背 景

2014年5月20日晚上22点40分左右，某物流公司所属一货车行驶至某路口附近时，货车车厢内突然起火燃烧，司机及装车工人用车上灭火器进行自救灭火，由于火势较猛及货物阻挡未能扑灭，随即报警，消防队很快赶至现场扑灭了火灾。在灭火过程中对货物进行了较大的翻动。车厢内装载有灯具、瓜子、薯条、电线电缆、服装、螺栓标件、塑料盒装液体、纸张、纤维等货物。据该货车司机和装车工人描述，车辆起火前在该公司上一个门市装货时，闻到车厢内有异味，由于当时旁边在焚烧垃圾，司机和装车工人以为是焚烧垃圾的气味，未对异味来源进行检查确认。从上一门市行驶3 km左右至某路口门市附近时发生火灾。

2 现场勘察

该货车车头部位未过火，车厢左侧挡板后部有部分烧蚀痕迹，中前部基本完好；车厢右侧挡板前部和后部有明显烧蚀痕迹（见图1和图2）；车厢前挡板有明显的烧蚀痕迹；车厢顶部的篷布几乎全部烧失，仅有少量残余，可以确定该车燃烧始于车厢内部。进入车厢，车厢内呈现前部和后部残存货物炭化痕迹较重特征，后部车厢门无明显烧蚀痕迹；车厢后部货物主要为纸张和织物等，车厢后部纸张和织物等货物呈现上重下轻的表面燃烧特征（见图3），应为车顶篷布燃烧蔓延引燃所致，车厢右前部货物燃烧较重（见图4）。因此确定车厢内右前部为下一步勘验的重点部位。

图1 起火货车左侧

图2 起火货车右侧

图 3　车厢内残存货物

图 4　车厢前部残存货物

由于灭火时对货物进行了较大翻动，较多的货物被翻到地上，灭火后司机和装车工人将翻到地上的货物用铁锹铲回了车厢。所以首先对车厢右前部表面铲回车厢的货物残留物进行清理，将至灭火时未被翻动的货物显露出来。车厢左前部存放的层板燃烧炭化痕迹呈现左轻右重特征；车厢右前部存放的货物主要有瓜子、薯条、螺栓标件若干、电缆线、塑料盒装液体等，电缆线燃烧炭化痕迹呈现前重后轻，靠近螺栓标件部位燃烧炭化痕迹较重（见图 5），从层板和电缆线等货物燃烧炭化痕迹可判断起火部位位于螺栓标件存放部位附近（见图 6）。

图 5　电缆线和层板炭化痕迹

图 6　起火部位

对确定的起火部位的货物进行清理，发现靠近车厢底板的货物上表面炭化，下部基本完好，有多袋塑料包装的瓜子、薯条等食品，以及多箱由纸箱包装的两种规格螺栓标件、电线电缆一圈、多包抽纸、多箱优资莱护肤品和多盒塑料盒装的液体等，塑料盒装液体标签标示为 2-丁酮和丙酮的混合物。

经称量得知螺栓标件质量为 6～7 kg；对标识为 2-丁酮和丙酮的混合物的黑色塑料盒进行检查分析和查阅相关的技术数据，盒子外面标签上有危险标识，无色液体注明为 2-丁酮和丙酮混合物。查阅资料[1]可知丙酮为无色易挥发易燃液体，微有香气，沸点 56.2 ℃，闪点（开杯）-16 ℃，自燃点 538 ℃，蒸气与空气形成爆炸性混合物，爆炸极限 2.15%～13.0%（体积）。2-丁酮为无色易燃液体，有丙酮的气味，沸点 79.6 ℃，闪点（开杯）-6 ℃，自燃点 515.6 ℃，在空气中的爆炸极限 1.97%～10.1%（体积）。

3　原因分析

现场勘察可知，起火部位有螺栓标件和塑料盒装 2-丁酮和丙酮混合物等物。2-丁酮和丙酮属于化学危险品。该黑色包装盒为普通塑料包装盒，在重压下包装很容易出现破损，出现破损时挥发较快，挥发蒸汽达到一定量时，有摩擦或碰撞火星就可能被点燃，挥发气体浓度在爆炸极限范围内时，甚至会产生爆炸。金属螺栓标件单个质量达 6~7 kg，在车辆行驶过程中发生颠簸时，易发生相互摩擦和碰撞产生火花。该货车在上一门市装货时，司机和装车工人闻到车厢内有异味，此时盒装的 2-丁酮和丙酮应该被较重的螺栓标件挤压出现破损，并发生了泄漏，加上该货车整个车厢由厚篷布遮盖严实，车厢后部有封闭门在行车过程中紧闭，车厢内通风较差，车辆从上一门市行驶至下一门市附近时，螺栓标件在车辆发生颠簸时，发生相互摩擦和碰撞产生火花，点燃了 2-丁酮和丙酮混合物的蒸汽，导致该车车厢货物火灾的发生。

4 警　示

我国于 2011 年 2 月 16 日由国务院第 144 次常务会议修订通过《危险化学品安全管理条例》[2]，并于 2011 年 12 月 1 日起施行。该条例第四十三至四十六条已明确规定了运输化学危险品应当具备的条件和承运人应当尽的责任，这起火灾由于承运人为了降低营销成本，隐瞒了运输危险品的事实，并委托一家不具有运输危险品能力的物流公司进行运输，导致了火灾的发生，直接经济损失上百万元，造成了较大的财产损失。近年来，类似火灾时有发生，2014 年 10 月 14 日，交通运输部发布《交通运输部关于加强危险品运输安全监督管理的若干意见》[3]，该意见涉及严格危险品运输市场准入、强化危险品运输安全监督管理、推进危险品运输安全生产风险管控、加强从业人员培训和监管队伍建设、严肃危险品运输安全生产事故调查处理以及建立危险品运输安全生产长效机制六大方面。但这些措施对物流运输中委托人隐瞒危险品进行委托承运的行为均无法控制，只有当事故发生后，再来对委托人进行追责，只有解决如何在物流运输接受委托时快速甄别委托的货物是否为危险品，并阻止危险品进行普通的物流运输，才能从源头上预防此类火灾的发生。

参考文献

[1] 化学工业出版社组织. 中国化工产品大全（上卷）[M]. 北京：化学工业出版社，2000：512-513.
[2] 中华人民共和国国务院令. 危险化学品安全管理条例[Z]. 2011-12-01.
[3] 中华人民共和国交通运输部. 交通运输部关于加强危险品运输安全监督管理的若干意见[Z]. 2014-10-14.

作者简介：彭波，男，硕士研究生，助理研究员，主要从事火灾物证鉴定和火灾现场勘察及相关项目研究等工作。
电子信箱：184966457@qq.com。

用于火场爆炸残留物鉴定的离子色谱技术研究*

甘子琼,刘军军,唐胜利,胡忠日,何 瑾,郭海东

(公安部四川消防研究所,四川 成都 610036)

【摘 要】 科学技术的进步,离子色谱技术的发展,推进了离子色谱仪在环保、食品、医药、化工等领域的广泛应用。具有电导检测器的离子色谱仪可同时定性定量测定多种阴离子。对于火灾现场爆炸残留物技术鉴定,离子色谱法是一种行之有效的技术手段。本方法尤其对火灾现场爆炸残留物中典型无机阴离子硝酸根(NO_3^-)、亚硝酸根(NO_2^-)和硫酸根(SO_4^{2-})等有较高的分析灵敏度。为此,本文着重进行了火灾现场爆炸残留物中NO_3^-、NO_2^-和SO_4^{2-}阴离子的离子色谱分析研究。结果表明,离子色谱技术能满足其分析需要。

【关键词】 离子色谱法;火灾;爆炸;残留物;鉴定

0 引 言

近十年来,全国每年因各种原因造成的爆炸火灾事故产生了极其恶劣的影响,造成了巨大的人员伤亡和财产损失,严重威胁人民群众生命和财产安全。为了迅速查明爆炸或火灾原因、侦破案件就需要收集检材,对爆炸物或爆炸残留物进行检验,从而为查明爆炸或火灾原因、侦破案件提供线索和证据。具有电导检测器的离子色谱可同时定性和定量地测定多种阴离子[1]。对于火灾现场爆炸残留物中典型无机阴离子硝酸根(NO_3^-)、亚硝酸根(NO_2^-)和硫酸根(SO_4^{2-})的分析,离子色谱法是一种行之有效的技术手段[2-3]。为此,本文着重进行了火灾现场爆炸残留物中NO_3^-、NO_2^-和SO_4^{2-}阴离子的离子色谱分析研究。

1 实验研究部分

1.1 洗脱液浓度的选择

在不改变待测离子的洗脱顺序条件下,洗脱液浓度(EGC)的改变,可以改变待测离子的分离度和分析时间。即当洗脱液浓度高时,待测离子中一价和二价离子的保留时间都缩短,二价离子保留行为受影响更大。分析时间缩短了,分离度反而减小了,甚至相邻待测离子无法分开。当洗脱液浓度低时,分离度增加了,而分析时间却延长了。因此,洗脱液浓度的选择需要兼顾待测离子的分离度和分析时间。经过实验研究,我们最终选择洗脱液浓度为22 mM,见图1。

---

*基金项目:四川省科技计划项目(2015JY0040)和四川省地方标准项目(Z20158803SC)。

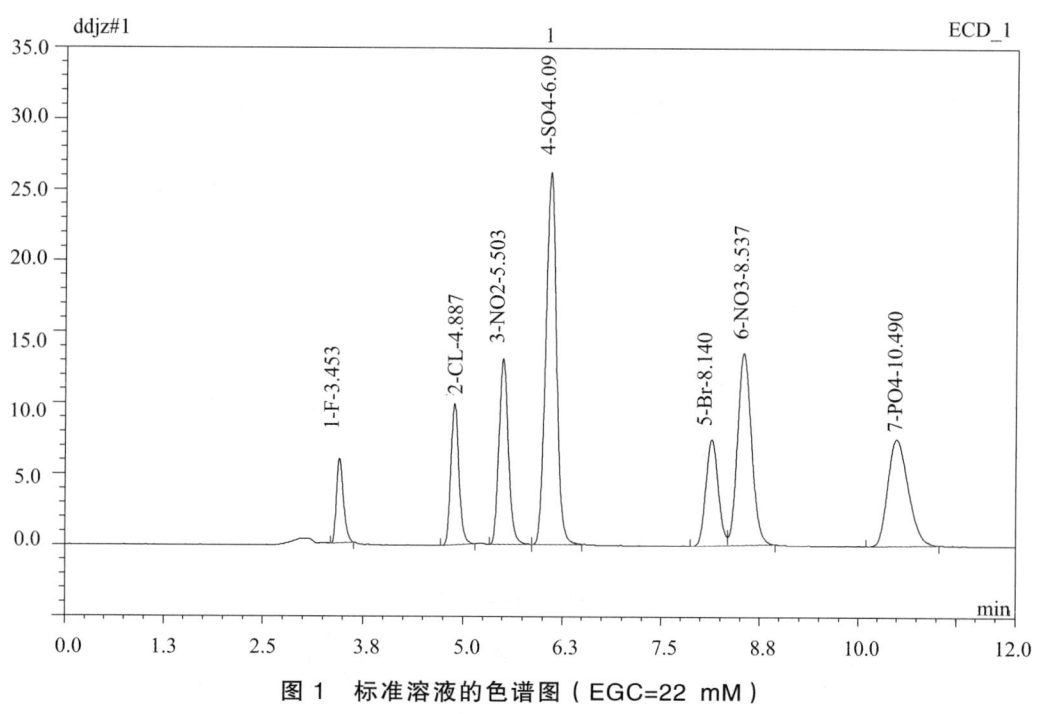

图 1 标准溶液的色谱图（EGC=22 mM）

1.2 NO_2^-、SO_4^{2-} 和 NO_3^- 三种阴离子的线性范围、相关性和检出限

配制 NO_2^-、SO_4^{2-} 和 NO_3^- 三种阴离子系列混合标准溶液，在优化的色谱条件下，分别对系列标准混合溶液进行分析，测定各离子色谱峰面积，以离子色谱峰面积为纵坐标，以离子浓度为横坐标绘制标准曲线。将 NO_2^-、SO_4^{2-} 和 NO_3^- 三种阴离子标准溶液稀释至合适浓度，在上述条件下进行分析，计算 NO_2^-、SO_4^{2-} 和 NO_3^- 三种阴离子的检出限（3S/N）。NO_2^-、SO_4^{2-} 和 NO_3^- 三种阴离子的线性范围、相关性和检出限如表 1 所示。

表 1 三种阴离子的线性范围、线性相关系数和检出限

离子	线性回归方程	线性范围（mg·L^{-1}）	线性相关系数 r	检出限（mg·L^{-1}）
NO_2^-	$y = 0.077\,4x + 0.010\,6$	1 ~ 100	0.999 9	0.10
SO_4^{2-}	$y = 0.086\,4x - 0.002\,6$	1 ~ 100	0.999 9	0.15
NO_3^-	$y = 0.094\,7x - 0.022\,4$	2 ~ 200	0.999 8	0.06

2 实际案例

在某火灾爆炸现场，我们提取系列爆炸尘土。将样品按照四分法取样，称取样品 5 ~ 20 g，用超纯水浸泡，超声振荡 10 min，静置，然后用预先活化的固相萃取小柱 OnGuard Ⅱ RP 柱和 OnGuard Ⅱ Na 柱处理后，取上清液 5 ml 离心振荡 5 min 后，取约 2 ml 于 5 ml 塑料试管中，将此溶液稀释 10 倍后进样，谱图见图 2，分析结果见表 2。

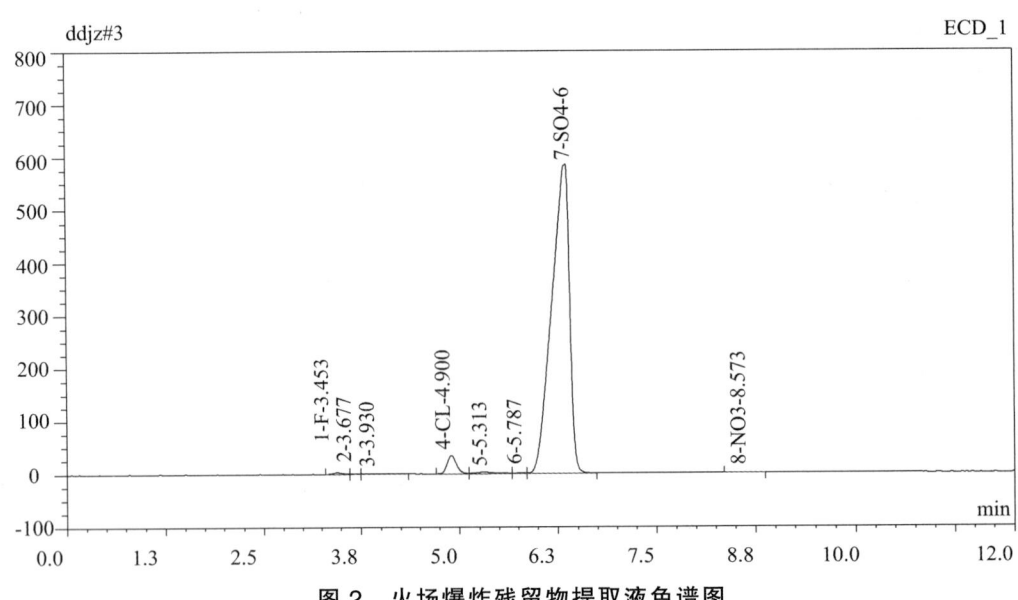

图 2　火场爆炸残留物提取液色谱图

表 2　火场爆炸残留物样品的分析结果

离子	分析结果（mg·L^{-1}）
SO_4^{2-}	107.93
NO_3^-	0.79

由分析结果可知：样品中检出了 SO_4^{2-} 和 NO_3^- 阴离子，这为判定火灾原因提供了准确的物证数据和科学的依据，发挥了重要的作用。

3　小　结

在火场爆炸残留物鉴定中，离子色谱法也得到了一定的应用。本方法尤其对火灾现场爆炸残留物中 NO_3^-、NO_2^-、SO_4^{2-} 和 PO_4^{3-} 阴离子等有较高的分析灵敏度，是研究爆炸火灾物证技术鉴定之必需。在合适的实验条件下，赛默飞公司生产的 AS11—HC 柱子（ICS 90 系统）能够满足分析的要求。相信随着离子色谱技术的发展，离子色谱法将会在火场爆炸残留物鉴定中得到广泛的应用！

参考文献

[1] ISO 19701：2005. Methods for sampling and analysis of fire effluents[S]. 2005.
[2] 林贤文，等. 双通道离子色谱法同时测定爆炸残留物中 12 种无机离子[J]. 广安公安科技，2016，2：75-78.
[3] 陈祥国，等. 离子色谱法测定爆炸残留物中无机离子[J]. 理化检验-化学分册，2011，47（10）：1200-1202.

2017 年月 14 日英国伦敦火灾分析与对策

王 炯,张洁玉,何学超

(公安部四川消防研究所,四川 成都 610036)

【摘 要】 该楼为公寓,高约 68 m,按《建筑设计防火规范》规定其属于一类公共建筑。该起火灾事故作为"伦敦 29 年最惨重的火灾",对于我国高层建筑的消防安全设计以及灭火救援工作也具有深刻的警示与借鉴意义。

【关键词】 火灾发生情况;案例分析;电气火灾防控;外墙保温材料;平面布局;消防设施与灭火救援;建筑坍塌预警

1 火灾发生情况

2017 年 6 月 14 日凌晨将近 1 点英国首都伦敦西部一栋 24 层、高约 68 m 的住宅公寓楼格伦费尔大厦(Grenfell Tower)突发大火,造成 12 人死亡,数十人受伤。成为伦敦"29 年来最惨重的火灾",大灾现场照片如图 1 所示。

图 1 火灾现场

据英国每日邮报报道,火灾从大楼第 4 层冰箱着火开始燃烧到最上面的 24 层仅用了 15 分钟时间。消防队在接到火警电话后 6 分钟之内就赶到现场,前后共出动 45 辆消防车和 200 名消防员赶到现场扑救大火,但面对蔓延速度极快的火势,消防队一筹莫展。据市长萨迪克·汗说,消防车喷出的水柱最高只能到达 12 层左右,因此火势难以得到控制。直至当地时间 11 时 30 分,明火终于被扑灭,灾后建筑照片如图 2 所示。

图 2 灾后建筑照片

2 建筑概况

据悉,该公寓发生火灾的高层公寓楼格伦费尔大厦位于伦敦西部北肯辛顿区,建于 1974 年,是政府提供的廉租公寓,共 24 层,有 120 套公寓,里面住着 400~600 人。该楼去年完成了为期两年、耗资 1 000 万英镑的翻新工程,更换了大楼的外立面、窗户和公共供暖系统。底部 4 层楼也几乎重建了一遍,新增加了 9 套住房。该公寓平面布置如图 3 所示。

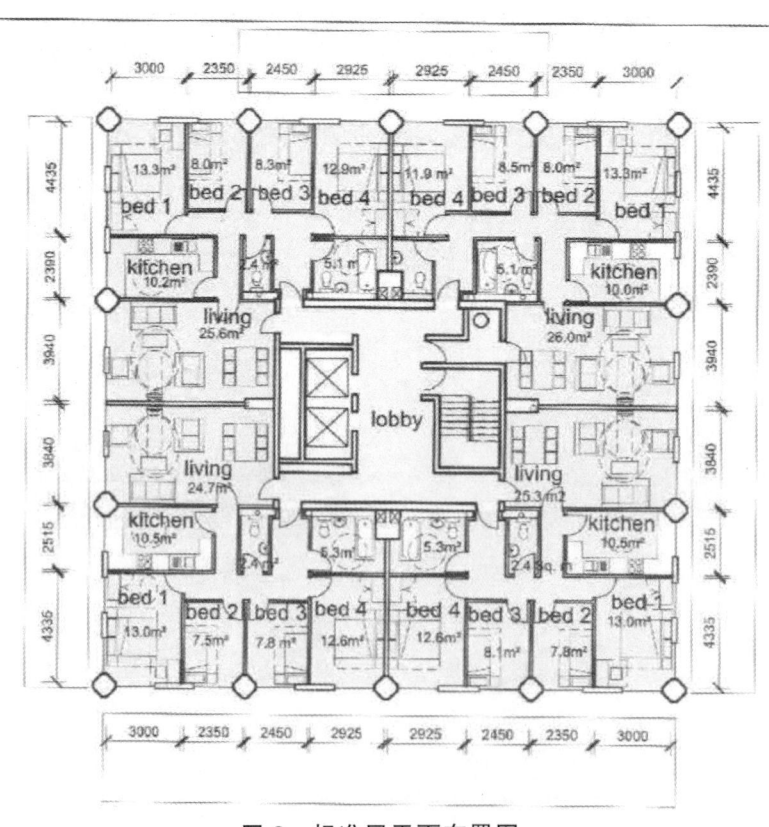

图 3 标准层平面布置图

3 案例分析

该起火灾事故作为"伦敦29年最惨重的火灾",对于我国高层建筑的消防安全设计以及灭火救援工作也具有深刻的警示与借鉴意义。

3.1 电气火灾防控

根据事故现场目击者表示,火灾起源于建筑内部住户的冰箱起火。我国对电器火灾的防控有改造老旧线路,定期检验维修、排查电器火灾隐患,严格控制电器使用报废年限等措施。

现有标准中强调了谐波电流的火灾隐患,但对评估线路中谐波含量是否安全的量化数据并未给出,无法指导实际电气防火工作。建议进行谐波电流量化的试验,进一步规范电网电能质量,以及确定安全的谐波电流范围;加强电弧性保护装置的推广应用,在故障电弧能量不足以引发火灾时切断电路,避免发生严重电气火灾事故;加强电气产品的质量监管,增强老旧、新建电气线路的巡查力度,及时发现电气装置违规布置和安装,提出对应整改措施消除火灾隐患。

3.2 外墙保温材料使用

据网上报道,该栋建筑进行了2015年的翻新工程,当年承建商在大厦外墙加装雨幕系统,加强建筑物保温隔热能力,材质类似塑料,同时使用了木材,发生火灾时极易大范围蔓延。

该楼为公寓,高约68 m,按《建筑设计防火规范》规定其属于一类公共建筑。在保温系统设计方面,与基层墙体、装饰层之间无空腔的建筑外墙外保温系统,建筑高度大于50 m的公共建筑,其保温材料的燃烧性能应为A级。当建筑为住宅,且建筑高度小于100 m时可不采用A级保温材料。

从该起火灾发生发展过程看,火灾沿外墙保温层竖向蔓延时,与建筑使用性质是否为住宅并无太大关联,因此对于住宅建筑的保温材料使用应考虑进一步提高其耐火性能。

对于要进行保温的建筑,建议推荐采用建筑内保温系统,不做外保温,以避免外墙火灾蔓延。

此外,我国规范对采用B1级保温材料的建筑外墙上门、窗仅有耐火完整性要求,为避免火灾通过门、窗进入其他区域,应进一步明确该类门、窗在火灾时的关闭要求。

3.3 平面布局

从该栋建筑的标准层平面布置图可以看出,每层设有4个套房,两部电梯,一部疏散楼梯(无防烟前室),前室共用且所有户门直接开向共用前室。

根据我国规范要求,公共建筑内每个防火分区或一个防火分区的每个楼层的安全出口数量不应少于2个;一类高层公共建筑的疏散楼梯应采用防烟楼梯间。对于住宅建筑,我国规范要求建筑高度大于33 m的住宅建筑疏散楼梯应采用防烟楼梯间,户门不宜直接开向前室,确有困难时,每层开向同一前室的门不应大于3樘且应采用乙级防火门。防烟楼梯间的构造要求是应在楼梯入口处设置防烟的前室、开敞式阳台或凹廊(统称前室)等设施,且通向前室和楼梯间的门均为防火门。

目前我国规范应进一步明确公共建筑中开向前室门的数量要求,建议明确规定房间门不能直接开向前室。同时,现行规范对住宅直接开向前室的户门数量为3樘的规定太宽,建议规定在2樘以内。另外,建议对于设有消防电梯的住宅,其户门不能直接开向消防电梯前室,以保证消防人员的安全。

3.4 消防设施与灭火救援

据新闻报道,大厦的自动喷水灭火系统及中央警报系统在火警期间同时失灵,未能起到预警及控制初期火灾的作用。消防队员到达火灾现场后,由于火势已蔓延扩大,消防队员无法深入火场开展内攻和救援,受困人员在开展自救过程中不得不采用跳楼和从高处楼层抛下儿童等极端方式。

在火灾自动报警系统方面,一类高层公共建筑,大于 100 m 的住宅建筑应设置火灾自动报警系统;大于 54 m、但不大于 100 m 的住宅建筑,其公共部位应设置火灾自动报警系统,套内宜设置火灾探测器;建筑高度不大于 54 m 的高层住宅建筑,其公共部位宜设置火灾自动报警系统。当设置需联动控制的消防设施时,公共部位应设置火灾自动报警系统。

在自动喷水灭火系统方面,我国规范规定一类高层公共建筑及其地下、半地下室,大于 100 m 的住宅建筑等应设置自动喷水灭火系统。

如果火灾自动报警系统和自动喷水灭火系统能及时报警和动作,就能提醒楼内人员及时发现火情,尽快疏散,并在早期控制建筑火灾的发展和蔓延。

在疏散救援方面,我国规范对于建筑高度大于 100 m 的公共建筑,要求设置避难层(间);人员密集的公共建筑的窗口、阳台等部位宜根据其高度设置适用的辅助疏散逃生设施;建筑高度大于 54 m 的住宅建筑每户应有一间符合规定的房间以提升建筑户内安全性能。尽管已有部分规定,但尚需进一步细化避难层(间)设置要求,改进现有辅助疏散逃生器材和装备以便能更好地推广和应用。

从对该火灾案例的初步分析看,对于设有外墙保温系统的建筑,建议设置带有扑救场地的环形消防车道,以保证建筑四周整个外墙面都能够被扑救。

3.5 建筑坍塌预警

随着燃烧的持续,格伦费尔大厦火灾已发展成为立体火灾。每日邮报报道,有大量碎片从大楼坠落,警方因担心大楼整体垮塌也在疏散人群并扩大警戒范围。

目前我国在建筑坍塌预测方面尚未有相关标准(仅有《建筑结构抗倒塌设计规范》),建议进一步研究各种结构建筑火灾发生时可能存在导致丧失抗火能力的薄弱环节,以及整体垮塌或连续垮塌规律,研发典型建筑受火坍塌的超实时预测技术和装备,建立建筑受火坍塌的大数据预警平台。

颜填料对水性超薄型钢结构防火涂料性能的影响

申月琴[1]，戚天游[2]，葛欣国[2]，颜明强[2]

（1. 四川天府防火材料有限公司，四川 都江堰 610000；2. 公安部四川消防研究所，四川 成都 610036）

【摘 要】 本文讨论了不同颜填料对水性超薄型钢结构防火涂料耐火性能的影响，通过模拟燃烧测试对防火涂层进行了耐火测试。实验结果表明，钛白粉的加入对涂料的防火性能有明显的促进作用，燃烧后的炭层具有较高的炭化高度、强度和致密度；氢氧化铝的加入对炭化层的高度具有一定的抑制作用，但对炭化层强度和致密度则有明显的改善作用；碳酸钙、高岭土和滑石粉的加入严重抑制了涂层的炭化高度，且容易形成大的泡孔结构，而蒙脱土的加入对涂料的炭层强度和致密度则无明显改善作用。

【关键词】 防火涂料；颜填料；炭化层；防火性能

1 引 言

随着经济建设的迅速发展，钢结构在建筑行业的应用也越来越广泛，其防火涂料的研究也日益受到人们重视[1-2]。其中，水性超薄型防火涂料（以下简称防火涂料）是一类环保型涂料，具有质量轻薄、装饰性好、便于施工、适用范围广等优点，不仅适用于大型承重钢结构，也适用于表面积较小的非承重型结构，是未来的发展方向之一[3]。它主要由起黏接作用的基料、膨胀炭化作用的催化剂、成炭剂和发泡剂、增强骨架作用的颜填料及其他的助剂组成。

水性超薄型钢结构防火涂料的炭化层的形成过程和最终状态是决定钢结构膨胀型防火涂料耐火性能的主要因素。如何形成质轻、均匀、强度和致密度高的炭化层是这类涂料研究和生产的技术关键。防火涂料的炭化层的形成是在高温条件下剧烈的化学反应过程，涂料配方中各个组分在这种极端的反应条件下都有可能参与炭化层的形成从而影响防火涂层的耐火性能[4]。在防火体系中基料和膨胀阻燃剂基本上都是有机物，除去成炭部分，其余部分都会经过热氧化分解变成气态物质释放到空气中。即使是成炭生成的芳环类物质，在高温时，也有部分经过氧化反应生成 CO、CO_2 释放出来。而无机填料则具有较好的热稳定性，能够增强膨胀层的强度，使得膨胀炭化层不至于在高温火焰的冲击和灼烧下发生脱落现象。另外，无机填料还能提高涂层的装饰性、保护性及机械强度，提高涂料的固含量，赋予涂料好的流动性、开罐效果及施工性。

2 实验部分

2.1 主要原料

① 聚丙烯酸酯乳液：工业品，吉力水性新材料科技有限公司；② 多聚磷酸铵（APP）：工业品，杭州捷尔思阻燃化工有限公司；③ 三聚氰胺（MEL）：工业品，四川金象赛瑞化工股份有限公司；④ 季戊四醇（PER）：工业品，石家庄双燕化工有限公司；⑤ 钛白粉：工业品，攀枝花天伦化工有限公司；⑥ 氢氧化铝：工业品，合肥中科阻燃新材料有限公司；⑦ 高岭土，工业品，内蒙古蒙西高

岭土粉体股份有限公司；⑧ 蒙脱土：工业品，广州拓亿贸易有限公司；⑨ 滑石粉：工业品，广州亿峰化工科技有限公司；⑩ 其他相关原料、助剂：市售。

2.2 水性超薄膨胀型钢结构防火涂料的制备

以水为溶剂，固定基料树脂和阻燃体系在整个防火涂料体系中的含量，其中基料在防火涂料中的含量为25%，由APP、MEL、PER等组成的膨胀阻燃体系，在防火涂料中的含量为50%，分别以钛白粉、氢氧化铝、碳酸钙、高岭土、滑石粉、蒙脱土为颜填料，固定其在防火涂料中的含量为5%。将计量的阻燃体系、颜填料、相关助剂和去离子水混合均匀后，在球磨机上研磨一定时间，然后加入高速搅拌的聚丙烯酸酯乳液中搅拌分散，制备高固体含量的水性超薄型钢结构防火涂料，其工艺流程如图1所示。将制备的防火涂料多次刷涂于300 mm × 300 mm × 3 mm钢板上，至膜厚为2 mm。

2.3 模拟燃烧测试

自制简易耐火测试装置如图2所示，将测试样品板置于铁架台上，涂层面朝下，通过调节气流量的大小，控制测试温度，以模拟建筑钢结构防火涂料耐火测试标准时间-温度升温曲线，并对干燥的防火涂层样板进行耐火测试。

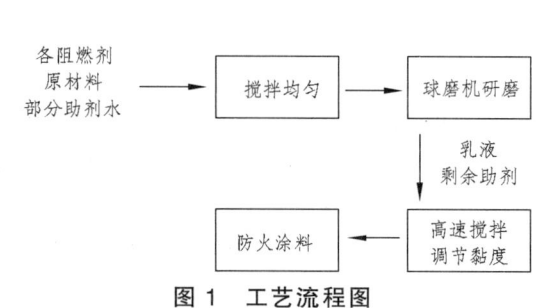

图1 工艺流程图

图2 自制简易耐火测试装置

3 结果与讨论

固定基料树脂和阻燃体系在整个防火涂料体系中的含量，分别用钛白粉、氢氧化铝、碳酸钙、高岭土、滑石粉、蒙脱土作为体系的颜填料，经研磨搅拌配制成防火涂料，并对其进行模拟耐火测试。如表1所示为不同颜填料对涂层的耐火性能的影响，在防火涂料体系中添加无机填料对防火涂料的炭层质量影响较大，主要表现在炭层的膨胀倍率、结构强度、致密度等方面。

表1 不同颜填料对涂层的耐火性能的影响

颜填料	膨胀倍率	炭层质量
钛白粉	20	强度、致密度高
氢氧化铝	17	强度、致密度高
碳酸钙	15	较疏松，易形成大气泡、致密度低
高岭土	14	疏松，较多大气泡，致密度低
滑石粉	11	疏松，较多大气泡，致密度低
蒙脱土	14	强度、致密度较低

钛白粉是防火涂料最常用的无机填料之一。防火涂料耐火充分膨胀后，膨胀炭化层内部为黑色，外表面为白色，这层白色物质即 APP 分解产生的磷酸与钛白发生反应生成的具有交联结构的焦磷酸钛，它能够改善膨胀层的结构和强度，在燃烧后期抑制内部炭化物的氧化分解，从而提高阻燃性能。当用 TiO_2 作为无机填料时，膨胀层为较大的片状结构，具有较高的耐火增强作用和结构致密性，是防火涂料的首选颜填料。

无机阻燃剂中氢氧化铝是用量最大的阻燃剂之一，由于其具有填充剂、阻燃剂及发烟抑制剂三重功效，使其在防火涂料中的应用也较为广泛。氢氧化铝在 200～300 ℃吸收大量的热量热分解释放出结晶水，同时，水分的挥发亦可带走大量的热量，从而有助于抑制基材的温升过快，延长防火涂料的极限温度时间[5]。氢氧化铝分解生成的金属氧化物具有熔点高、热稳定好的性能，可形成有效的保护层增强炭化层强度。根据"热点成核理论"，即热点附近熔体先发生融化而成为低势能点，导致泡孔的形成。而氢氧化铝高温分解释放出的水分会抵消热点效应，导致气泡核减少，从而使炭层的膨胀高度降低，表现出一定的抑制发泡的作用[4]。

防火涂料中碳酸钙的引入对炭化层的膨胀高度具有明显的抑制作用，在炭化层中间容易形成大的气泡使其隔热性能和炭化层强度都大幅下降。这主要由于在高温条件下，APP 热分解生产偏磷酸，强酸性的偏磷酸与碳酸钙反应生成偏磷酸钙，并释放出二氧化碳和水蒸气，导致气泡核减少，同时又显著地降低了碳酸钙的热稳定性和聚磷酸铵脱水成炭的催化性，进一步降低了炭化层的质量，所以配方中不宜采用碳酸钙。

高岭土作为防火涂料的填料，形成的炭化层疏松、致密度低，炭层效果不理想，另外，由于高岭土易于结团，难于分散而不利于涂料体系的稳定，所以配方中也不宜采用高岭土。滑石粉的引入严重抑制了炭层的膨胀高度，且在炭化层中容易形成大气泡，不利于防火涂料的耐火隔热性。蒙脱土是一类层状硅酸盐的非金属矿物，依靠其片层结构对高分子链的约束而起到防火阻燃作用，但其炭化层的膨胀高度、强度和致密度均较低，隔热效果次于钛白粉和氢氧化铝，对涂料的防火性能无明显的改善作用。

4 小　结

本文讨论了不同颜填料对水性超薄型钢结构防火涂料耐火性能的影响，主要结论如下：

（1）钛白粉的加入，对防火涂料的炭层强度、致密度都有促进作用，且具有较高的膨胀倍率以达到较好的耐火隔热的效率。

（2）氢氧化铝由于热分解释放出结晶水，导致气泡核减少使膨胀倍率稍有降低，但炭层强度和致密度都较高。

（3）碳酸钙、高岭土、滑石粉、蒙脱土形成的炭化层膨胀高度、强度和致密度均较低，隔热效果次于钛白粉和氢氧化铝，对防火涂料的防火性能无明显的促进作用。

参考文献

[1] 赵军. 浅谈钢结构的耐火保护[J]. 山东消防，2003（9）：55- 56.
[2] 张春玉，赵延林. 钢结构建筑防火问题探讨[J]. 山西建筑，2005（31）：39- 40.

[3] 秦秀兰，黄英，杜朝峰. 膨胀型钢结构防火涂料的发展现状与展望[J]. 材料保护，2006（39）：47-50.

[4] 杨卫疆，诸秋萍，陆亨荣，林桂祥. 膨胀型防火涂料炭化层形成过程的探讨[J]. 化学建材，2001（6）：20-23.

[5] 曾凡辉，姜其斌，陈宪宏.氢氧化铝的表面改性及其在硅橡胶涂料中的应用[J]. 涂料工业，2007（37）：39-41.

作者简介：申月琴，女，硕士，主要研究方向为水性超薄钢结构防火涂料。
电子信箱：shenyq2016@yeah.net。

西昌市骏峰沙发厂"6·10"火灾事故调查

周永良

(四川省凉山彝族自治州公安消防支队,四川 凉山 615000)

【摘 要】 介绍一起沙发厂火灾事故的原因调查。通过对现场火灾蔓延痕迹的仔细分析,确定了起火部位、起火点;采用物证鉴定技术,确定了起火源;对证人进行询问,取得了与现场勘验相一致的证言,所有证据之间形成了完整的证据链。合理运用排除法,科学、准确、客观、及时地认定了火灾原因。在此基础上,总结了此类火灾事故的教训。

【关键字】 火灾;调查;总结

1 火灾基本情况

2016年6月10日11时23分,凉山彝族自治州公安消防支队指挥中心接周斌报警称,位于西昌市安宁镇马坪坝村1组何朝华出租房内的西昌市骏峰沙发厂发生火灾。火灾烧毁何朝华单层简易钢结构厂房1幢、西昌市骏峰沙发厂生产设备和部分原材料、半成品,烧损官玉平家西墙外立面和部分家庭财产,无人员伤亡。经统计,火灾直接财产损失为251 599元。

本次火灾3户受灾,过火面积达600余平方米,现场垮塌严重,调查有一定难度。火灾发生后,凉山公安消防支队立即启动联动机制,开展本次火灾事故调查。火灾事故调查组由凉山州消防支队防火处、西昌市公安消防大队、西昌市公安局安宁派出所人员组成,就地展开了火灾事故调查工作。烧毁航拍如图1所示。

图1 烧毁航拍

2 现场勘验情况

2.1 环境勘验

起火建筑为骏峰沙发厂厂房，北邻农田，南邻马坪坝村通村公路，东隔小巷道与杨秀珍家相邻，西隔小巷道与骏峰沙发厂材料库相邻。骏峰沙发厂厂房坐东向西，水泥空心砖墙体彩钢瓦屋面，属单层简易钢结构厂房，现场勘验如图 2 所示。

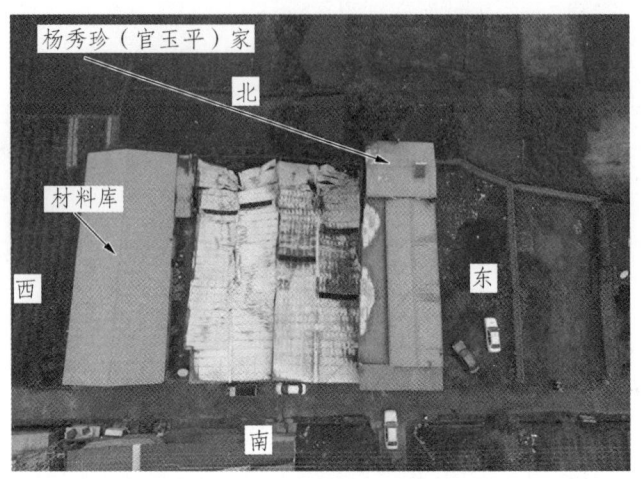

图 2 现场勘验

火灾中，骏峰沙发厂厂房彩钢屋面向北侧垮塌，西南角外墙面上部有较重的烟痕，其余部位外墙面烟痕较轻。东侧的杨秀珍家彩钢瓦住房仅西侧外立面受热，内部未见过火痕迹。

2.2 初步勘验

起火建筑东西长 22 m，南北长 30.1 m，分为东侧和西侧两个大间。东侧一间为通间，西侧一间分为三间，东北角一间为厨房，西南角一间为半成品库，其余部位为生产车间。半成品库内沙发、桌椅等残留物保留较为完整，烧损炭化程度北重南轻；生产车间东侧一间木质残留物较大，烧损、炭化程度北重南轻；生产车间西侧一间木质残留物最细碎，烧损炭化程度最重。据此，可以确定起火部位位于西昌市骏峰沙发厂生产车间西侧一间。

2.3 细项勘验

生产车间西侧一间距东墙 90 cm、距南墙 949 cm 处，1 具灭火器和 1 张金属独凳残留物烧损变色程度是西南重东北轻；距南墙 750 cm、距东墙 52 cm 处，1 具电风扇残留物向南侧倾倒；距南墙 426 cm、距西墙 480 cm 处，1 具喷胶桶残留物烧损变色程度南面重北面轻；距南墙 350 cm、靠西墙处，5 个喷胶桶残留物烧损变色程度南侧重北侧轻；距西墙 73 cm、距南墙 430 cm 处，一堆纤维制品残留物上的 1 根木条残留物烧损碳化程度南重北轻；距南墙 530 cm、距西墙 370 cm 处的细碎木炭中，发掘出 2 块保留相对完整的木板残留物，其烧损碳化程度南重北轻。生产车间西侧一间西南角有一堆泡沫纤维质碳化物，部分碳化物表面呈灰白色，西南角上方墙面火烧及烟熏痕迹呈"U"字型，细节勘验如图 3 所示。

图 3 细节勘验

据此，可以确定起火点位于西昌市骏峰沙发厂生产车间西侧一间西南角泡沫堆处。

2.4 专项勘验

生产车间西南角外侧的半成品库门前设有进户电杆，进户电杆东侧即半成品库西侧外墙面设有进户电表；电表出线上接有空气开关，处于断开状态；电表绝缘部件烧熔流淌，金属部件残存。现场对进户电表及空气开关残留物进行了物证提取，使用纸箱封装，物证编号 1 号专项勘验如图 4 所示。

（a）电表残留物　　　　　　　　　　　（b）空气开关残留物

图 4 专项勘验

生产车间西侧一间加工设备电源线为铜芯线，由南向北沿西墙敷设，入户数米后受机械外力作用断开，掉落于地面，其表面绝缘层烧失，铜芯残存。现场对加工设备电源线前端一段残留物进行了物证提取，使用牛皮纸物证袋封装，物证编号 2 号。生产车间照明线路沿半成品库北墙上方的屋面钢架由西向东敷设，前端一段为铜芯线，其后为铝芯线，铜芯线外表面绝缘层前端残存后端烧失；铝芯线大部分烧失，仅少量小段残留。现场对照明线残留物进行了物证提取，使用牛皮纸物证袋封装，物证编号 3 号。

3 调查访问情况

本次火灾调查走访了报警人、目击者、早期参与扑救的人员等知情人 10 人次，主要了解到的情况是：

（1）西昌市骏峰沙发厂业主为王立全，起火厂房是王立全向当地村民何朝华于2012年租赁的，至起火时已使用4年多时间。沙发厂的门店在礼州镇。该厂一共3个工人，其中曾本良是业主的姐夫，唐国强是业主的舅子，只有夏刚金是业主请的工人。业主的丈母娘刘玉荣当时在给3个工人煮饭。

（2）起火当日该厂正常生产，并未停电。起火时现场的4个人位置确定，刘玉荣到东西两侧厂房之间的门洞位置叫工人开饭；曾本良原在厂房西侧一间中部，后去倒了杯开水，回来走到厂房西墙门口时，发现了火灾；唐国强在厂房西侧一间中北部空压机边上；夏刚金在厂房西侧一间北部刨木机旁。

（3）起火点位于厂房西侧一间西南角泡沫堆处，火灾初起时火势并不大。

（4）起火点处无人活动，亦无明火源，只有电源线从泡沫堆上方经过。

4 起火原因认定

4.1 起火时间的认定

2016年6月10日11时23分，凉山彝族自治州公安消防支队指挥中心接周斌报警称，位于西昌市安宁镇马坪坝村1组何朝华出租房内的西昌市骏峰沙发厂发生火灾。据调查访问：报警人周斌反映，他发现距自家大概有100米左右远的骏峰沙发厂冒黑烟，就下来看，并马上打电话报警，呼叫119救火，手机显示报警时间为当日11时30分；王立全反映，他当时在礼州，厂里给他打电话，说起火了，手机显示接电话的时间为当日11时22分；刘玉容、唐国强、曾本良等也反映，火灾发生时间为当日11点多钟，火灾发生后蔓延迅速。根据以上调查获取的证据，结合火灾发生发展规律，认定起火时间为2016年6月10日11时20分许。

4.2 起火部位的认定

根据现场勘验的情况，认定起火部位位于西昌市骏峰沙发厂生产车间西侧一间。

4.3 起火点的认定

最先发现起火的刘玉荣证实，她做好饭后，从两间厂房之间的门进去叫工人吃饭，刚进入车间时，就发现车间（西侧一间）西南角的泡沫堆在燃火。在场的工人曾本良证实，他最初发现火灾时，火就在厂房西侧一间的西南角位置，大概有四五十厘米大小，起火的物品就是堆放在那里的泡沫和膨胶棉，其表面在燃烧，之后再蔓延开的。唐国强证实，当日11点过，他母亲来喊吃饭，但没听清楚她说什么，就转身回来看到底是怎么回事，就在这个时候他发现厂房西侧一间西南角燃了，那里堆放有大概1.5米高的泡沫垫。邻居杨秀珍证实，她当时只看到厂房的西南角位置在烧火，其他位置有屋顶遮挡，有没有燃火她不清楚，只看见到处在冒黑烟。证人证言与现场勘验的情况相符。因此，综合认定起火点位于西昌市骏峰沙发厂生产车间西侧一间西南角泡沫堆处。

4.4 起火原因认定

（1）排除放火、自燃、生产生活用火不慎、吸烟、雷击等引发火灾的可能性。

火灾发生前，西昌市骏峰沙发厂正常生产，业主王立全无明显仇人，在场的刘玉荣、曾本良、唐国强等人均证实未发现可疑人员进入厂区，所以可以排除人为放火的可能性。生产车间西侧一间未发现自燃物品，起火点处为一堆泡沫，不适合用火，亦未发现生产生活用火痕迹，因此可以排除自燃和生产生活用火不慎引发火灾的可能性。火灾发生时厂区内人员的位置确定，起火点处无人员活动，且无人员发现阴燃起火的迹象，现场勘验时亦未发现阴燃起火的痕迹，故可以排除吸烟引发火灾的可能性。在场人员均证实火灾发生时无雷击，现场勘验时亦未发现雷击的痕迹物证，故排除雷击引发火灾的可能性。

（2）综合认定起火原因为沿生产车间西侧一间南墙（半成品库北墙）上方的屋面钢架由西向东敷设的生产车间照明线路发生短路，起火滴落，引燃泡沫堆引发火灾。

① 刘玉荣证实，她发现火灾时，只有车间西南角的泡沫堆在燃烧，同时泡沫堆上方还有火星往下滴。曾本良、唐国强证实，发现火灾时是泡沫堆表面在燃烧，其余部位没有火。

② 经公安部消防局四川火灾物证鉴定中心对 1 号物证进行鉴定分析（鉴定报告编号：SCFEIC 2016252），如图 5 所示。其鉴定结论为：在 1 号物证中提取到 2 个熔痕，编号为 1-1#和 1-2#样品，均为二次短路熔痕样品。

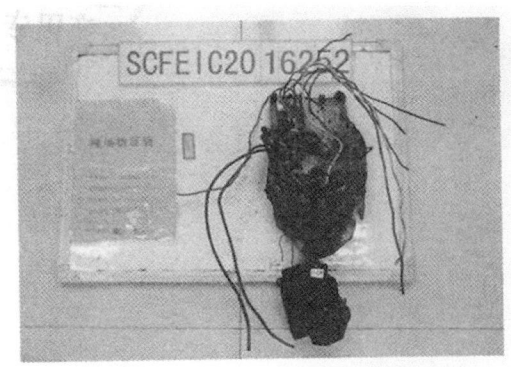

图 5　1 号物证

这表明火灾发生后，进户电表处线路受损发生短路；火灾发生时，生产车间处于通电状态。

③ 经公安部消防局四川火灾物证鉴定中心对 3 号物证进行鉴定分析（鉴定报告编号：SCFEIC 2016252），如图 6 所示。其鉴定结论为：在 3 号物证中提取到 2 个熔痕，编号为 3-1#和 3-2#样品，3-1#样品为火烧熔痕样品，3-2#号样品为一次短路熔痕样品。

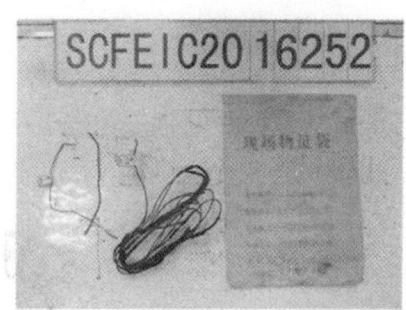

图 6　3 号物证

这表明火灾发生前该照明线发生了短路，也正是该照明线短路起火滴落引燃下方的泡沫堆引发了本次火灾。

④ 该照明线（3 号物证）的发现位置，与起火点的位置相符。

5　火灾事故调查总结

（1）火灾调查要迅速及时。及时对当事人进行询问，及时对现场进行勘验，及时固定相关证据，以免关键性证据灭失。

（2）重现场勘验，准确地确定起火部位和起火点，有助于我们迅速找到起火源。

（3）与公安派出所建立良好的火灾调查协作机制，是火灾调查工作顺利开展的强有力的保证。

（4）对言词证据要通过现场勘验情况加以印证，然后才能对真实的证言予以采信、对虚假的证言予以排除。

（5）重视对鉴定意见的分析和解读，鉴定意见往往就是我们认定火灾事故原因最有力的证据。

参考文献

[1]　中华人民共和国公安部令第121号.火灾事故调查规定[Z]. 2011.
[2]　GA 839—2009.火灾现场勘验规则[S]. 2009.
[3]　中华人民共和国公安部.火灾原因认定暂行规则[Z]. 2015.
[4]　四川省公安消防总队.四川省火灾调查规范（2012年版）[Z]. 2012.

作者简介：周永良，男，汉族，凉山州公安消防支队防火处队工程师，主要从事火灾调查和消防监督工作。
　　　　　　通信地址：四川省凉山彝族自治州公安消防支队，邮政编码：615000；
　　　　　　电子信箱：110404706@qq.com。

城市地铁消防设施不利因素分析

何 茂[1]，刘晓周[2]

（成都市公安消防支队，四川 成都 610000）

【摘 要】 全球经济一体化发展背景下中国经济取得了长足发展，随之而来的是中国城市建设进程加快、人口规模不断攀升、交通流量越来越大等问题，城市地铁的兴建有效缓解了大都市交通运营压力。但城市地铁囿于地下环境建设要求及条件限制而工程设计规划空间较为狭窄，一旦发生火灾等重大安全事故即会出现人员疏散困难等问题。基于此为避免火灾事故带来的重大灾害，本文对城市地铁环境中对消防设施的不利因素进行了分析，并提出了提升城市地铁消防设施水平的建议。

【关键词】 地铁火灾；地铁消防工程；消防设施设备；建议

0 引 言

全球经济一体化发展背景下，中国经济取得了长足发展，随之而来的是中国城市建设进程加快、人口规模不断攀升、交通流量越来越大。与此同时，城市公共运营设施不断完善，很多大中型城市兴建起了地铁。城市地铁运营具有速度快、乘坐便捷等优点，有独特的优势，城市地铁的兴建有效地缓解了大都市交通运营压力，地面交通与地下交通并行，分流乘客，推动了大都市的经济建设与发展。但城市地铁囿于地下环境建设要求及条件限制，地铁大多空间有限，一旦发生火灾等重大安全事故，即会出现人员疏散困难等问题，在城市地铁系统中最常发生的事故是火灾事故，而城市地铁一旦发生火灾事故其危害极其巨大。因此，要做好城市地铁消防设施的不利因素的分析，避免发生火灾事故是城市地铁运营中所要做的首要工作。本文对城市地铁消防设施危险有害因素进行了分析，并提出了解决方案[1]。

1 城市地铁消防设施危险隐患分析

城市地铁消防设施建设中易出现的比较突出的消防安全事故因素有：一是城市地铁建筑项目在工程规范设计过程中因多种原因造成规划设计不合理而存在安全隐患问题。特别是城市地铁项目在建筑过程中工艺设计不当，导致地铁投入运营后发现项目设计与规划不合理，使地铁建设结构问题而出现漏水，让城市地铁的整体运营环境都长期处于不干燥状态，城市地铁消防设施长期处在隧道的潮湿环境中，对高精度的城市地铁消防设施的使用安全性极为不利。很多城市地铁消防设施，如烟雾探测器、火灾报警按钮等对环境有一定的要求，如长期处于潮湿状态，则地铁消防设施易发生设备失效问题，因地铁漏水而会导致地铁消防设施发生线路老化及短路等问题，城市地铁消防设施一旦不能正常使用，其安全保障系统功能会大打折扣，易造成较大的安全问题[2]。二是城市地铁消防设施在安装过程中，一些工程承包方的工作人员业务水平有限，技术能力不能支撑城市地铁消防设施的运作，影响项目的正常使用[3]。三是城市地铁消防设施的防火系统缺乏有效的指示牌、说明牌。在发生险情时，对城市地铁消防设施的操作要求较高,城市地铁消防设的指示牌等如操作指南可告诉人们应该如何应对险情,城市地铁消防设施的操作与应用是非常重要的[4]。如在使用气体灭火系统时,有自动控制启动、手动启动、机械应急运行启动三种模式来让人们采取紧急措施,以做好城市地铁消防设施的危险排险工作,城市地铁气体灭火系统处于自动控制启动故障状态下时,进行手动操作,在机械应急操作下方可打开灭火系统,如手动启动气体灭火系统,在指示牌的提示下,可按照相应的操作进行防火区灭火操作,以确保在紧急状态下打开相应的保留气缸操作。如处于机械式应急运行状态,则需要打开相应的选择阀和灭火剂储存瓶头阀[5]。因此,在气体灭火系统气缸启动气瓶,识别选择阀和对应的开放式灭火剂存储区域之间的气缸数量对灭火和救援非常重要[6]。在城市地铁消防设施的使用中,对需要紧急操作的设施都需要设置指示牌、警示标志,以指导紧急状态下的操作。城市地铁消防设施危险有害因素排查分析表如表1所示。

表1 城市地铁消防设施危险有害因素排查分析表

项目指标	有害因素排查及巡检重点
火灾自动报警系统 A	城市地铁火灾自动报警系统的设备显示情况,如设备运行可靠性、协调性,主电、备电及系统设置一旦出现问题对城市地铁安全运营产生影响 在城市地铁消防设施巡检中要做好设备显示情况,设备运行可靠性、协调性,主电、备电及系统设置等运营状态的巡检工作,确保火灾自动报警系统的安全、可靠运行,确保火灾自动报警系统功能正常、设置合理
气体灭火及通风 B	城市地铁气体灭火及通风系统的装置位置设置、风机位置等的规划一旦出现问题会对城市地铁安全运营产生影响 要做好气体灭火及通风系统的装置位置设置、风机位置合理设置的巡检工作,排查危险因素,确保气体灭火及通风系统的装置规划合理,风机位置放置合理
消防水系统 C	城市地铁消防水系统的消火栓用水如不能满足规定要求、未设置明显的标志牌等,都会让消防水系统的正常操作受到较大影响,形成危险因素 要在巡检中检查消防水系统的消火栓用水情况,检查是否设置明显的标志牌,以避免产生消防水系统故障
应急照明及疏散 D	城市地铁的应急照明及疏散指示系统的设备设置是否合理,照度的亮度是否能够达到人员疏散时的亮度要求,照明系统的连续供电时间是否符合规定的要求、疏散指示标志设置是否符合要求等,对于城市地铁安全运营有重要的影响。 在巡检中要做好应急照明及疏散系统的设备设置、照明亮度的巡检工作
灭火器 E	城市地铁配备的灭火器类型配置是否符合要求,灭火器的空间布局是否合理,是否做到定期排查,更换不合格的灭火器 在巡检中要做好巡检工作
车站消防 F	城市地铁车站要建立消防安全的巡检机制,定期巡检,排查消防设施的有害危险因素,并加以分析规避
人员及设备管理 G	城市地铁构建起设备管理机制,通过制度规范管理,出台发布消防安全值班制度,加强宣传引导,建立应急预案,可通过广播语音疏散乘客,进行安全教育工作,建立工作人员安全培训制度和设备检修制度对设施设备进行维护
防火 H	城市地铁的防火设计是否到位,是否合理设置了防火分隔的相关设施,建设中的材料造型是否做到了使用阻燃材料,城市地铁的安全出口设置是否合理,安全疏散通道的大小是否能够满足城市地铁满载状态时的人员疏散要求,确保城市地铁的畅通

对城市地铁消防设施危险有害因素进行分析,根据产生危险因素的大小来进行消防系统的安全性评价,将其评价结果分为可忽略、可接受和不可接受三个等级[7]。在评价过程中,如有指标低于量值范围的最低限制,则评为不可接受的范围,通过组织专家评价,得出评价等级的量值区间范围,详见表2。

表 2 项目评价指标权重和等级区间

评价指标	权重	各等级量值区间		
		可忽略（Ⅰ级）	可接受（Ⅱ级）	不可接受（Ⅲ级）
火灾自动报警系统	0.2	(19, 20)	[17.6, 19]	(15, 17.6)
气体灭火及通风	0.15	(14.25, 15)	[13.2, 14.25]	(12, 13.29)
消防水系统	0.15	(14.25, 15)	[13.2, 14.25]	(12, 13.2)
应急照明及疏散	0.1	(9.5, 10)	[8.8, 9.5]	(7.5, 8.8)
灭火器	0.09	(8.55, 9)	[7.92, 8.55]	(7, 7.92)
车站消防	0.1	(9.5, 10)	[8.8, 9.5]	(7.5, 8.8)
人员及设备管理	0.07	(6.65, 7)	[6.16, 6.65]	(5.5, 6.16)

2 城市地铁消防设施评价模型

对城市地铁消防设施的危险有害因素进行分析，构建安全可靠性评估要素模型，建立城市地铁消防设施的安全可靠性指标进行评估[8]。采用物元分析法进行分析，物元分析理论根据物质元素的概念，判断物品价值特征属于某种程度，通过函数来测量元素之间的关系，并对地铁防火系统的安全可靠性加以评估[9]。

2.1 确定经典域

城市地铁消防设施的安全可靠性评价级别的经典域表示如下：

$$\boldsymbol{R}_j = (N_j, C_i, X_{ji}) = \begin{bmatrix} N_j & C_1 & x_{j1} \\ & C_2 & x_{j2} \\ & \vdots & \vdots \\ & C_n & x_{jn} \end{bmatrix} = \begin{bmatrix} N_j & C_1 & <a_{j1}, b_{j1}> \\ & C_2 & <a_{j2}, b_{j2}> \\ & \vdots & \vdots \\ & C_n & <a_{jn}, b_{jn}> \end{bmatrix}$$

N_j 为对 j 个城市的地铁消防设施的体系进行评价的等级（$j = 1 \sim 3$），其中 $j = 1$ 表示消防系统评价等级为 A 级，属于可忽略的范围；$j = 2$ 表示防系统评价等级为 B 级，属于可接受范围；$j = 3$ 表示消防系统评价等级为 C 级，处于不可接受范围。C_i 表示了当前的消防系统的特征指标项，其中 i 的值分为 $1 \sim 8$，对于对应地铁火灾自动报警系统、地铁气体灭火及通风、地铁消防水系统、地铁应急照明及疏散、地铁灭火器管理、地铁车站消防情况、地铁站人员及设备管理情况、地铁消防设备防火配备的 8 项特征指标，并进行分析；其中 a_{ji}、b_{ji} 分别为 N_j 关于 C_i 所规定的量值范围[10]。

2.2 确定节域

确定域点域是指各种评估因素可以满足基本要求，包括可以转化为标准事项的标准事项，其物元矩阵为：

$$R_P = (P, C_i, X_{ji})$$

$$= \begin{bmatrix} P & C_1 & x_{P1} \\ & C_2 & x_{P2} \\ & \vdots & \vdots \\ & C_n & x_{Pn} \end{bmatrix} = \begin{bmatrix} N_j & C_1 & <a_{P1}, b_{P1} \\ & C_2 & <a_{P2}, b_{P2} \\ & \vdots & \vdots \\ & C_n & <a_{Pn}, b_{Pn} \end{bmatrix}$$

在表达式中，P 表示所有消防系统的评价等级；C_i 表示所有评价等级的特征指标；XP_i 表示 P 所获得的 C_i 值的范围，即区域范围应包括不同级别的消防系统的范围[11]。

2.3 确定待评物元素

确保检查消防系统评估的要素，收集的数据或使用事物元素 R_0 的分析结果表示可用于评估物元，见下式：

$$R_0 = (P_0, C_i, X_i) = \begin{bmatrix} P & C_1 & x_1 \\ & C_2 & x_2 \\ & \vdots & \vdots \\ & C_n & x_n \end{bmatrix}$$

式中，P_0 表示消防系统的评价等级；X_i 表示 P_0 关于 C_i 的量值，即留意检查火控系统，以评估具体数据的水平。

2.4 计算关联函数

计算火灾保护系统不同评估等级的评估等级的相关函数如下：

$$K_j(x_i) = \frac{\rho(x_i, x_{ji})}{\rho(x_i, x_{Pi}) - \rho(x_i, x_{ji})}$$

$$\rho(x_i, x_{ji}) = \left| x_i - \frac{1}{2}(a_{ji} + b_{ji}) \right| - \frac{1}{2}(b_{ji} - a_{ji}) \quad (i = 1, 2, \cdots, n)$$

$$\rho(x_i, x_{pi}) = \left| x_i - \frac{1}{2}(a_{pi} + b_{pi}) \right| - \frac{1}{2}(b_{pi} - a_{pi}) \quad (i = 1, 2, \cdots, n)$$

确定消防控制系统综合相关度与不同级别的评估如下：

$$K_j(P_0) = \sum_{i=1}^{n} w_i \cdot K_j(x_i)$$

式中，$K_j(P_0)$ 作为对消防系统的安全可靠性评估第一级综合相关度进行评价；P_0 关于安全可靠性评价第 j 级的综合关联度；w_i 为权重分布系数来评估水平，评价等级 i 权重分配系数，其具体数值见表 2 所列。

2.5 评价等级的确定

若 $K_j = \max\{K_j(P_0)\}$（$j = 1, 2, \cdots, n$），则 P_0 风险等级为第 j 级。当 $0 \leq K_j(P_0)$ 时，通过评估防火系统的程度符合标准对象的要求；当 $K_j(P_0) < 0$ 时，通过评估防火系统的程度不符合标准对象的要求。

2.6 示例应用

对于某个城市的三个地铁消防系统进行评估,从项目指标相关数据可看到如表3~5所示,在表3中,使用地铁消防安全可靠性评估要素模型,对计算相关性进行分析,每个评估班可得到车站一些项目指标的评估结果。地铁站周边安全可靠性评估综合成果如表4所示。

表 3 某城市地铁站消防系统评价数据

项目指标	A	B	C	D	E	F	G	H
甲站	18.97	13.62	13.71	8.8	7.97	9.34	6.43	12.12
乙站	17.32	12.4	13.11	8.87	7.75	9.44	6.78	12.81
丙站	18.12	13.47	13.52	9.07	8.3	9.35	6.43	12.36

表 4 消防系统综合评价结果

车站	各等级评价结果			评价结果
	I	II	III	
甲站	-0.327 9	0.157 1	-0.846 9	II级
乙站	-0.411 9	-0.026 9	0.335 1	III级
丙站	-0.357 9	0.228 1	-1.284 9	II级

对评价数据加以分析看到,甲和丙站II级,即为可接受的级别,乙站为III级,即不可接受的级别。虽然评估结果属于II类,由于丙站的相关性大,其消防系统的安全可靠性相对数据评析结果要优于车站。从表5可以看出,丙站没有单一的评价结果,评价结果是III级,提高丙站的消防设施,以提高消防管理水平。采用更精细的方法对分析层次过程进行分析,不仅可以对属于哪个级别的评估对象进行分析,还可对同一级别的对象进行更详细的了解,找到需要改进的指标项。

表 5 丙站评价结果统计

车站	各等级评价结果			评价结果
	I	II	III	
A	-0.065	0.053	-0.17	II级
B	-0.058	0.021	-0.104	II级
C	-0.055	0.027	-0.129	II级
D	-0.033	0.019	-0.132	II级
E	-0.027	0.046	-0.249	II级
F	-0.026	0.053	-0.366	II级
G	-0.022	0.023	-0.189	II级
H	-0.066	-0.006	0.06	III级
综合关联度	-0.358	0.228	-1.286	II级

3　提升城市地铁消防设施水平的方法分析

3.1　合理划分防烟分区

城市地铁车站要合理划分烟雾隔断站,地下站台的撤离区应划分为一定区域的防火区,但其使用面积不可高于 1 500 m²,地上站不可超过 2 500 m²。排气系统为车站进行两个排烟任务分区提供设备功能支撑,要做好规划工作,合理设置安装烟火防火阀,消除烟雾[12]。同时符合排水口和烟囱内的距离不超过 30 m 的要求,如图 1 所示。

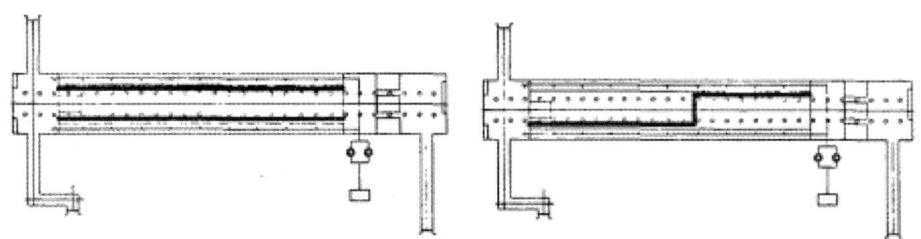

图 1　站台划分为防烟分区方法

3.2　挡烟垂壁的设置

城市地铁一旦发生火灾,当烟气接触屋顶后,在天花板射流下形成烟气,并开始扩散在天花板下方,直到整个空间弥漫烟雾,随之烟层界面逐渐下降,烟壁的构建与设置可以延缓烟道气的扩散速度,通过设置烟雾分隔区,每排设置排气烟雾隔板,能够有效控制烟雾,避免烟雾聚焦[13]。

3.3　气体灭火系统工程

城市地铁气体灭火系统工程的地下站部分房间配置了气体灭火系统,针对环境控制电气控制室、平台层屏蔽门控制、公共通信室等重要房间,为车站机房配置灭火系统[14]。具有自动火灾探测和报警设备及控制设备,系统可自动运行火灾执行控制,以确保灭火效果[15]。

3.4　构建火灾自动报警系统(FAS)工程

自动火灾报警系统(FAS)项目分为中央级管理和车站级管理两个层次,进行火灾自动报警系统的全线控制,由防灾指挥中心统一调度指挥,防灾报警系统通过控制面板的通信接口直接传输数据切近到环境和设备监控系统指挥火灾模式,实施安全层控制,切断消防电源,启动应急照明,照明应急救援行动统一[16]。

4　结　论

为避免次生灾害,对城市地铁消防设施危险有害因素进行了分析,并提出了提升城市地铁消防设施水平的建议,为管理者提供相对于未来的决策依据。

参考文献

[1] 田娟荣. 人员对地铁消防设施熟悉程度调查[J]. 消防科学与技术,2012,03:313-315.
[2] 李锦成. 城市地铁火灾与应急救援体制建设[J]. 自然灾害学报,2012,04:197-200.

[3] 陆浩如. 地铁地下车站建筑防火设计的研究与探讨[J]. 建筑知识, 2014, 07: 29-30.

[4] 陈晶. 长沙地铁安全体检报告[J]. 湖南安全与防灾, 2014, 06: 27-28.

[5] 李沛. 某城际铁路地下站供配电系统设计[J]. 中国新技术新产品, 2014, 08: 71-72.

[6] 保彦晴. 某地铁站列车火灾人员疏散行为研究[J]. 消防科学与技术, 2014, 09: 1012-1014.

[7] 段雅楠. 如何防范地铁火灾[J]. 现代职业安全, 2016, 05: 47-49.

[8] 刘昱. 地铁火灾的特点与防范措施分析[J]. 科技展望, 2016, 26: 305.

[9] 茹骏. 地铁消防联动控制中常见问题及完善途径[J]. 科技展望, 2016, 29: 157.

[10] 静元, 杨玉成. 地铁火灾成因分析及防范措施探讨[J]. 消防科学与技术, 2016, 08: 1174-1177.

[11] 衣肇刚, 王宗禹. 地铁灾害事故预防和处置技术构想[J]. 低温建筑技术, 2016, 09: 148-149.

[12] 张力, 张梅红. 地铁消防安全存在的问题与管理对策分析[J]. 消防技术与产品信息, 2015, 03: 23-26.

[13] 仲秋. 地铁安全防范和逃生技巧[J]. 防灾博览, 2015, 03: 74-77.

[14] 王军, 姜明理, 谢天光. 地铁隧道火灾人员疏散模拟研究[J]. 消防科学与技术, 2015, 06: 757-759.

[15] 张朝晖. 地铁枢纽站火灾特性分析及灭火救援对策[J]. 消防科学与技术, 2015, 06: 792-795.

[16] 段城伟. 地铁车站给排水与消防节能节水分析[J]. 住宅与房地产, 2015, 19: 135.

作者简介：何茂，男，学士学位，助理工程师，从事防火监督及图纸审查工作。

电子信箱：1712865@qq.com。

刘晓周，女，学士学位，讲师，从事建筑类教学工作。

电子信箱：48084050@qq.com。

采用连续喷砂方式灭火可行性的研究

梁文帅[1]，王冕[2]，杜冠雄[3]，梁润洁[4]

（1. 公安部天津消防研究所，天津 300382；2. 公安部消防产品合格评定中心，北京 100077）

【摘　要】　使用砂子填埋未知易燃易爆危险品火灾是一种有效的灭火方法，为了大范围推广这种方法，需要以自动填埋的方式代替人工填埋。提出了采用连续喷砂方式灭火的方法，分析了砂灭火的机理和适用范围，确定了以 40～100 目之间的石英砂作为灭火介质，采用气体输送方式实现连续喷砂灭火。选取木垛火和油盘火为典型常规火灭的代表，红磷火和液化石油气火为典型易燃易爆危险品火灭的代表，开展了灭火实验，确定了连续喷砂灭火方案的基本参数，验证了采用连续喷砂方式灭火是可行的。

【关键词】　消防；砂灭火；危化品灭火；连续喷砂

1　引　言

天津港"8·12"大爆炸震惊了全世界，让我们开始深刻反思对于危险品仓储火灾采用哪种消防方法更加科学和安全的问题。易燃易爆危险品生产业作为安全生产工作中的高危行业和重点领域，受到方方面面的高度关注。在中国古代消防就有采用砂子灭火的先河并沿用至今，今天，国内的各大加油站全部要求配备消防砂箱[1]，预防火灾、爆炸事故的发生，对于危险品火灾国外也都采用隔离和填埋法。砂子灭火对于未知危险品火灾是一种行之有效的灭火手段，由于现在只能采用人工填埋的形式，一直未能作为主要的灭火手段进行大范围的应用。因此，本文提出以砂子作为灭火介质，采用连续喷射的方式进行灭火，并对砂灭火机理和喷射方式进行了分析，通过实验验证了连续喷砂灭火的可行性。

2　砂子灭火机理和适用范围

燃烧发生的条件包括可燃物、氧气（空气）和达到着火点，下面我们通过这三个方面分析砂子灭火的机理。第一，砂子本身不会燃烧是砂子可以用于灭火的前提。第二，当砂子覆盖于燃烧物表面时可以阻断空气与燃烧物的接触，燃烧就要停止。另外沙子比较重，压在燃烧物上会使燃烧物内部空隙变小，从而使燃烧物与氧气接触面积减少，也有助于灭火。第三，沙子温度较低，喷于燃烧物表面能吸收燃烧物产生的热量，从而降低温度，当燃烧物温度低于燃烧物燃点时，火也就无法再继续燃烧了。

对于不同种类的火灾适用不同的灭火方式，通过查阅相关国家标准[2-4]，将常见几类危险化学品消防适用方法总结归纳于表 1。从表 1 的总结可以看出，砂子适用于大多数危险品火灾，而对于常规火灾，砂子通常都是可以直接使用的。综上所述，砂子用于灭火具有比较高的适用性，只要能实现连续喷射足够量的砂子，就可以达到灭火的目的。

表 1 常见几类危险化学品消防适用方法

类别	砂土	水	干粉	泡沫	二氧化碳
易燃和可燃液体火灾	适宜流淌液体，不适宜容器内液体	适宜比水重且不溶于水的液体或雾状水	部分适宜	部分适宜	初期火灾
易燃固体火灾	不适宜	一般适宜，但铝粉、镁粉除外	适宜	一般适宜，但铝粉、镁粉除外	一般适宜
遇水燃烧物品火灾	适宜	不适宜	适宜	不适宜	不适宜
自燃物品火灾	适宜	一般适宜，但三乙基铝和铝铁溶剂除外	适宜	不适宜	适宜
氧化剂火灾	适宜	部分适宜，雾状水效果最佳	部分适宜	不适宜	部分适宜
毒害物品火灾	适宜	雾状水	部分适宜	不适宜	适宜
腐蚀性物品火灾	适宜	雾状水	适宜	不适宜	不适宜
易燃气体火灾	不适宜	适宜	适宜小面积		适宜小面积
爆炸物品火灾	不适宜覆盖	适宜	适宜	适宜	适宜

3 连续喷砂方案

目前，市面上比较常见并可供喷砂机选用的砂料主要有：钢砂（钢丸）、石英砂（硅砂、非硅质砂）、黄砂（河砂、海砂、矿砂）等，如图 1 所示，这几类砂子分别具有以下特点：钢砂硬度高、韧性好、耐磨性好、密度大，不均匀、颗粒相对粗、价格高、可反复使用、不燃烧；石英砂又分为硅砂和非硅质砂，硅砂主要矿物成分为石英，主要化学成分为 SiO_2，非硅质砂主要是石灰石砂，由石灰岩破碎而成，主要矿物组成是 $CaCO_3$。石英砂具有成本低、易于获取、密度小、较均匀、间隙小、不燃烧等特点；黄砂与石英砂相比在硬度、堆积密度、间隙、均匀度上基本相近，且成本更低。但黄砂属于自然砂，杂质会多一些，混合物的成分更为复杂。

综合以上因素分析，同时考虑灭火的实际效果，我们确定采用石英砂作为灭火介质效果最好，黄砂次之。

图 1 几种常见的砂子示意图

隔绝空气是砂子灭火的主要原理之一，因此对砂粒大小的选取也有一定的要求。当所选取的砂子颗粒过大时，砂子堆积后砂粒间的间隙也大，空气的隔绝能力就差，灭火性能随之下降。砂子的颗粒过小，在火灾现场会造成扬沙的情况，影响现场对火情的判断。通过上述因素的分析，选定适宜使用的砂子颗粒大小在 40~100 目之间。图 2 为石英砂常规颗粒实物对比图。

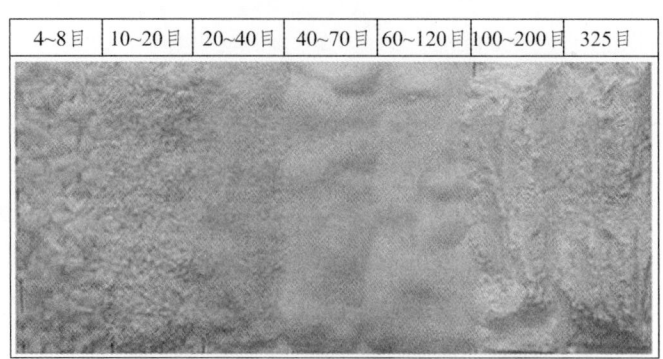

图 2 石英砂常规颗粒实物对比图

可以用于喷射砂子的装置主要包括：用于金属表面打磨的喷砂机[5]、用于植被种子喷洒的喷播机、用于吹填造陆的潜水抽泥泵和用于输送物料的气体输送机[6,7]等。从喷射距离、砂子落点分布和喷砂速度三个方面对以上三种喷砂方式进行分析，通过理论认与实验验证相结合的方式，确定气体输送方式最适合喷砂灭火。

4 喷砂灭火实验

采用气体输送的连喷砂方案，进行了 5 组常规灭火实验和 2 组危化品灭火实验，其中常规灭火实验包括 1 A 木垛火实验、2×1 A 木垛火实验、4×1 A 木垛火实验、10 A 木垛火实验和 34 B 油盘火实验，危化品灭火实验包括红磷燃烧火和液化石油气燃烧火实验。对实验结果总结如表 2 所示。

表 2 喷砂灭火实验结果汇总表

实验项目	环境和喷砂参数	可燃物状态	灭火情况描述	复燃情况
1 A 木垛火实验	环境温度：2 ℃ 环境风速：1~2 级 喷砂速度：20 m³/h	含水率 10%~14%（干燥时温度应不高于 105 ℃），木材的密度在含水率 12% 时应为 0.45~0.55 g/cm。木条的横截面为正方形，边长（39±1）mm，长度尺寸偏差为±10 mm，木条分层堆放，上下层木条成直角堆放，每层中的木条应间隔均匀	当砂子喷出 10 秒钟时，火焰已经被压制变小，此时减少喷砂量，火焰再度复燃变大。重新增大砂量后，约在 48 秒钟时，火焰彻底被扑灭	无复燃现象
(2×1)A 木垛火实验			喷砂 57 秒后火焰被彻底扑灭	无复燃现象
(4×1)A 木垛火实验			持续喷砂 4 分 08 秒后停止喷砂，此时火焰被压制，可以看到最不利位置的木垛内部有微弱的红火现象	1 分钟后复燃
10 A 木垛火实验			喷砂 60 秒后火焰已彻底被冲灭，木垛内部无红火现象，等待 5 分钟后无复燃现象	无复燃现象
34 B 油盘火实验	环境温度：2 ℃ 环境风速：1~2 级 喷砂速度：30 m³/h	92 号汽油层厚度 30 mm，汽油层底部加入清水作垫层，保证油盘内油面离沿口的距离为（150±5）mm	喷砂灭火初期，火焰很猛烈并伴有大量的黑烟产生。在持续喷砂 50 秒后，火苗被砂流压制变的微弱。1 分 06 秒后，油盘内无明火出现，盘内的汽油基本被砂子吸收、掩埋	无复燃现象
红磷燃烧实验	环境温度：13 ℃； 环境风速：2~3 级 喷砂速度：30 m³/h	1 kg 红磷，密度为 2.34 g/cm³	将燃烧的红磷放入砂流，仅 3 秒钟，火焰即被砂子覆盖扑灭	无复燃现象
石油气燃烧实验		压力罐充装 3 kg 的液化石油气，贮气罐阀门处安装止回阀，并连接口径 9.5 mm、长 3 m 的橡胶管	砂子冲灭液化石油气火焰的时长为 4 秒钟	无复燃现象

通过实验得知，砂子通过形成连续砂流直接冲击火焰，可以扑灭木垛火，停止喷砂后木垛火有复燃现象，通过增大喷砂速度可以提高灭火效果。喷砂灭火方式不适用于扑灭敞口容器内的液体火，因为砂非但不能覆盖液体表面，反而会沉积于容器底部，造成液位上升以导致溢出，使火灾蔓延。但砂可在流淌火灾中覆盖和吸收可燃液体，堆积形成围挡，抑制流淌火灾的蔓延。喷砂方式可以迅速扑灭红磷火，没有任何阴燃和复燃的迹象，但推开覆盖在红磷表面的砂子后未完全燃烧耗尽的红磷即刻发生复燃现象。因此，砂子灭易燃固体危化品火灾时，不应在火灾扑灭后立即进行现场清理，需等待现场温度完全降下来以后，再开展清理工作。喷砂灭火方式可以迅速扑灭家用小口径液化石油气火，并且没有任何复燃现象，对于大口径的液化石油气火灾还需要进一步的实验验证。

5 小 结

通过研究我们发现，砂子作为灭火剂具有良好的灭火效果，特别是形成连续喷射的砂流后，其灭火效率能够大大提高。采用连续喷砂方式灭火是可行的，而且适用于大部分常见火灾。今后通过对喷射装置的设计方案不断进行调整和改进，可以进一步提高灭火效果。

参考文献

[1] GB 50074—2014. 石油库设计规范[S]. 2014.
[2] GB 17914—2013. 易燃易爆性商品储存养护技术条件[S]. 2013.
[3] GB 17915—2013. 腐蚀性商品储存养护技术条件[S]. 2013.
[4] GB 17916—2013. 毒害性商品储存养护技术条件[S]. 2013.
[5] 李世颖. 喷砂机初探[J]. 粮食与饲料工业，1990（02）：65-66.
[6] 吴保华. 干混砂浆生产中负压气力输送系统研究及辅助设计软件开发[D]. 青岛：青岛理工大学，2012.
[7] 林桂泽. 人造石粒状材料气体输送工艺的技术参数改进[J]. 化学工程与装备，2013(08):147-148.

大数据时代安全评估在消防管理中的作用研究

黄 敏[1]，童盼琦[2]

（1. 泉州市消防支队，福建 泉州 362000；2. 三明市消防支队，福建 三明 365000）

【摘　要】　结合当前消防监督管理的现状，从必要性和可行性两方面对安全评估在消防管理中的作用进行了分析，阐述建立社会消防安全评估体系对于保障消防管理社会化模式的良好运行、提高我国消防管理水平、增强全社会抗御火灾能力的重要意义；并对社会消防安全评估体系的构建提出初步设想，即由社会单位基础信息、社会单位消防安全评估和区域消防安全评估三部分构成，分别做了简要说明；最后，对社会消防安全评估体系的进一步完善提出可研究的方向。

【关键词】　消防；大数据；安全评估；消防管理

1　引　言

新修订的《消防法》规定："消防工作贯彻预防为主、防消结合的方针，按照政府统一领导、部门依法监管、单位全面负责、公民积极参与的原则，实行消防安全责任制，建立健全社会化的消防工作网络"[1]，从而以法律的形式明确了消防工作的"社会化"原则。

结合当前消防监督管理的现状，笔者认为，通过消防安全评估手段，建立社会消防安全评估体系，作为政府和部门决策、消防机构日常监管、单位自我管理、保险费率厘定等工作的依据，对于保障消防管理社会化模式的良好运行、提高我国消防管理水平、增强全社会抗御火灾的能力具有重要意义。

2　开展消防安全评估的必要性和可行性

2.1　必要性

随着城镇化的深入推进，引发火灾的因素、危险源不断增加，消防管理模式与经济社会发展不相适应的问题愈发凸显。一是政府和消防部门在进行本地区消防安全形势分析时，缺乏实时更新的统计数据和信息资料作为支撑，只能定性地做出符合本地实际的相应决策和部署；二是各行业领域的社会单位数量剧增，与当前消防监督人员和派出所人员的数量比例悬殊，逐个对社会单位进行检查，无法实现有效的实时监管，而且由于体制原因，消防监督人员调整变动频繁，无法对社会单位实现可持续的管理；三是社会单位在日常消防管理中，对消防监督人员抱有依赖或是侥幸心理，自我管理的意识不强，不愿投入太多的精力和成本在消防管理工作上[1-2]。

因此通过消防安全评估，建立社会消防安全评估体系，可以有效地发挥监督机构的执法效能，实现社会单位的动态可持续监管，充分发挥消防中介组织的技术服务作用，实现全社会单位的消防管理工作的全方位覆盖，并为我国火灾保险事业的发展提供有效的技术保障。

2.2 可行性

2015年8月31日，国务院下发了《关于印发促进大数据发展行动纲要》（国发〔2015〕50号）[3]，从国家战略层面已经开始新的部署和建设。2016年初，江苏省政府办公厅下发《关于开展消防大数据平台建设应用的通知》（苏政办发〔2016〕2号），标志着江苏大数据建设将涉及消防安全领域[4]。大数据在国家政府方面的应用，典型的就是决策用数据说话，告别了"拍脑袋"方式。在消防管理方面的应用，就是通过消防安全评估，公安机关消防机构知道哪些单位危险等级高，哪些辖区需要经常检查；公众和企业可以进行自我改良，降低危险等级；越来越多的社会单位基础信息进入评估体系后，也会使数据分析结果越来越准确，对全社会的火灾预防工作也起到良好的促进作用。

另外，注册消防工程师自2015年12月19日首次开考后，越来越多的专业技术人才参与到社会化消防管理和技术服务工作中来。2017年3月16日，公安部部长签发了《注册消防工程师管理规定》（中华人民共和国公安部令第143号），自2017年10月1日起实施，包含了注册、执业、继续教育等内容，明确了注册消防工程师应履行的职责和义务。同时2017年8月11日，公安部消防局发布通知，消防技术服务机构和注册消防工程师业务信息管理系统也将于2017年10月1日正式启用。

3 社会消防安全评估体系的构建

社会消防安全评估体系的构建主要由社会单位基础信息、社会单位消防安全评估和区域消防安全评估三部分构成。

3.1 社会单位基础信息

随着社会和城市经济的不断发展，各行业领域的社会单位数量剧增，且场所类别和数量在不断变化中，单凭消防部门和派出所的日常摸排和统计，无法实时更新掌握社会单位的基础信息，导致各类场所的基础台账和统计数据与实际有出入，从而对专项整治活动的决策和部署及地区火灾形势的分析研判造成影响。因此构建社会消防安全评估体系的关键在于能更新掌握社会单位的基础信息，笔者认为可以在现有的社会单位消防安全户籍化管理系统基础上，从政府层面上部署和建设消防大数据平台。一方面，各行业主管部门在行政审批和日常监管中，及时掌握统计社会单位的基础信息，形成社会单位基础信息的数据库；另一方面，从社会单位消防安全责任人和管理人角度，督促并指导其实时更新自身场所的基础信息，从而为做好社会消防安全评估体系提供准确翔实的基础数据。

3.2 社会单位消防安全评估

注册消防工程师是从事消防安全评估、消防设施检测等消防安全技术工作的专业技术人员，随着注册消防工程师数量的不断增多及从业环境、管理制度的逐步完善，为消防工作"社会化"提供了有力的技术保障。依托消防技术服务机构和注册消防工程师业务信息管理系统，消防部门可以查询到辖区范围内的社会单位消防安全评估结果，及时掌握单位的消防安全现状。

对于未进行消防安全评估的非重点社会单位，如住宅小区等，可以根据不同类别场所的特点，选择合理的评估方法，进行定量或定性的分析和计算，确定社会单位的火灾风险等级，并根据评估结果，明确指出社会单位的消防安全状态，提出合理可行的消防安全意见。同一场所类型，可开发计算机软件程序，使消防安全评估向系统化、自动化方向发展，从而根据消防大数据平台的社会单位基础信息，系统直接得出社会单位的火灾风险等级，并设定风险等级的预警值，低于预警值的社会单位可作为消防部门日常监督抽查的对象，同时社会单位在自我消防管理方面也有更直观深刻的认识，亦可作为保险公司厘定或调整社会单位火灾保险费率的技术依据。

3.3 区域消防安全评估

区域消防安全评估是根据区域范围内存在火灾危险的社会面、建筑群等基本情况，同时加入市政消防设施、交通路网等与区域安全相关信息，从而对区域的火灾风险做出客观公正的评估结论，并提出合理可行的消防安全对策及规划建议。

在详细掌握辖区社会单位基础信息的基础上，结合其他相关的区域安全信息，可定期开展季度或半年城市区域消防安全评估，作为政府决策和部署、消防机构日常监管的有力依据。

4 小结及下一步研究方向

综上所述，构建社会消防安全评估体系对于保障消防管理社会化模式的良好运行、提高我国消防管理水平、增强全社会抗御火灾的能力具有重要意义，但评估体系的构建及组成还处在初步阶段。下一阶段，将具体细化消防大数据平台中每一类别社会单位开展消防安全评估所需的基础信息，并针对不同类别的社会单位分别确定合理、可操作性强的评估方法，从而实现社会消防安全评估体系的进一步建立和完善，对全社会的火灾预防工作真正起到良好的促进作用。

参考文献

[1] 边洁. 论新型城镇化背景下消防管理的社会化——以推进政府职能转变为视角[J]. 武警学院学报，2015，31（6）：84-85.
[2] 李俊. 我国消防管理社会化模式的构建[D]. 荆州：长江大学，2015.
[3] 国务院关于印发促进大数据发展行动纲要的通知[EB/OL]. 中国政府网. 2015-09-05.
[4] http://www.gov.cn/zhengce/content/2015-09/05/content_10137.htm.
[5] 江苏开展消防"大数据"工作[EB/OL]. 江苏消防网. 2016-01-19. http：//www.js119.com/news/pnews/2016-01-18/79075.html.

作者简介：黄敏，女，硕士，泉州消防支队助理工程师，主要研究方向为火灾预防与控制。
电子信箱：563627690@qq.com。

大型博览会消防安全问题初探

徐 洋

(西藏自治区公安消防总队,西藏 拉萨 850000)

【摘 要】 随着社会经济的不断发展,各类博览会逐步增多,尤其西藏作为旅游胜地和多种特产原产地,各类博览会、大型展销会如虫草展、唐卡展、藏毯展及藏博会等各类综合性的展览较多,因此,能否确保展会期间的消防安全、保障活动顺利进行就显得尤为重要;全面掌握布展场所及活动期间容易出现的消防安全问题,开展源头对症整治,就成为消防安全监督管理应当提前介入、重点把握的问题。笔者结合西藏大型博览会实际,以西藏会展中心为例,简要探讨大型博览会的消防安全问题,并对消防安全措施进行分析研究,对大型博览会消防安全工作提出自己的一些意见和建议。

【关键词】 博览会;消防安全;火灾特点;安全措施

在中国加入世界贸易组织之后,为进一步推动西藏社会经济发展,各类大型的集产品展示、贸易洽谈、旅游促进、招商引资、经济技术合作等方面内容为一体的博览会不断增多,在成功拉动全区经济链产业发展的同时,也对活动期间的消防安全工作提出了严格要求。

1 会展中心概况

西藏会展中心位于拉萨市东郊江苏大道的拉萨河畔,地处东城商务区中心地带,是西藏自治区首座综合性国际会展中心,承担着为国内外、区内外企业提供产品展示、贸易洽谈、旅游促进、招商引资、经济技术合作等全方位服务的功能。西藏会展中心分为1号馆和2号馆,会展中心1号馆建筑面积为16 159.9 m^2,占地面积为14 662 m^2,地上2层,地下1层,建筑高度为14 m,划分为2个防火分区,设有火灾自动报警系统、自动喷水灭火系统、气体灭火系统、细水雾灭火系统、大空间水炮系统和室内外消火栓系统;会展中心2号馆建筑面积为19 720.6 m^2,占地面积为15 639 m^2,地上2层,地下1层,建筑高度为14 m,划分为2个防火分区,设有火灾自动报警系统、自动喷水灭火系统、气体灭火系统、细水雾灭火系统、大空间水炮系统和室内外消火栓系统。

2 存在的问题及火灾特点

2.1 动态火灾隐患多

西藏会展中心作为多功能的综合性建筑,面积较大,功能复杂,电线电缆交错,特别是在举办大型活动期间,装修材料种类多,动火用电频繁,可燃易燃物品聚集,人员密集,极易造成火灾隐患,引发火灾事故,造成重大人员伤亡和财产损失。

2.2 火势蔓延迅速

西藏会展中心作为大空间建筑,空间跨度大,其门和窗大部分时间是关闭的。客观来讲,一旦发生火灾,在初起阶段火势的蔓延速度是比较慢的,产生的燃烧产物也相对不多,但由于展览活动期间内部存放有大量的可燃、易燃物资,导致其耐火性能整体较低,在一段时间后,参与燃烧的物质开始增加,加上整体结构的大跨度、大空间,建筑内部形成火风压,温度便以高于一般火灾的热对流形式 $0.5\sim3$ m/s 的水平扩散速度急速传递,燃烧强度急剧增大,蔓延速度加快,很快进入猛烈阶段。另外,建筑物的顶棚、门窗等耐火性能都比较低,一旦火势突破至外围,大量新鲜空气进入后,会使火势蔓延速度进一步加快。

2.3 人员疏散困难

西藏会展中心作为西藏首座大型综合性国际大型展览中心,在日常展览过程中,不同程度的存在展区点位密集、展品随意摆放、占用疏散走道等情况。甚至因现场安保工作需要,承办方在活动期间临时锁闭部分安全出口,以此减轻现场安保压力,此等情况严重影响人员的安全疏散及灭火救援行动。同时,大跨度大空间建筑内部可燃物多且室内空气流通不畅,一旦发生火灾,燃烧物将释放出大量的烟雾,使得现场的能见度很低,而且产生的烟雾中含有一定比例的有毒成分,特别是当生产原料为塑料、橡胶等产品时,烟雾中的有毒成分所占比例更高,这就给疏散和救援行动的展开带来一定的困难。

2.4 扑救难度大

(1)大跨度结构,容易坍塌。由于会展中心采用大跨度结构,而现行《建筑设计防火规范》对大跨度建筑的防火要求较宽,特别是在防火分区的划分上标准相对较低,空间越造越大,现行规范存在"滞后"现象,降低了耐火等级,且为追求大空间和节约资金而忽视了必要的分隔,其防火分区大大超出了安全的要求。一旦发生火灾后,在火焰和高温的作用下,烟气和火势迅速蔓延至整个空间,承重主体构件的承载能力快速下降,在本身构件荷载的作用下,加速了承重结构的变形,短时间内会出现坍塌现象。构件坍塌后,内部堆积和存放的物资会散乱,随之建筑内部会出现更大的空隙,内部阴燃火会一下子形成有焰燃烧,这样就会促使现场火势在短时间内更加猛烈地燃烧起来,给整个扑救工作增加无形的难度。

(2)面积大,力量不足,供水艰难。西藏会展中心主要以展示各类地方特色产业为主,可燃、易燃材料较多,一旦发生火灾,火势蔓延开来,势必形成一个大面积的火场,扑救如此类型的火灾,对辖区的消防力量是一个严峻的考验。假设会展中心火灾过火面积 10 000 m^2,如出口径 19 mm 的水枪,按每支水枪最大控制面积 50 m^2 计算,则需要 200 支水枪,而辖区的消防力量和水源远远不能达到这样的要求。

(3)纵深蔓延,残火消灭持久。展览建筑内大量的物资存放,在有限的空间内大多以堆垛的形式放置,一旦发生火灾,火势蔓延开来,火焰通过堆垛间的缝隙和内部通风孔洞向纵深延烧,再加之建筑构件的坍塌,内攻近战危险性较大,加之在此类火灾实战上缺少经验,这就使得内部阴燃火的扑救成了一场持久战,所以真正的战斗结束往往要耗时数十小时。

(4)缺乏经验,危险性大。对于基层消防指挥员而言,大跨度大空间建筑火灾的扑救是一个全新的课题,在实战的指挥战斗中,缺少成熟理论和成功经验的借鉴,在全局的把握上,缺少准确性和稳定性,只能依靠参战官兵发扬英勇顽强、连续作战的战斗作风来取得胜利,这在一定程度上含有冒险成分,客观上也无形地加大了扑救过程中的危险性。

2.5 钢结构防火涂料存在诸多缺陷

西藏会展中心的主体结构为钢结构，钢结构使用的防火涂料为厚涂型钢结构防火涂料，其自身主要存在自重大、易脱落、对撞击敏感、不耐化学腐蚀、老化及使用年限限制等诸多缺陷，而钢结构一旦失去保护，在火灾中就极易垮塌。

2.6 单位日常管理不到位

西藏会展中心虽然是西藏首座大型综合性国际大型展览中心，但是由于西藏自身地域经济、区情等诸多因素，在其举办的大型展览等活动次数不多，这直接导致单位消防安全管理责任层层弱化、消防"四个能力"建设薄弱等问题，特别是消防管理人员流动性大，直接导致一线消防保卫力量不稳定，消防控制室值班人员无证上岗，对消防设备不能熟练操作，一旦遇到紧急情况手足无措，消防安全基础不实。

3 消防安全措施分析研究

大型博览会是人员和物质最为集中的活动，一旦发生火灾，极易造成重大人员伤亡和财产损失，因此，做好博览会期间的消防安全工作尤为重要，必须要树立科学的消防安全观，高度重视，认真组织，细化措施，全力确保活动期间的消防安全。

3.1 加强监督执法

在活动前，要对活动场所布展、活动方案、安保措施等进行全面审查，确保布展合理，安全措施到位；在现场装修施工队进场时，为确保展厅的消防安全，要按照有关消防法律法规和技术规范规定对施工队伍的资质、特种行业施工人员的上岗证等进行审查，并派出技术人员进行现场监督指导，对不符合消防安全条件的要坚决督促予以整改，尤其是对临时搭建的建筑，一旦发现问题，必须坚决整改落实，以杜绝"先天性"火灾隐患。

3.2 加强技术防范措施

针对大型博览会活动的特点和火灾危险性，应从技术防范角度加强以下方面的工作：

（1）严格控制临时展览棚的防火分区面积，展棚组间应以不燃或难燃材料分隔；要留足消防安全疏散通道，保持疏散通道的畅通，按照标准设置灯光疏散指示标志和应急照明灯，并确保完好有效。

（2）严格按照变压器总装容量安装用电设备，严禁用电负荷超过变压器容量。电气线路应选用铜芯线，接头应采用接线盒，确有困难，也应焊接再用绝缘胶布缠裹。线路的敷设如必须穿过人行道，要穿金属管保护并固定；临时性易燃展棚内敷设的电气线路，应采用阻燃管或钢管敷设，一管一线；控制开关、熔断器等应安装在专用配电箱内。临时性用电线路容量较小时，可以采用橡套电缆或有塑料护管的绞线，长度不得超过 100 m，线上不得有接头。

（3）建筑钢结构构件防火涂料要涂抹均匀且厚度要达到耐火等级条件，确保展览建筑满足博览会消防安全需要。

（4）临时性展台搭建所用的材料应是不燃或难燃材料，若必须用可燃或易燃材料装修时，应采取相应的火灾防范措施。

（5）展台内白炽灯具距可燃物不应少于 50 cm，且应尽量置于人员难于触到的位置。电器开关、日光灯等灯具的镇流器不能直接设置在可燃物上，可集中设置或设置在不燃物上。电器产品必须选用符合国家标准或行业标准的产品，且由专业电工安装操作。进行电焊、气焊等具有火灾危险的作业人员，必须持证上岗，并严格遵守消防安全操作规程。

（6）完善消防监控、消防控制室（计算机远程监控）等远程联动，确保能实时掌握消防信息情况，掌控火灾信息动态，及时整改隐患，第一时间处置险情。

（7）完善消防设施、设备。展览馆内应按照规范标准设计安装自动消防系统、配置灭火器材，如感烟、感温、大空间火灾探测器、灭火器、室内消火栓、喷淋、细水雾、水炮、室外消火栓、水泵结合器等，并做好维护保养工作，确保完整好用；摊位或展台设置不得遮挡消防设施设备及器材。

3.3 加强人防措施

（1）建立健全消防安全管理组织机构。要督促建筑物业管理单位建立健全消防安全管理机构，明确消防安全管理人，制定完善消防安全管理制度，明确岗位消防安全工作职责，落实防火巡查、检查措施，加强消防安全"网格化""户籍化"管理，确保建筑消防安全管理到位；特别是要指导展览承办单位提前制定完善活动布展方案，预先留足防火间距、消防安全疏散通道，配足灭火器材。

（2）加强活动期间的消防安全管理。要督导承办单位联系消防设施维护保养公司，提前对建筑消防设施进行一次全面的检测维护，确保活动现场消防设施正常运行；同时，要督促加强活动期间的防火巡查，及时发现并消除各类动态火灾隐患，并实行夜巡制度，每天展览结束后，工作人员应进行全面安全检查，确认无隐患后，方可闭馆撤离；对特殊重点部位要实施重点人防，实施24小时看守，确保活动期间绝对消防安全。

（3）加强消防宣传培训。在活动举办前，应提前对场所工作人员进行消防安全培训，使其掌握基本的防火、灭火及疏散逃生知识，并组织开展灭火及应急疏散演练，增强工作人员心理素质及应急处置能力；同时，应加强消防安全标志化管理，在显眼位置张贴禁止吸烟等消防安全提示、警示标志，随时提醒工作人员提高消防安全意识、注意防火安全。

总之，对于大型博览会存在的火灾隐患多、火势蔓延快、人员疏散困难等消防安全问题，笔者认为，应从源头抓起，加大人防、物防、技防措施的实施力度，坚决杜绝各类火灾事故的发生，保障展览活动的顺利进行。

参考文献

[1] 赵宪忠, 闫伸, 陈以一. 大跨度空间结构连续性倒塌研究方法及现状[J]. 建筑结构学报, 2013.
[2] 任立军. 大型博览会前期消防监督及设计审核探讨[J]. 中国安全生产科学技术, 2012.
[3] GB 50016—2014. 建筑设计防火规范[S]. 2014.
[4] 景长江, 祁晓霞. 大型文化商贸活动的火灾危险性及消防安全措施[J]. 武警学院学报, 2000(10).

作者简介：徐洋，男，学士学位，西藏公安消防总队高级工程师，从事消防监督、火灾事故调查工作20余年。电子信箱：824764152@qq.com。

钢结构厂房消防设计几个问题探讨

张少晨[1]，张元祥[2]

（1. 烟台市公安消防支队，山东 烟台 264000；2. 山东省公安消防总队，山东 济南 250101）

【摘　要】 通过对笔者参与的四起大跨度钢结构厂房火灾扑救，分析研判钢结构厂房在消防设计、审核、施工方面出现的问题与造成的影响，总结经验做法，并提出相对应的解决对策，对大跨度钢结构厂房在消防设施建设、运营和日常的生产工作提出合理化建议，对公安消防部队进行消防监督检查和发生火灾后的救援、扑救工作提供有效的技术支持。

【关键词】 消防；钢结构；厂房；火灾启示

1　问题的提出

笔者在担任支队领导期间参与了4起钢结构厂房火灾的扑救，在扑救过程和扑救结束后多次进行了反思，并查找了《建筑设计防火规范》（以下简称《建规》）[1]的有关条款，认为国家有关部门有必要对钢结构厂房的消防设计进行规范，以最大限度地减少火灾损失。

据笔者了解，目前钢结构厂房的消防设计，没有专门的国家标准对其进行规范，消防监督机构在对此类建筑进行消防设计审核时，一般都是依据《建规》进行，但在火灾扑救过程中，发现《建规》的有些条文并不适合钢结构厂房的消防设计。

2　钢结构厂房消防设计应重点解决的问题

本文所探讨的钢结构厂房消防设计，是指在钢结构厂房内进行丙类固体生产的厂房建筑。

2.1　最大允许占地面积的确定

《建规》第3.3.1条只规定了丙类生产厂房各耐火等级条件下的"最多允许层数"和"每个防火区的最大允许占地面积"，而没有像1974年版的《建规》中规定最大允许占地面积。笔者所参与的4起火灾扑救中，其中一起占地面积达12 000余 m^2。由于占地面积大，防火分区作用发挥不佳，给火灾扑救带来了极其严重的困难。因此，每一幢钢结构厂房的最大允许占地面积应参照《建规》（每个防火分区的最大允许占地面积在"三级耐火等级"条件下，单层厂房"3 000 m^2"）的规定，每幢钢结构厂房的"最大允许占地面积"不得超过2个防火分区的面积，即"6 000 m^2"。

2.2　防火墙的设置

众所周知，钢结构厂房由于建设周期短，成本相对较低，可以建设成大跨度等优点，被广大企业所青睐。该类建筑在建设时，一般先将钢柱、钢梁建设好，再进行填充。据调查，由于国家规范对这类建筑的防火墙没有明确的要求，其防火墙也是填充在钢柱、钢梁之间的。发生火灾时，由于受钢材的热传导性和受热后的形变等因素的影响,防火墙的作用往往得不到充分发挥,无法有效阻止火灾的扩大蔓延。在这 4 起火灾中,有一起钢结构厂房内虽然设置了防火墙,但由于防火墙的作用没有发挥好,致使火灾冲破了防火分区。笔者认为,钢结构厂房在设计时,应将划分防火分区的防火墙独立于钢结构而单独建设,并应按《建规》第 6.1.1 条、第 6.1.2 条、第 6.1.3 条进行设计。这样做的好处:一是防火墙能够阻断火势沿外墙、屋顶蔓延;二是一旦钢结构变形或倒塌,独立于钢结构建设的防火墙不受影响从而阻止火势的蔓延。

另外,必须强调的是:设在防火墙上的防火门必须随时处于关闭状态。

2.3 厂房内周转仓库的设置

周转仓库是厂房建筑内存放物品最集中的场所,通常也是整个厂房内储存物品价值最大的部位。在扑救的 4 起火灾中,作为指挥员,最难忘的一次经历就是通过部署最精干的战斗员、最精良的装备、最优先的供水措施分别保住了仓库内价值 1 000 余万元和 300 余万元的原料。笔者认为,对于设在钢结构厂房内的仓库,应设置在整个钢结构厂房靠近外墙的某个位置,仓库与厂房内部的分隔,应采用 240 mm 厚的砖墙作防火墙,并不得在墙上设置孔洞、窗口等,墙上的门应采用甲级防火门,其屋顶应采用现浇钢筋混凝土结构,耐火极限不得少于 2 h。

2.4 关于消防给水

这 4 起钢结构厂房火灾中有 2 起远离城区,因远离城区,无市政给水管网,在设计时,虽按《建规》设计了双回路向消防水泵房供电,但火灾发生时,因主配电室断电,致使水泵房中的消防水泵不能工作,造成火灾现场的消火栓系统无水可用,指挥员不得不调集大量消防车运水,其中一起火灾扑救中还责成当地政府调集十几辆城市绿化、洒水车实施运水供水。以其中一幢钢结构厂房为例,按《建规》要求该厂房的室外消防用水量为 45 L/s,室内消防用水量为 10 L/s,总消防用水量为 55 L/s,该企业虽然设有一处 800 m^3 的生产、生活、消防合用水池,但仅从室外消火栓取水灭火,只能设置 8 支 19 mm 的水枪进行灭火(19 mm 水枪,充实水柱为 15 m 时,水流量为 6.5 L/s),而火灾现场情况是,消防部队设置了 18 个水枪阵地。钢结构厂房的性质决定了火灾面积大的特点,按每支 19 mm 的水枪最大控制 50 m^2 的面积计算,仅能控制 400 m^2,这真的是杯水车薪。因此,钢结构厂房企业的消防水池必须设置能够供 3 辆消防车同时吸水的吸水口,同时,企业内的景观水池也必须设供消防车取水的设施。

3 对钢结构厂房的消防监督

3.1 建筑防火设计审核

钢结构厂房具有投资少,建设周期短,发生火灾后不易扑救,造成损失大的特点。笔者认为,应将钢结构厂房列入建筑防火设计审核的抽查范围,从源头上堵住发生火灾事故的隐患。

3.2 强化对建筑材料的监督和钢结构防火涂料的施工监督

消防监督机构应要求建设单位将外墙、屋顶、内部分隔墙、吊顶等建筑材料的出厂检测报告,特别是耐火性能报告报消防监督机构备案、审查,必要时消防监督机构可以到现场进行抽测,对不合格的材料则坚决拆除。消防监督机构应责成建设单位提供钢结构防火涂料施工情况的检测报告,以确定防火涂料涂刷是否合格。

3.3 搞好竣工验收

消防监督机构应积极督促建设单位及时组织竣工验收。验收的重点：一是建筑结构，特别是防火墙的设置及施工情况、防火门的设置情况；二是建筑材料（包括吊顶）[2]是否符合设计要求；三是疏散通道的设置及安全出口的数量；四是消防供水情况，这是扑救钢结构厂房火灾的关键；五是仓库设置等。

4 建 议

针对全国特别是我国东部地区钢结构厂房建筑发展迅速的实际状况，国家有关部门应尽快制定《钢结构建筑防火设计规范》，以便设计部门有章可循，审核及验收部门有法可依，最大限度地减少火灾损失。

参考文献

[1] GB 50016—2014. 建筑设计防火规范[S]. 2014.
[2] GB 50354—2005. 建筑内部装修防火施工及验收规范[S]. 2005.

高铁车站在消防验收中常见问题的探讨

甄 琦[1,2]

(1. 中国人民武装警察部队学院研究生六队，河北 廊坊 065000；2. 徐州公安处消防监督支队，江苏 徐州 221000)

【摘 要】 随着高铁的大规模建设、开通运营和国家"走出去"战略，高铁已成为国家的一张名片，国内的旅客选择高铁作为主要的出行方式。在体验到高铁带来的快捷、舒适等优点的同时也要认识到高铁车站消防安全的重要性。高铁车站作为人员密集场所，常年人员高度聚集，一旦在车站内发生火灾将会致群死群伤事故发生。因此，消防安全要从源头抓起。本文针对目前高铁车站消防验收中容易忽视的问题，从四个方面进行阐述和归纳，并且有针对性地提出了加强高铁车站消防安全管理的建议。

【关键词】 高速铁路；高铁车站； 消防验收；消防管理

1 引 言

随着我国经济的迅速发展，高速铁路运输越来越受到政府的重视。我国铁路规划（2020 年）将逐步形成以"四纵四横"为骨架的快速客运网。截止到 2016 年，我国已建成的高铁线路里程达 2 万 km，高铁已经覆盖全国 100 座城市，乘坐高铁已经变成人们一种重要的出行方式。高铁车站的消防安全就显得极为重要，作为消防管理部门在进行高铁车站消防验收应从严要求，在验收阶段减少隐患问题，为旅客出行安全保驾护航。文章从建筑防火、消防给排水、电气消防、防排烟四个方面整理出在消防验收中容易出现的共性问题并进行探讨。

2 建筑防火

2.1 防火封堵

通风、空调等暖通管道穿越墙体，楼板处的孔洞、缝隙未进行防火封堵；铁路通信、信号、电力、信息电线电缆桥架穿越墙体，楼板处的孔洞、缝隙未进行防火封堵处理；玻璃幕墙与每层楼板、隔墙处的缝隙未进行防火封堵；防火分隔处的防火卷帘上部未进行防火封堵。如图 1 所示。

图 1 电线电缆穿越墙体未进行防火封堵

2.2 防火分隔

防火墙上开设的防火门未安装或以普通门代替；防火墙未砌至楼板底部；疏散走道两侧的隔墙未砌至楼板底部；防火墙上内嵌室内消火栓、配电柜，影响该墙体3小时耐火极限；防火墙两侧2 m范围之内的玻璃幕墙使用普通玻璃；性能化设计的高铁车站防火隔离带不足6 m或者在防火隔离带内设置可燃物。如图2所示。

图2　防火墙未砌至楼板底部

2.3 装修材料

旅客地道内地面、墙面、顶面使用可燃或难燃装饰材料装修，旅客进出站地道内广告灯箱等使用可燃材料；建筑外保温材料应采用燃烧性能低于A级的材料；消火栓箱、配电柜等设备箱柜内嵌安装在有防火隔墙或者防火墙上并未对内嵌处墙体进行防火保护处理。如图3所示。

图3　消火栓箱内嵌防火墙上并未对内嵌处墙体进行防火处理

2.4 气体灭火保护区

设置气体灭火系统的房间，所设置的泄压口高度在房间净高度2/3以下；设置气体灭火房间的隔墙未从楼地面基层隔断至顶板底面基层；气体灭火保护区维护结构使用普通门窗，不满足其耐火和耐压要求。如图4所示。

图4　气体灭火保护区的窗户使用普通塑钢玻璃窗

3 消防给排水

3.1 车站站台消火栓

站台两端的地下式消火栓未设置排水设施；地下式消火栓未设置成口径为 65 mm 的双阀双出口消火栓；站台消火栓相关配套器材未按规范配置；站台地下式消火栓未使用方便开启的轻质盖板；站台消火栓安装位置不恰当，导致个别栓头无法使用。如图 5 所示。

图 5　站台消火栓安装位置不恰当

3.2 水泵接合器

水泵接合器未设置在高铁车站的一侧；水泵接合器与室外消火栓的距离不在 15～40 m 范围内；室外消火栓数量、型号应与水泵接合器不匹配，水泵接合器止回阀未安装。

3.3 自动喷水灭火系统

消防给水管路设置在室外时，未采取保温措施；施工安装的消火栓泵和喷淋泵的扬程与图纸不符；在宽度大于 120 cm 的通风风管下部未安装喷淋；自动灭火系统的车站的喷淋末端试水装置、试水阀装置的设置不便于操作、检修；放水阀、压力表等设施设置在吊顶内。如图 6 所示。

图 6　设置在宽度大于 120 cm 的通风风管下部未安装喷淋

3.4 消防给水

消防给水管道验收时未安装完成；消防给水系统实验装置排水设施管径小于 DN75 并且未引入排水管道中；给水管道穿越沉降缝处未设置软连接，穿越防火分区处未设置防火套管；消防水箱及消防水池应设置水位显示装置并未接入消防控制室。如图 7 所示。

图 7 穿越防火分区处的给水管道未设置防火套管

4 电气消防

4.1 消防电气线路

通信、信号等设备用房内电线、电缆应未采用低烟无卤难燃型电缆；消防用电设备的配电线路及敷设未使用耐火型线缆不满足火灾时连续供电要求，排烟窗配电线路应采用耐火型线缆；消防配电线路明敷时未穿金属管或采用封闭式金属桥架保护，在使用金属管或桥架未采取防火保护措施；暗敷时应敷设在不燃材料中其厚度不足 30 mm；高铁车站行李、包裹用房的照明未选用安全型灯具和铜芯线缆，导线明敷时未应采用金属管或者金属槽板保护，车站行李房内应设置配电箱、开关和插座。消防控制室内有无关管网穿越。如图 8 所示。

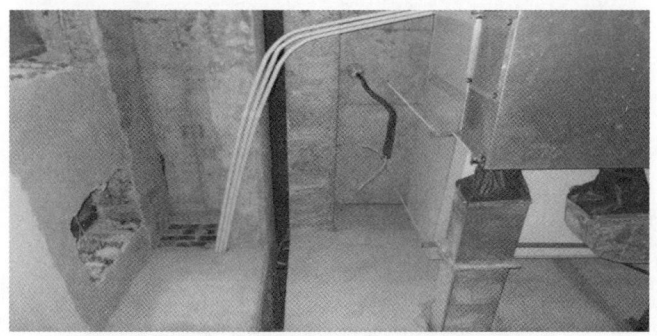

图 8 消防电线路使用普通 PVC 管保护

4.2 消防联动测试

设有气体灭火系统的房间，其报警系统满足在自动灭火系统的控制装置接到一个独立的火灾信号后立刻启动的要求；气体灭火保护区应联动无法切除本防护区内空调电等非消防电源；检票口闸机未纳入消防联动系统之中，在确认火灾以后不能自动释放；消防控制室未设置直拨 119 火警报警电话；气体灭火系统动作信号无法传送给消防控室。

5 暖通及防排烟

5.1 自然排烟

高铁车站候车室未设置排烟设施；排烟设施选择使用自然排烟方式，候车大厅电动排烟窗设置成固定窗；排烟窗的面积不应小于建筑面积的 2%；电动排烟窗不能参与高铁站房的联动，电动排烟窗的开启方式使用上旋下开。如图9所示。

图9　施工单位电动排烟窗安装成固定窗

5.2　机械排烟

中型及以上车站内固定设置的餐饮、商品零售点连续设置且建筑面积大于 100 m^2，未设置机械排烟系统。通风管道穿越变形缝时在变形缝的两侧未设置防火阀。通风、空调风管防火阀两侧各 2.0 m 范围内的风管保温材料未采用不燃材料。车站的排油烟管未使用150°防火阀。气体灭火保护区内事故排风系统防火阀常开，在气体喷放时不能联动关闭，常闭型防火阀未在室外设置手动开启按钮。如图10 所示。

图10　穿越防火分区处的风管未设置防火阀

6　分析与建议

（1）上述问题有以下几个原因：① 设计单位对消防部门下发的审核意见书理解不透彻，还是按照原有的固化思维进行设计；设计单位内各专业之间的沟通不通畅，本专业设计人员在施工图变更后不及时通知其他专业设计人员进行相应变更；② 建设单位对消防工程不重视，也不及时将消防部门下发的审核意见书传达给设计单位和施工单位，使消防部门的意见不能在图纸上及时修改；③ 施工单位对消防工程不了解，片面地认为把消防工程分包出去就可以顺利通过验收，对消防工程施工施工漠不关心，消防工程分包单位对消防规范理解不透彻，在施工过程中遇到问题也不及时与总包单位进行沟通；④ 监理单位对于消防工程监管流于形式，对于消防工程进场的材料只是采取形式认证审查，没有到现场进行抽样检查。

（2）设计单位应加强沟通，优化设计。在收到消防部门下发的意见书之后，设计单位项目经理应召集相关专业设计人员进行梳理，对于不理解的问题，及时向建设单位反馈。同时设计单位应加强内部沟通协调，在建设单位提出修改意见，相关专业人员变更后应及时告知其他专业设计人员使其同步进行变更设计。

（3）建设单位应建设单位加强管理，落实管理相关制度。建设、质监等部门要切实加强消防工程承包单位施工资质的把关和自动消防设施设备采购的管控工作。建设指挥部应当加强对总包、专业分包单位消防工程施工资质以及施工人员专业技能的审核把关力度，坚决防止不具备相关资质和施工能力的施工单位参与消防工程建设，源头上保证消防工程的施工质量[1]。

（4）施工单位加强学习，提高质量。施工主体单位应对消防工程施工水平的提高具有重要的保障作用。消防专业分包单位为了满足项目施工现场质量管理的具体要求，需要构建可靠的质量检查机制。加强对项目施工全过程的严格检查与监督[2]，获取有效的质量管理信息，如果在施工过程遇到问题和困难应及时与总包单位进行汇报和沟通，同时在施工过程中各种细节问题的有效处理提供可靠地保障。构建可靠的质量检查机制，需要相关的人员在具体的工作岗位上能够强化自身的安全责任意识，规范自身的操作行为，确保高铁车站项目在施工过程中的施工质量[3]。

（5）监理单位加强监理，严格把关。监理单位应落实质量验收制度，对施工单位必须在不同的施工阶段进行现场监理，确保工程质量验收可以达到预期的效果；在高铁车站验收的过程之前，监理工程师必须在施工单位严格遵守行业技术规范的相关要求，全面自查工程质量的安全可靠性，完成现场签字工作后应通知方能进行验收；当分项消防工程完成后，监理工程师应配合项目质检员应在完善的检查机制下对分项工程进行全面自验，提高工程验收工作质量的可靠性[4]。

（6）消防部门认真监督、从严要求。消防部门应以认真负责的态度，仔细监督，从严要求，防止施工质量不合格的消防工程蒙混过关，同时消防部门应落实对高铁车站施工现场日常检查和突击抽查的方式，强化监督，科学管理，对消防工程施工质量保持高要求，在施工过程检查中发现的问题及时通知建设单位并与其做好意见交换，督促建设单位将问题落实到相关责任人。

参考文献

[1] 程阳春. 浅议高速铁路消防安全管理工作[J]. 铁道警官高等专科学校学报，2011，（4）：11-13.

[2] 傅海东. 高铁车站雨棚设备质量缺陷原因分析及防范措施[J]. 铁道科技，2012：76-77.

[3] 熊竣熙. 基于模糊综合评价的高铁工程施工质量风险分析[J]. 工程管理学报，2012：42-45.

[4] 杨红燕. 浅谈建筑工程项目施工现场的质量管理[J]. 建材与装饰，2016：101-102.

作者简介： 甄琦，男，本科，助理工程师，主要从事消防审核验收工作。
电子信箱：zhenqi3@163.com。

公路隧道火灾的预防研究

王庆华[1]，江 伟[2]

(1. 远安县公安消防大队，湖北 宜昌 443000；2. 宜昌市消防支队，湖北 宜昌 443000)

【摘 要】 公路隧道是重要的交通设施，在我国高速公路的迅速发展中起到了重要的作用，但由于特殊的空间局限，一旦发生火灾，扑救和疏散都十分困难，往往给人民生命和财产安全带来极大威胁。根据公路隧道火灾事故的特征，居安思危，积极预防，可最大限度地避免隧道火灾事故带来的危害。

【关键词】 公路隧道；火灾事故；预防；研究

1 引 言

近年来，我国道路交通建设不断加快，公路隧道逐渐增多，隧道火灾事故也逐步增多，据报道，仅沪渝高速公路鄂西段自2010年12月全线开通以来截至2016年，仅渔泉溪、朱家岩等隧道内已至少发生30余起车辆起火事故，造成了巨大的经济财产损失[1]。因此，做好隧道火灾事故的预防与救援工作，对于构建和谐社会具有十分重要的意义。

2 公路隧道火灾事故的主要特点

2.1 燃烧快、易爆炸

隧道内一旦起火，会迅速传播并加热空气致公路隧道火灾初期升温迅速，顺风向时空气温度可达1 000 °C，多数会造成汽车油箱爆炸。另外，炽热的空气在途中可把热传递到任何易燃可分解的材料上。如遇车辆运载是易燃易爆物品和后继车辆多，更将加剧燃烧和火势的快速发展。

2.2 烟雾大，能见度低

由于隧道是一个狭长的管状空间，发生火灾时，火灾区域会充满浓烟，在高温热气压的作用下，一方面从隧道两侧出入口向外排烟；另一方面又会从出入口向隧道内进空气而出现中性面。但又由于烟雾扩散孔洞有限，由燃烧产生的包含高毒性的一氧化碳气体都要由通风气流传播到整风道，造成烟雾地带长，而烟热容易集中等。因此，单位立体空间内的烟气毒性大，更会使地下空间内的含氧量显著下降，在缺氧情况下极易造成人员窒息，甚至死亡。

2.3 疏散难，伤亡大

火灾发生后，隧道内照明系统被破坏，加之隧道横断面小，道路狭窄，不仅人员疏散困难，而且车辆前后相接，车辆之间的火灾蔓延比较快，要疏散车辆或物资更加困难。这样必然会造成货车上大量物资财产的焚毁和客车上严重的人员伤亡。1949 年美国纽约的"荷兰"隧道二硫化碳引起爆炸，受伤 66 人。因此，这种情况下要疏散人员、车辆和物资几乎是等于虎口拔牙。

2.4 快速处置难度大

由于出入口少，隧道内部通道狭长，近似处于密闭空间，一旦发生火灾，受浓烟高温、有毒烟雾积聚等因素的影响，消防队员到场后，无法直接观察到起火部位、着火区范围以及受困人员位置。再加之公路隧道一般都远离城镇消防队，初期火灾易失控，现场回旋余地小，一旦发生交通火灾事故后，尤其是单洞双向隧道又易造成交通堵塞，会直接导致阻碍消防车辆快速到达现场。消防车到场后，对已进入隧道中的车辆和人员疏散任务重，火场供水困难，一旦失去战机，火势失去控制，隧道内就会很快成为地狱般的迷宫，使战斗人员深入内部进行火情侦察、人员疏散、近战灭火和快速处置都会变得十分困难。

2.5 事故处置要求高

公路隧道由于建筑构造上的特点，发生火灾后不仅燃烧猛烈，爆炸危险性大，而且温度高、蔓延快、烟毒浓、能见度低，危害大、损失大、难度大、时间长、战线长，抢险和灭火任务"急难险重"，进攻道路缺乏、回旋余地小、接近火点难，进攻方向会被外界风向所制约，火灾的位置和燃烧范围等难以把握。而且后备人员的组织、装备器材、物资供应的有效保障难度也很大。同时，对现场指挥部的建立、指挥员的素质、隧道出入口两侧战斗行动和有关职能部门协同处置过程中的有效指挥，特别是对解决通信屏蔽、现场组织指挥和现场通信联络保障问题都提出了更高的要求。

3 公路隧道火灾的原因

造成火灾事故的原因是多方面的，从 1996 年的英吉利海峡隧道火灾、2000 年的奥地利萨尔茨堡州基茨施坦霍县隧道火灾、2003 年韩国的隧道火灾、2004 年的中国的渝黔高速真武山隧道火灾、2008 年京珠高速公路广东韶关段南行大宝山隧道火灾等多起案例可知，隧道火灾原因主要有以下几个方面：

3.1 隧道因素

隧道内火灾事故的危险性与隧道长度和通量成正比。随着交通量的增长，车辆的数量和频率也在增长。另外隧道由于道路比较狭小，能见度低，极易发生车辆之间、车辆与隧道设施相撞或擦挂，而发生交通事故导致火灾。如 2008 年 5 月 4 日凌晨 1 时许，京珠高速公路广东韶关段南行大宝山隧道，一辆大货车追尾碰撞前方的槽罐车，造成槽罐车内所载危险化学品泄漏并起火燃烧。事故中，2 人当场死亡，另有 5 人受伤，隧道内部分设施遭严重损坏。

3.2 车辆因素

据有关资料介绍，汽车大约每行车 100 km 平均发生 0.5～1.5 次火灾。引发车辆发生火灾的主要原因有机件摩擦起火、化油器回火、电气线路短路、车辆漏油、轮胎爆胎等。如 2001 年瑞士"圣哥达隧道"（全长 16.9 km，于 1980 年正式开通）中一辆行驶的货车在距隧道南口 1 500 m 处，由于轮胎爆裂而突然转向逆行车道，并与对面驶来的货车相撞引发了巨大的爆炸。而我国的沪渝高速长阳段车辆轮胎也极易成为"风火轮"[2]。

3.3 货物因素

隧道内有各种车辆通过，它们所载的货物有可燃的或易燃的物品可能会因各种原因引发火灾。如1999年法国与意大利相连的"勃朗峰公路隧道"（长 11.6 km，建于 1965 年，为单洞双向交通）中一辆运载黄油的货车自燃引起火灾，将这条 11.6 km 长的隧道瞬间变成了一座炼狱，大火燃烧所产生的高温使这个隧道的混凝土穹顶全部沙化，而铺路的沥青则全部被烧成了泡沫翻卷的黏稠浆体。造成 41 人死亡，43 辆车被烧毁，交通中断一年半[3]。

3.4 气候环境因素

高温酷暑天气，对热敏感性强的易燃易爆物品、低沸点液体压缩液化气体、装载的气瓶与槽极易发生爆炸、泄漏等事故。

4 公路隧道火灾的预防

"防范胜于救灾"，做好公路隧道火灾安全事故的预防工作具有十分重要的意义。

4.1 严把公路隧道防火设计关

公路隧道在建设时，必须严格按照《建筑设计防火规范》（GB 50016—2014）中第十二章城市交通隧道的要求进行防火设计和施工。耐火等级、防火分隔、报警设施，包括消防水源、消火栓系统、水喷淋设施、通风排烟设施、消防车通道和事故照明和疏散标志等在内的灭火设施必须符合要求。过去不少隧道在建设时由于各种原因忽视消防设施建设，或消防设施设置不符合要求，造成隧道建筑防火上的先天性不足。因此，隧道建设要把消防设施建设贯穿于项目论证、资金预算、图纸设计、工程施工、竣工验收等全过程。对已建成而无消防设施的重要隧道，要筹措资金，逐步改造和完善消防设施。

4.2 建立公安或专职消防队

公路隧道一般都远离城镇消防队，一旦发生火灾事故，消防队接到报警由于路途比较长，到达火场后，常常错过了扑灭的黄金时间。据悉，截止到目前，沪渝高速鄂西段山区沿线尚未建立消防站，隧道内发生火灾时，往往"远水解不了近渴"。因此，重要的隧道应建立公安或专职消防队，配备必需的车辆、人员、器材装备和参战人员的生活用品。不具备条件的可由隧道管理部门与邻近的机关单位和农村群众组建联合义务消防队。制定灭火作战方案和抢险救援预案，组织消防队员到实地熟悉情况、地形、道路、水源及灭火设施，进行实地演练[4]。

4.3 切实加强各种隧道内行车安全知识的宣传

高速公路隧道内一般都设有较为完善的消防救灾施。如该高速公路各长隧道内，每隔 50 m 就设有消防栓和灭火器的消防窗，但大多数司乘人员对此并不知道也不会使用。当隧道内发生行车火灾事故时，往往会看到很多的司乘人员六神无主。就算消防窗近在眼前也不知使用。究其原因，一是他们看见火势后本能地出现了慌乱心理；二是不具备救火的常识。然而，司乘人员在火灾发生的初始几分钟内的自救是极其重要的，延误了最初的施救期火势就会加大。因此，加强灭火救灾知识的宣传普及十分重要；可以通过印制包含行车安全、灭火救灾等知识的小册子，在各收费站点发放，使各司乘人员事先掌握一些基本知识。另外，还可以通过广播、电视等媒体举办专题节目，对相关知识进行普及。

4.4 加强过往车辆管理

过往货车与载有危险物品的车辆一旦发生火灾，损失将相当严重。早在 1995 年欧洲国家就在研究限制或禁止载有危险物品的车辆进入公路隧道，这样既可降低隧道事故与火灾风险，又可减少发生火灾事故时的危害。勃朗峰隧道在恢复通车以后，对通过隧道的车辆采取了限行措施，限制每天通过隧道货车的数量。这样的措施对于加强公路隧道安全水平十分有利。因此，应对易燃物品采取限制和管制通行隧道的办法，即在隧道前方一定距离处设置检查站和停车场，对载有易燃物品的车辆实行定时集中通过。

4.5 强化部门沟通协作

隧道消防安全是关系到国家交通运输大动脉能否正常通行的大事，涉及隧道管理、交通运输、公安消防和当地政府等有关部门。只有从整体利益出发，互相协作，密切配合，正确处理部门业务与消防管理、隧道安全及当地群众切身利益的关系，才能动员社会各方面的力量，落实隧道消防安全责任制，最大限度地预防、控制和减少火灾事故，保障交通运输的消防安全。

4.6 建立完善的预防管理制度

隧道管理方需要建立完善的防救灾管理制度和政策，并切实地执行。同时，就隧道及其设备的使用要通过各种途径向隧道使用者通告，以使人们熟悉这些设备，并能正确的使用。定期对隧道工作人员就火灾救援预案进行培训，使得每个人都清楚火灾时该如何处理。定期对公路隧道的安全状态进行检查和评估，并根据隧道的运营情况提出新的防火措施和方法。根据有关的防火安全规范、规定、标准和经验等，把要检查的项目、要点按一定顺序列成表格，作为检查的依据。根据检查隧道火灾的对象和目的的不同，火灾检查表可分为装运易燃易爆物品车辆防火安全检查表、隧道消防报警设施安全检查表、日常安全检查表、火灾隐患整改安全检查表等。

参考文献

[1] 张顺勇，陈强. 高速公路隧道火灾事故扑救技战术研究[J]. 中国应急救援，2016（4）.
[2] 周琦. 沪渝高速长阳段隧道为啥爱跑"火车"[J]. 长江商报，2011（4）.
[3] 刘鹏举. 隧道火灾研究现状与发展[J]. 中国科技信息，2009（2）.
[4] 赵献卫. 武汉过江隧道火灾的预防与控制研究[J]. 科协论坛，2010（7）.

作者简介：王庆华（1981—），男，硕士，远安县公安消防大队大队长，工程师。

通信地址：宜昌市远安县鸣凤镇双利村三组 30#，邮政编码：443000；
联系电话：18771875112；
电子信箱：190433529@qq.com。

江伟，男，研究生，宜昌市消防支队防火监督处副处长，工程师，从事防火工作。
联系电话：18771875356；
电子信箱：307250770@qq.com。

汗蒸房类场所消防安全评估初探

黄 涛

（沈阳市公安消防支队，辽宁 沈阳 110032）

【摘 要】 本文通过剖析汗蒸房类场所设备的基本组成、汗蒸工作原理，从汗蒸技术、主体责任、部门监管等方面深入细致地分析了汗蒸类场所消防安全管理现状，剖析存在的各类消防安全隐患，进而从进一步强化汗蒸房类场所各类消防技术标准、强化各加严格的消防安全管理措施、制定汗蒸类场所更加科学应急措施等方面对该类场所进行了消防安全评估，为提高该类场所消防安全管理水平提供科学依据，真正提升该类场所消防安全管理水平，筑牢汗蒸类场所的消防安全屏障。

【关键词】 汗蒸房；消防；评估；初探

随着我国社会生活水平的提高，汗蒸房类场所在各城市如雨后春笋般涌现，极大丰富人民业余生活的同时由于消防安全管理不到位导致场所发生火灾的情况也屡见不鲜。2014 年 2 月 9 日，长春市八号公馆由于汗蒸房内铺设的电热膜工作温度过高，电气线路老化，引起可燃物燃烧发生火灾；2017 年 2 月 5 日，浙江省台州市天台县足馨堂足浴店因汗蒸房西北角墙面电热膜导电部分出现故障造成局部过热引发火灾，造成 18 人死亡，18 人受伤。由此可见，该类场所的消防安全管理形势异常严峻，如何采取有效手段切实提升该类场所的消防安全管理水平是摆在消防监督管理领域的新课题。

1 汗蒸房类场所的基本工作原理

汗蒸作为保健、养生的大众化休闲方式越来越受到广大市民百姓追捧，成为百姓缓解疲劳放松身心的有效途径。然而随着物质文化水平的提高，社会对汗蒸类场所不断提出更高的标准和需求，伴随而来的消防安全隐患也随之产生和不断加大。

通过对全国汗蒸类场所及其配套设备生产场所调研、统计数据看书：汗蒸类场所发热系统主要由电热膜、温控器、温度感应器及其电气线路组成。电热膜是导电油墨经印刷工艺，与金属载流条复合热压在两层绝缘薄膜之间，通电之后发热，可以安装在顶棚、墙裙或地面；温控器分别连接电源、电热膜和温度感应器，当电热膜辐射的热量使室内温度达到预设温度时，温度感应器将信号反馈到温控器，由温控器切断电源停止供电，停止加热、当温度感应器探测的室内温度低于预设温度时，温控器则接通电热膜供热；采用电热膜加热的地面和墙体，其构成通常包括结构层、绝热层、电热膜、保护层、填充层和饰面层等，绝热层多采用挤塑聚苯乙烯泡沫板等易燃可燃材料，电热膜多采用高分子可燃材料，饰面层多采用竹木等可燃材料。上述特殊的工艺结构及装修要求导致火灾情况下场所燃烧热值高、发烟量大、烟气毒性强、火势蔓延快，在较短时间内会形成局部立体燃烧，极易造成人员伤亡。

2 汗蒸房类场所的消防安全管理现状

2.1 汗蒸技术不掌控、不跟进，研判不到位

通过对汗蒸类场所的深入调查研究，发生火灾的天台足馨堂足浴店技术支撑机构北京韩蒸天下科技有限公司的全国加盟店就已达 7 000 余家，据不完全统计，全国类似汗蒸房火灾 2011 年以来已发生 800 多起，且多数是由于汗蒸房内的电气原因引发。调查发现这些场所多数采用两种加热方式：一种是地面使用水暖和墙面采用电热膜的混合加热的方式，另一种是地面和墙面全部采用电热膜加热的方式。电热膜的敷设隐藏在木质或竹制装修内。装修材料的特殊要求，电气线路及设备的设置特点增加了场所的火灾危险性，一旦不能与时俱进的研判场所特点，强化人防、技防、物防管理措施，后果将不堪设想。

2.2 主体责任不清晰、不明确，落实不到位

多数的汗蒸房经营企业为追求经济利益最大化，忽视消防安全管理。多数单位未能建立并有效落实责任分工明确的消防安全制度体系；消防安全检查巡查也流于形式、针对性不强；灭火和应急疏散预案并未按要求落实演练，以至于一旦险情发生则处于一种混乱的无序状态；通过消防行政许可的情况下为追求经济利益私自装修改动的情况也屡见不鲜。消防安全意识的淡薄和责任制度的不明确导致单位消防安全责任人和管理人不能积极主动地发现并整改火灾隐患，为单位增加了巨大的现实火灾危险性。

2.3 单位监管不细致、不规范，整改不到位

为全面做好单位的消防安全管理工作，虽然多数该类场所依据消防安全重点单位界定标准被确定为消防安全重点单位，但仍有部分单位处于失控漏管状态，成为消防安全管理的盲区。消防安全管理部门在审核验收、开业前消防安全检查等行政许可办理环节及日常消防监督检查环节中一旦不细致、不深入，没有针对单位现实火灾危险性进行深入细致的检查、研判单位深层次的火灾危险性，不有效及强有力地推进单位消防安全"四个能力"建设、消防安全重点单位微型消防站建设、消防安全管理"六加一"措施，势必导致单位的消防安全隐患成为场所隐形的杀手。

3 汗蒸房类场所火灾防控综合能力研究

3.1 落实更加严格的技术措施

为全力推进该类场所的消防安全整治，提升场所的消防安全管理水平，消防安全案管理工作者应该从选址、防火分隔、安全疏散、电气线路敷设、装修材料选用和消防设施等多方面落实更加严格的防火措施，建立起一整套完整的制度管理体系。汗蒸房防火设计标准应符合《建筑设计防火规范》（GB 50016—2014）。关于歌舞娱乐放映游艺场所的相关要求、水暖（或蒸汽）供热汗蒸房设有燃油或燃气锅炉的，锅炉房防火设计应符合《建筑设计防火规范》（GB 50016—2014）的相关要求、电加热汗蒸房所在场所应安装电气火灾监控系统。

3.2 强化更加严格的监管措施

首先是加强该类场所行政许可审批细度，尤其是针对电气线路、汗蒸工艺等隐蔽、特殊工程的检查，采用水暖（或蒸汽）供热的汗蒸房，其供暖管道的表面温度大于 100 ℃ 时，管道与可燃物之间的

距离不应小于 100 mm 或采用不燃材料隔热；供暖管道的表面温度不大于 100 °C 时，管道与可燃物之间的距离不应小于 50 mm 或采用不燃材料隔热，确保符合各项消防安全技术标准和管理要求；其次是加强该类场所的监管力度，各负其责、联合整治、依法履职，对于已经投入使用的汗蒸房，应当严格执行现行规定，鼓励通过技术改造满足上述更加严格的防火措施，对未经消防行政许可擅自投入使用和存在火灾隐患拒绝或一时无法整改的场所，应依法立案查处和采取行政强制措施；最后是加强单位主体建设，提升消防安全意识，开展全员、全方位的消防安全培训、应急演练，形成人人重视消防安全、人人参与消防管理的良好氛围。

3.3 制定更加科学的应急措施

汗蒸类场所火灾荷载大、人员高度集中，一旦发生火灾极易造成群死群伤等重大事故。在灭火救援准备上，应对汗蒸房类场所逐一登记造册，制定切实可行、内容真实有效、科学合理的灭火救援疏散预案，安全出口、疏散通道、自动灭火、防排烟系统等建筑消防设施情况切实做到情况清、底数明；在技术战术应用上，应坚持救人第一、科学施救的指导思想，利用建筑楼梯和消防等高车等多种方式与途径开辟救生通道，集中优势兵力堵截设防，最大限度地减少火灾损失和人员伤亡；在作战行动安全上，灭火行动中要设立安全员，强化消防员个人防护，落实各项安全防范措施，确保任务圆满完成。

参考文献

[1] 马瑛. 汗蒸养生房的电气防火[J]. 消防技术与产品信息，2013（3）：11-13.
[2] 范维澄，刘乃安. 火灾安全工程——一个新兴交叉的工程科学领域[J]. 中国工程科学，2012（3）：21-25.
[3] 孙宇. 汗蒸房电热膜及电气线路故障起火原因认定[J]. 消防科学与技术，2014，8（33）：975-977.
[4] 霍然，袁宏永. 性能化建筑防火分析与设计[M]. 合肥：安徽科学技术出版社，2014.

作者简介：黄涛，男，硕士研究生，沈阳市公安消防支队法库县大队大队长，工程师，主要从事防火监督工作。
电子信箱：xvvboo@163.com。

浅析破拆技术在船舶火灾中的应用*

田 飞

（上海市崇明区消防支队，上海 202150）

【摘　要】 基于近年来上海船舶灭火救援事故实战案例，研究船舶攻坚专业队破拆装备配备情况，分析船舶灭火救援破拆装备应用技术现状，围绕解决船舶灭火救援事故中的瓶颈和技术难点，研究破拆技术在船舶灭火救援事故中的实战应用技术。

【关键词】 破拆技术；船舶火灾；实战应用

近年来随着我国经济体制改革的不断深化，船舶工业发展迅速，无论是造船业、修船业，还是船舶运输业，我国均已跻身世界先进行列。崇明岛是祖国第三大岛，位于长江入海口。由于得天独厚的地理位置，崇明船舶运输业日益兴旺。崇明作为中国的海洋装备基地，云集了一批拥有较强实力的船舶企业，如：江南造船集团、振华港机、上海造船厂、沪东船厂、中海集团、大东船厂等，在船舶工业飞速发展的同时，行业繁荣的背后也隐藏着一个不容忽视的问题：船舶火灾居高不下。据不完全统计，船舶火灾占全国水上灾害事故的 20%，我国港口平均每年发生船舶火灾事故约 24 起，所造成的直接经济损失超过千万元。随着船舶火灾的不断增多，消防部门已经逐步将其纳入火灾扑救研究对象。为此上海消防总队专门成立船舶攻坚专业队对船舶火灾的破拆技术进行了系统研究，本节拟就船舶火灾扑救中破拆技术从整体和宏观上予以介绍。

1 船舶火灾扑救典型战例分析

案例一：2003 年"9·18"沪东船厂新"南京号"货轮火灾，由于船舶结构的特殊性，发生火灾后火点不易发现，电缆产生的高温、浓烟气体对内攻人员的进攻、撤退造成极大影响，造成陈华文牺牲，代价十分惨重。

处置措施：由于此船舶停泊码头处于维修状态，而受到工艺孔洞较多、船舶结构较复杂、火灾火点位置不明确等因素影响，导致烟热垂直、横向蔓延迅速无法实施封舱窒息灭火行动、破拆位置难以确定，综合各方面因素，采取强攻近战灭火的方法，最终将火灾扑灭。

案例二：2010 年"4·6"中海"金华伦号"船舶火灾泵油间发生火灾，内部有 3 人被困、8 人重伤，指挥中心共调集 16 个中队、27 辆消防车共 220 多名官兵到场扑救，首战到场力量两次试图从主甲板入口处深入内攻，均因温度过高而未能成功。

处置措施：最终采取破拆货仓的底部舱壁的方法进入泵油间，从而快速进入着火区域并成功将火扑灭，并将 3 名被困人员救出。此前的 2003 年"2·26"宝中号的火灾扑救，运用了此战术。

案例三：2014 年 4 月 9 日，崇明区江南大道 1888 号上海江南长兴重工有限责任公司（江南二号线）C1 号船坞内在建的 VLGC 型液化气船发生火灾，燃烧的位置为舱间内液化气罐体外层聚氨酯保

---

* 资金项目：国家重点研发计划项目（2017YFC0806604）。

温材料和三防布及防火毯,受到高温有毒气体以及进出通道狭小等不利因素的影响,救援人员无法深入内部实施灭火。

处置措施:此类船舶液舱部位发生火灾后,液舱空间密闭,产生的高温气体集聚甲板,甲板高温受热变形,在热传导和热辐射作用下导致火势向临近液舱扩大蔓延,灭火药剂无法直接喷射到液舱燃烧层,现场采取切割甲板和液舱壁的方法,先后切割了23处,进行排烟和打击火势。

案例四:2014年8月17日,崇明区江南大道1888号上海江南长兴重工有限责任公司(江南二号线)C1号船坞内在建的VLGC型液化气船发生火灾,该起火灾与"4·9"船舶火灾灾情相似。

处置措施:依据"4·9"船舶火灾的经验做法,第一时间加快了孔洞切割力量的部署,在船方技术人员指导下,科学合理地选择了切割孔洞的部位,增加了切割孔洞的数量和直径,起到了快速排烟散热的效果,为全方位灌入高倍数泡沫提供了捷径,并提升了灭火的效率,使灭火时间由"4·9"船舶火灾12小时缩短至5小时。

综合以上船舶灭火救援成功案例可以看出,在扑救船舶火灾处置过程中,烟热高温气体集聚舱室上层空间。经测试,一般情况下,船舱发生火灾后燃烧产生的热量和烟形成的高温流可达600 ℃~700 ℃,而一个正常人在高温高湿环境下,所能承受的温度为68~70 ℃,且坚持时间不超过5分钟,即使消防员采取保护措施,当身体接近这一温度时,一般也不能坚持太久。所以,采用常规"自上而下"的灭火战术无法达到行之有效的目的,同时,作战人员的安全得不到保障,反而起到事倍功半的效果,在选择一般途经不奏效的情况下,应该结合船舶火灾的特点和现场实际情况,灵活运用技战术,可以适时地采取"釜底抽薪"的方法在底甲板通向火点的位置进行切割,选择安全、高效的进攻路线。

2 船舶火灾破拆的目的和战术应用

2.1 明火情,充分发挥灭火剂最大的效能

现代船舶结构具有"四多、三大、二深、一高"的特点:"四多"即可燃易燃物多、舱室多、功能多、精密仪器多;"三大"即内部空间大、体积大、火灾荷载大;"二深"即吃水深、内径深;"一高"即科技含量高。船舶在火灾情况下烟雾浓且看不到火焰,首战力量到场,各种通道(舷梯、人孔、逃生孔)因烟雾使内攻灭火人员受阻、内部温度较高,超过人所能承受的温度,无法通过常规途径查明火情的情况下,应果断通过船方技术人员了解船舶的结构及燃烧区域所处位置,达到以下三种目的。

(1)迅速找到火源,察明火势燃烧范围。可采取对船舶的构件(如甲板、舱壁、吊物孔、人孔等)进行局部破拆,从而达到接近火点的目的,将水、干粉、泡沫等灭火剂喷射到燃烧物体上,精确打击火势。

(2)冷却保护受火势威胁的船舶构件。对阻碍灭火人员行动、妨碍喷射灭火剂的船舶构件和障碍物进行局部破拆。

(3)明确火点位置,实施破拆。受船舶构件制约无法直接或间接将灭火药剂喷射至着火点(区域),通过破拆为实施灭火创造条件。

2.2 排烟降温,改变火势蔓延和烟雾流动方向

船舶发生火灾后,受舱室空间密闭因素影响,燃烧产生大量的烟热高温气体无法通过现有设施排出,烟热集聚舱室上层空间,气体就在火垂直上方的某一点施放出,在船上获得理想垂直通风几乎不可能,因为在船上从着火点到外界很少有直接的向上通道,烟热只能通过舱室内部工艺孔洞横向流动,在热对流作用下加快了火灾横向蔓延扩大趋势(初期阶段水平方向烟气扩散速度为0.5 m/s,猛烈阶段

水平扩散速度为 0.5 ~ 3 m/s）。

（1）根据火势燃烧情况，选择适当的时机（不会形成爆燃或助燃）和部位（如甲板、天篷窗）进行破拆，此时烟气利用烟筒效应和烟气抽拔作用，从切割孔洞排出烟雾和有毒气体。

（2）烟雾在方形甲板舱口处会形成横向气流，这种气流能够产生"文杜里"管效应。灭火战斗中，为了延缓火势蔓延速度、改变火势蔓延方向和烟雾流动方向，可以选择适当部位（如相反的方向、侧面）进行破拆，设置水枪出水设防；也可以利用大功率排烟设备强行改变火势蔓延和烟雾流动方向。

（3）阻截火势向邻近舱蔓延。火势燃烧迅猛，灭火人员不进行破拆，难以控制火势时，要组织人员在火势蔓延的前方及船舶左右舷两侧的舱壁（避开上下边压载舱）进行破拆，阻截火势蔓延。

2.3 开辟捷径，打通救人和疏散物资通道

船舶按防火设计规范，在结构上（机、货舱甲板以下）脱险通道主要有舷梯、垂直应急逃生通道、围阱三种；除上述三种脱险通道以外，（个别类型船舶特殊外）集装箱船舶的封闭式服务通道、液化气船舶、散货轮船舶等位于货舱底部管弄通道也可作为应急逃生通道使用。

2.3.1 舷梯

舷梯主要布置于机舱内部，为满足救援人员上下舷梯不受阻碍，便于将被困人员从舱底救出，设计宽度一般为 600 ~ 1 000 mm，斜梯的高度一般为 4 m，高于 4 m 的斜梯应考虑中间增设平台，且平台上方净高不小于 2 m，设计倾角为 60°。但是目前总队范围内配备几种的救生担架规格最小的长 1 800 mm、宽 500 mm，在救援过程中由于舷梯窄、陡、滑、空隙多及转弯平台狭小，实战过程中担架难以携行，被救人员及救援人员安全得不到保证，可能造成二次伤害。在高温、高热、高湿且黑暗浓烟中负重前行，易摔滑、踏空、跌落，将加剧安全隐患概率的发生，生命安全得不到保障。

2.3.2 垂直应急逃生通道及围阱

此类通道设计最小宽度为 400 mm，逃生口常规设计大小为 600 mm × 600 mm，体重为 65 kg 左右的战斗员，其体型胸围约为 90 cm，经过切身体会实践证明，垂直应急逃生通道及围阱只能徒手上下攀爬通行；灭火战斗行动中，战斗员在背负空气呼吸器状态下无法通行围阱实施战斗行动。

2.3.3 服务通道

此类通道设计位于船舷内侧、成环状布局，上层为主甲板，主要用于堆放集装箱，下层为水压载舱。服务通道顶部设有电缆层，旁板上安装有各类输液管道，通往各货舱有独立的水密门。此类通道为封闭式，一旦发生火灾烟气会沿服务通道向四周扩散蔓延，由于服务通道通往主甲板的出入口较少且距离近 900 m（以 18000TEU 为例，长为 400 m、宽为 58 m），导致有毒有害气体难以排出。

针对以上脱险通道火灾情况下战斗展开受阻，且没有其他可行性的救援措施的情况，灭火人员为赢得更多时间抢救人命和疏散物资，在征得船方同意的情况下，应果断采取破拆的方式，开辟新的进攻通道。

3 主要船舶破拆装备性能分析

火灾情况下，破拆船舶部、构件主要部位有甲板板、外板（即围成船体的外壳）、肋板及舱壁板，其采用厚度不小于 16 ~ 22 mm 的高强度结构钢。总队船舶专业队成立初期，结合船舶火灾的特点配备无齿锯、双轮异向切割机、等离子切割机等成规的破拆装备，但经过实战运用及各类测试，尤其经过近年来的几起船舶火灾实战检验，客观反映出当前的破拆装备配置应用水平和实战救援的目标需求还

存在客观差距。其性能及应用分析如表1所示。

表1 几种船舶破拆装置性能及应用分析

器材名称	型 号	优 点	缺 点	建议采用
无齿锯	胡斯华纳K970型、K960型、K950型及鑫德华EC 7600型等种类无齿锯	便于携带，操作方面，机动性能稳定，不受外界条件和场地影响	无论是使用磨岩型、切齿型锯片还是金刚石锯片，其切割船舶甲板、舱壁等构件切割效果都较差，无法达到破拆的目的	否
双轮异向切割机	CDC2235型电动双轮异向切割锯	与单锯片相比较具有切割过程平稳、无反冲力、切割速度快、效率高的优势，切割速度是原有切割工具的5~8倍	切割船舶金属构件时易产生火花，为防止破拆部位造成火灾危险，必须使用水枪掩护；带电操作极易造成触电伤害；对表面光滑的钢材进行切割时，切割面没有抓力点，难以达到贯穿切割的目的	是
等离子切割机	PMX45等离子切割机。初始穿孔厚度3.8 mm，穿孔切割厚度最大可达9.5 mm、切割时间810 mm/min。	采用空气、氮气介质可以切割导电金属，如低碳钢、不锈钢或铝；体积小便于携带，操作简单；切割厚度较薄的钢板（4 mm以下）速率较快	该装备机箱防水要求较高，若在高温高湿环境下使用，易导致损坏和产生不安全因素，割炬头保护帽受高温影响易在操作中发生熄火故障；受装备型号和功率大小制约，在切割厚度上不能完全满足船舶火灾破拆的需要	是
氧乙炔割炬	常用的气源有氧气和乙炔，除此之外还有丙烷和乙炔、天然气和氧气，割刀有擒压式和等压式两种	可切割各种复杂的形状，切割厚度的范围较大（约为300 mm）；比其他机械切割的效率高	预热火焰即发出的红热熔渣对现场物质和操作人员可能造成着火和烧伤的危险，操作过程中容易产生回火；该类作业属于特种行业工种，操作人员需持证上岗	是

4 船舶破拆技术方法

船舶火灾破拆技战术是为了完成火场侦察、火场救人、疏散物资、阻截火势蔓延等战斗任务，对船舶（构）件进行局部破拆的行动。根据多起船舶火灾的处置经验，船方按照自身应急处置程序，在船舶火灾初期阶段为防止火势烟气通过通风管道（孔、道、门、口）等途径使火势扩散蔓延，多采取限制通风或封舱窒息灭火的措施，但是上述做法也是导致火势扩大成灾的主因之一，延误了船舶初期火灾扑救的最佳时机。即便消防力量到场后，明知火势已扩大成灾，考虑到船舶结构完整性，一般不同意对船舶构件实施破拆或通风灭火。例如，2010年4月9日船舶火灾扑救中，船方在明知船舱内部有人员被困的前提下（被困人员已在内部1个小时左右，考虑到生存可能性不大），依然要求实施封舱窒息灭火。结合处置船舶火灾的实战经验，介绍常用的两种破拆方法途径，供大家参考。

4.1 舱壁切割破拆

舱壁是船体内横向和纵向布置垂直隔板的统称，主要包括沿船长、宽方向设置的纵舱壁和横舱壁。舱壁切割主要针对着火点、被困人员相对位于舱室底部，救援人员难以通过现有的通道实施战斗展开，根据破拆装备性能分析及应用效果看，对此类部位切割破拆时建议使用氧乙炔切割炬实施切割，切割时避开依附在临舱横板上的电路、油路、管线等重要部位。密切关注横板壁上的颜色变化，着火点邻近的壁板油漆保护层会出现气泡和隆起现象，颜色发黄或变黑冒烟，应充分利用测温仪和热成像仪侦察比较着火舱与邻舱横板壁上的温度变化，避开着火燃烧区域，在温度较低部位进行切割，以免破拆后的高温热浪反扑或轰然造成人员伤害，切割时不得沿壁板底部切割（至少距离 60 cm 以上的阻隔壁板），避免灭火射水产生的水油层流淌至邻舱，造成流淌火的可能。

4.2 甲板和外板切割破拆

外板是构成船体底部、舭部及舷侧的外壳；甲板是密封船体的上部。甲板面切割破拆主要用于排出舱室内的高温烟气、灌注灭火药剂及狭小空间区域垂直吊升救人，甲板切割应避开龙骨和肋板，在切割范围内通过撬棒敲击甲板、观察连接缝，确定切割点，利用测风仪测出风向风力，在上风方向确定切割方位，同样采用氧乙炔切割炬实施破拆。在切割过程中应事先对切割的甲板穿孔保护固定，防止切割后钢板掉落舱室内砸毁（伤）设备、人员，必须对切割后的孔洞进行警戒保护，防止人员坠落。外板切割主要是船舶舷侧面的破拆，常用于通风排烟、阻截设防、强攻灭火，该部位切割技术性和要求性较高，必须精准确定部位，防止切割到水密压载舱、油舱等部位，切割部位必须充分衡量（评估）切割产生横向通风对火灾扑救的利弊，从而实现"一进一排，一进二排或二进三排"。

同时，以上操作应做到"五个必须"：必须经过船方负责人的同意和认可；必须根据船舶构造图确定切割区域；必须在船舶专业工程技术人员指导下进行；必须在水枪掩护下进行，防止引起新的火点；必须设立切割区域安全监护员。

5 结 语

当前船舶行业领域变得更广阔，船舶的危险性也在不断地提高，这些都给我们消防人提出了新的要求，如何快速扑救船舶火灾也是我们船舶专业队今后工作的一个重点，以上只是我们对扑救船舶火灾破拆技术的一些浅显认识。船舶火灾不同于一般火灾，有其自身的特殊性，因而我们必须以发展的眼光，在继承前辈们经验基础之上，加强技战术研究，在实践中积累灭火经验，不断分析总结，更新灭火理念，创新战术战法。我相信通过消防部队的集体努力，当遇到此类火灾时，我们的队伍一定会应对自如，运用过硬的业务技能、熟练的业务知识，扑救重大火灾，保护国家和人民群众的财产安全。

参考文献

[1] 熊锡龙. 船舶高级消防[M]. 武汉：武汉理工大学出版社，2010.
[2] 巍莉洁. 船舶结构与识图[M]. 2版. 哈尔滨：哈尔滨工程大学出版社，2007.
[3] 金仲达. 船舶概论[M]. 2版. 哈尔滨：哈尔滨工程大学出版社，2010.

浅议消防产品质量监管存在问题及对策

刘 玥

（石家庄市公安消防支队，河北 石家庄 050000）

【摘 要】 改革开放以后，随着我国经济水平的不断发展，安全问题也日渐成为全社会关注的重点。火灾一直是威胁人民群众生命财产安全的重要杀手，而要最大限度地降低火灾的破坏，就必须做好消防工作。实践证明，消防安全在一定程度上受到消防产品质量的制约，也就是说只有保证了消防产品的质量，才能让消防工作稳如泰山。公安消防机构要肩负起责任，积极对消防产品的质量进行监督和管理，为人民群众的生命财产安全提供必要的保障。

【关键词】 消费产品；质量监管；存在问题；对策

我国经济水平的提高和城市化进程的加快在客观层面给消防工作造成了一定的压力，也提出了更高的要求。与此同时，我国的消防产品生产企业也如雨后春笋一般出现和成长起来。消防产品不同于其他性质和用处的商品，其质量直接关系到消防的安全。我国法律也明确规定相关部门和机构必须严格按照国家制定的标准，对消防产品的质量进行有效的监管，确保我们所使用的消防产品的质量。近年来，我国的消防性质审批制度正在逐渐改革，在这样的背景下，目前的消防产品质量监管方法与实际情况出现了脱节的情况，导致相关工作出现了一系列的问题。因此，为了打击假冒伪劣消防产品，将火灾的隐患扼杀在萌芽之时，我们必须加大消防产品质量管理力度。本文以此为着力点，对消防产品质量监管中存在的问题和相应的解决方式进行了系统的分析。

1 消防产品质量监管中存在的主要问题分析

1.1 产品查处程序过于烦琐

就目前来看，消防机构在对不合格的消防产品进行查处之前，都必须先对产品进行抽样，然后经由国家指定的权威检验部门进行质量层面的检验。笔者在此以防火门为例，相关的监管部门要首先对防火门产品进行抽样，然后将样品送交到国家固定灭火系统和耐火构件质量监督检查中心进行检测，在获得翔实的检测报告以后，才可以判断该产品是否符合国家的相关质量标准，但值得注意的是，检测中心要根据自身的工作进度确定产品的具体检测时间，因此，一般情况下，在进行抽样后，从送交产品到进行检测再到形成检测报告需要一个月的时间。但是我国法律对于消防验收的时限是有具体规定的，一般都是二十天以内。这样就产生了矛盾，由于主客观原因，不排除有部分消防产品钻了空子，进入了市场，这在一定程度上给消防工作造成了安全隐患。

1.2 消防产品质量监管人员不了解产品性能

在实际的消防产品质量监管中，有部分工作人员本身对于产品的性能就不够了解，这样自然无法做好监管工作。笔者经过调查分析，发现根据近年来我国开展的消防产品专项整治行动中，一些基层的执法人员的专业素质不够强，没有完全掌握消防产品的性能。甚至还存在一定的地方保护主义，出现了官商勾结等现象。有些监管人员由于在工作中遇到了一定的阻力和困难，就出现了畏难情绪，没有真正地践行执法必严、违法必究的根本原则，也没有给予假冒伪劣产品有力的震慑，直接导致消防产品质量问题屡禁不止，甚至出现了地方性的流窜性作案事件。与此同时，由于各个地方的违法相关机构没有针对消防产品治理工作达成科学统一的认识，监管工作也出现了不平衡的问题，一些地区已经卓有成效，但还有部分地区仍然保持观望的态度，没有能够形成全国范围内的统一行动。再加上一些监管人员不能完全掌握消防产品的准入条款、判定规则，导致一些厂家在生产中以次充好、蒙混过关。

1.3 职能部门协作出现问题

监管部门和机构的沟通不利在一定程度上也给消防产品的监管工作设置了障碍。根据近年来的实际工作情况，工商、质监以及消防这三大主抓消防产品监管的部门或是机构在实际的工作中经常出现衔接不够紧密的问题。要想真正做好相关的监管工作，三方必须形成合力，通过有效的沟通和协调，联合执法。而目前协调出现问题则使得各个部门之间的权责界线模糊，执法工作因此也难以起到真正的作用。而假冒伪劣产品就利用三方联动的漏洞进入了市场，大行其道。

1.4 宣传出现问题

社会并没有对消防产品的质量问题进行大力的宣传，使得公众对于这个问题没有足够的认识。一些地区利用网络、电视等积极宣传消防产品打假的重要性，配合专项行动的展开并取得了很好的效果。但是宣传的整体力度还是不足，在一定程度上影响了消防产品质量监管工作的展开。

2 加强消防产品质量监管管理工作的对策

2.1 提高职能部门之间的协作效能

消防产品的监管工作必须走向规范化，国家首先必须根据实际情况制定科学的法律法规。政府要肩负起在各个部门之间协调沟通的职责。工商、质监和消防三大机构要形成合力，整合工作，积极打击低质消防产品。具体来讲，对于生产领域，质监部门应该对不符合国家相关标准的产品的生产机构进行查处，坚决打击假冒认证证书等现象。在流通领域，工商部门必须严格把关，对于没有取得市场准入资格的产品要将其排斥在市场之外，对于违法销售这些产品的销售点，要予以严厉的查处。而消防机构主要针对的是产品的使用领域，例如对产品使用者进行检查，确认其是否贯彻落实了产品质量责任和义务。对于不合格使用消防产品的行为要依照相关的法律规定予以打击。在专项整治行动中，如果发现制造和销售假冒伪劣产品的窝点，公安刑侦部门要立即接手，在最短的时间内对不法分子进行打击，尽量降低其所造成的恶劣影响。

2.2 加大对监管人员的培训力度

首先，必须在消防产品质量监管人员的心中树立牢固的质量安全意识，使其充分认识到该项工作的重要性，具体可以采取召开会议等方式进行。同时，要尽最大可能提高监管人员的业务技能水平，使其能够充分掌握消防产品性能、市场准入标准等相关知识和规章制度。相关部门可以考虑定期组织培训，要求工作人员必须参加，并将其作为考评的一项重要指标。除此之外，单位还可以制定合理的奖惩制度，对在学习和工作中表现出色的员工给予一定的物质奖励，最大限度地激发工作人员工作的主观能动性。

2.3 推行现场判定等简易程序

虽然进行抽样并将样品送至国家权威机构可以保证鉴定结论的准确性，但是这种方式不具备时效性，目前的实际工作需要要求消防产品质量的判定要在保证准确性的前提下在最短的时间内完成。因此，可以推行现场判定等建议程序，完善消防产品现场检查方法。这样就能在现场判定产品是否存在质量问题，也就避免了因为送检时间长而引发的一系列诸如偷换样品等问题。

2.4 加大宣传力度，营造打假氛围

有关部门可以充分利用现在发达的传媒体系，加大对消防产品质量治理工作的宣传，让广大的人民群众了解工作的重要性，并自觉加入打假工作中。充分发挥社会监督和舆论监督的作用。

伴随着科学技术的进步以及消防产品管理手段的增强，市面上的假冒伪劣消防产品遭到了严厉的打击，这在很大程度上为消防工作提供了有效的保障。实践证明，只有社会各界团结一致，真正重视起消防产品的质量监管工作，才能真正做好消防工作。在本文中，笔者从消防产品质量监管存在的问题和与之相对应的策略两个方面对此课题进行了深入的探究，希望能够为相关工作和研究的展开提供一定的参考作用，也希望我国的消防工作水平能够不断上升，成为保护人民群众生命财产安全的坚实后盾。

参考文献

[1] 梁智勇. 浅谈消防产品质量监督管理工作中存在的问题及对策[J]. 江西化工，2017(03): 202-203.
[2] 石文林，张立业，申雪晓. 消防产品质量监督中存在的问题及对策[J]. 消防科学与技术，2016, 35(07): 1026-1028.
[3] 周金芳. 消防产品质量监管存在问题及对策[J]. 军民两用技术与产品，2014(07): 226-229.

浅析建筑中庭消防设计

任贵红

(西安市公安消防支队莲湖区大队,陕西 西安 710004)

【摘 要】 通过作者多年的消防监管工作实践经验,结合对新旧建筑设计防火规范的对比认识和理解,对某建筑中庭的防火分隔、安全疏散、构件使用、通风与灭火设施来进行消防设计分析,提出合理的消防设计方案,并建议对防排烟及自动灭火进行定期维护,希望为消防监管工作的同仁们提供一些建筑防火的总体思路。

【关键词】 中庭;防火分隔;安全疏散;灭火;消防设计

1 引 言

建筑的中庭通常是指建筑内部的庭院空间,其最大的特点是形成具有位于建筑内部的"室外空间",是建筑设计中营造一种与外部空间既隔离又融合的氛围的特有形式,或者说是建筑内部环境分享外部自然环境的一种方式。

但是中庭这种共享空间作为建筑内连通上下楼层的开口破坏了防火分区的完整性,会导致火灾在多个区域和楼层蔓延发展。火灾时,中庭是火势竖向蔓延的主要通道之一,火势和烟气会从中庭部位侵入上下楼层,对人员疏散和火灾控制带来困难。国内外已经出现不少由于中庭设计不合理而导致严重后果的火灾案例。例如,2016 年 10 月马来西亚柔佛新山中央医院发生的火灾,火灾通过中庭迅速蔓延,至少 6 人死亡。

2 建筑概况与中庭消防设计

某综商业地上建筑面积约 14 584 m^2,地上 5 层,室外地面至屋面高度为 26.7 m,建筑耐火等级为 2 级,结构采用钢筋混凝土框架结构,该建筑 1 F ~ 5 F 为商业,B1 F 为设备和地下停车库,屋面有机房,每个防火分区面积都满足防火规范要求,且每个防火分区均有两个以上安全疏散出口,不满足自然排烟条件的防烟楼梯间、前室、合用前室设置机械加压送风系统,并设置了响应自动喷淋与自动灭火系统与灭火器,中庭连通 1 F ~ 5 F,中庭总建筑 2 850 m^2。

2.1 中庭防火分隔

中庭防火分区建筑面积应按上下层相连通的建筑面积叠加计算,当叠加后的建筑面积大于表 1 所示对应面积时,中庭与周围连通的空间应进行防火分隔。

表1 不同耐火等级建筑的允许建筑高度或层数、防火分区最大允许建筑面积

名称	耐火等级	允许建筑高度或层数	防火分区的最大允许建筑面积（m²）	备注
高层民用建筑	一、二级	按本规范第5.1.1条确定	1500	对于体育馆、剧场的观众厅，防火分区的最大允许建筑面积可适当增加
单、多层民用建筑	一、二级	按本规范第5.1.1条确定	2500	
	三级	5层	1200	—
	四级	2层	600	—
地下或半地下建筑（室）	一级	—	500	设备用房的防火分区最大允许建筑面积不应大于1000m²

注：① 表中规定的防火分区最大允许建筑面积，当建筑内设置自动灭火系统时，可按本表的规定增加1.0倍；局部设置时，防火分区的增加面积可按该局部面积的1.0倍计算。
② 裙房与高层建筑主体之间设置防火墙时，裙房的防火分区可按单、多层建筑的要求确定。

此中庭结合建筑功能需求和防火安全要求，1F～5F若在中庭不分隔超过了上图表防火分区，所以中庭作为一个独立的防火单元1F～5F中庭通高采取了防止火灾和烟气向周围蔓延的措施。如图1所示。

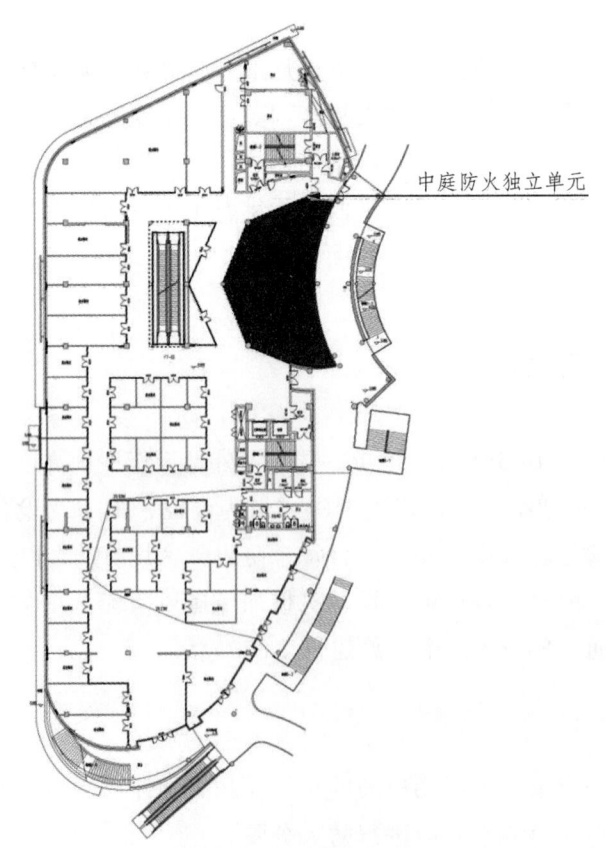

图1 建筑平面图

对于中庭部分的防火分隔，推荐采用实体墙，并应直接设置在建筑的基础或框架、梁等承重结构上，框架、梁等承重结构的耐火等级不应低于防火墙的耐火极限。有困难时可采用防火玻璃墙，但是防火玻璃墙的耐火完整性与和耐火隔热性要达到 1.00 h。当采用耐火完整性达到要求的防火玻璃墙时，要设置自动喷水灭火系统对防火玻璃进行保护。自动喷水灭火系统可采用闭式系统，也可采用冷却水幕系统，保护玻璃墙的自动喷水系统的喷头采用边墙型快速响应喷头，喷头动作温度为 68 ℃，工作压力需要计算确定，但不小于 0.1 MPa，喷水强度不小于 0.5 L/(s·m^2)，当喷头距离地面高度大于 4 m 时，每增加 1.0 m，喷水强度增加 0.1 L/(s·m^2)（不足 1.0 m 按 1.0 m 计算）。当采用防火卷帘时，其耐火极限不应低于 3 小时，并应具有防烟性能，与楼板、梁、墙、柱之间的空隙应采用防火封堵材料封堵。与中庭相连通的门窗采用甲级防火门、窗。防火门具有防烟功能，常开防火门具有信号反馈功能，防火门开启时不应跨越变形缝。

此中庭用实墙（防火墙）和特级防火卷帘分隔，如图 2 所示，考虑到防火卷帘在实际应用中存在可靠性不够高的问题，故采用特级防火卷帘提高耐火等级，并且卷帘具有在火灾时靠自重自动关闭的功能，在火灾时候自动降落，并把信号反馈给消防控制室。

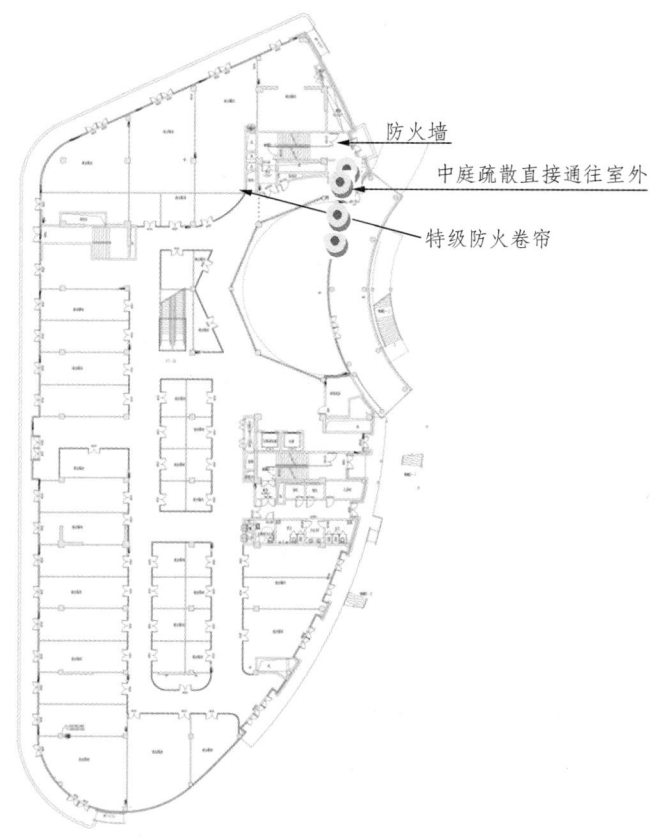

图 2　中庭图示

2.2　中庭安全疏散

（1）1F 中庭独立疏散，直接通往室外场地，如图 2 所示。
（2）中庭不布置摊位、展示台等影响人员疏散的物品及任何可燃物。
（3）商业部分的安全出口数量宽度满足人员安全疏散需要，不通过中庭疏散。
（4）疏散走道两侧的墙为 1.00 h 防火隔墙，上下楼板的耐火极限不低于 1.5 h。

2.3 中庭的装修

（1）中庭吊顶采用不燃材料，耐火极限不低于 0.25 h；墙体采用不燃材料，地面可以采用 B1 级别材料。

（2）中庭内不应布置可燃物。

（3）中庭内建筑制品、织物、塑料或橡胶、家具及组件、电线电缆产品须使用阻燃制品并加贴阻燃标识。

2.4 中庭特殊部位的构造处理

此中庭有变形缝，变形缝内的填充材料和变形缝的构造基层应采用不燃材料。

变形缝因温度抗震等原因留的较宽，在火灾中具有很强的拔火作用，会使火灾通过变形缝内的可燃填充材料蔓延，烟气也会通过变形缝等竖向结构缝扩散到全楼，因此，要求变形缝内的填充材料、变形缝在外墙上的连接与封堵构造处理、在楼层位置的连接与封堵构造处理、在楼层位置的连接与封堵构造基层采用不燃材料。

如图 3 所示，该构造由铝合金型材、铝合金板（或不锈钢板）、橡胶嵌条及各种专用胶条组成。配合止水带、阻火带，还可以满足防水、防火、保温等要求。

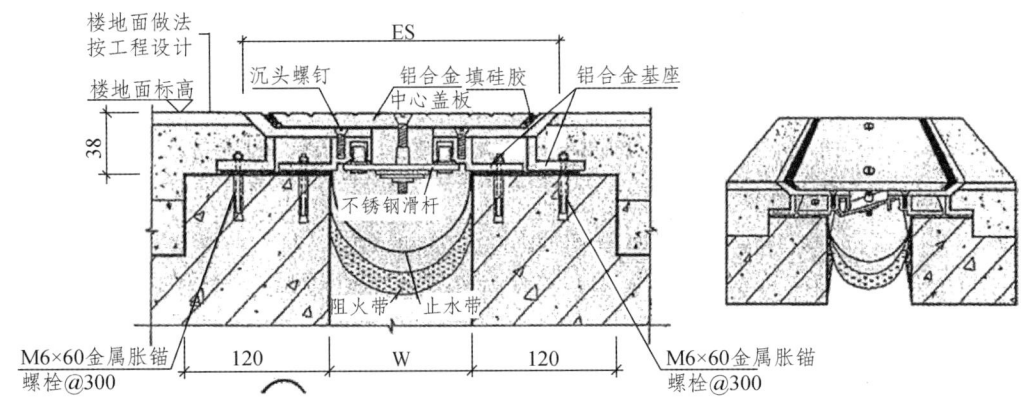

图 3 变形缝构造示意图

2.5 中庭排烟与灭火设施

（1）中庭应设置排烟设施。

（2）回廊排烟设施的设置：当周围场所各房间均设置排烟设施时，回廊可不设，但商店建筑的回廊应设置排烟设施；当周围场所任一房间未设置排烟设施时，回廊应设置排烟设施。中庭周围场所设有排烟系统时，中庭采用机械排烟系统的，中庭排烟量应按周围场所防烟分区中最大排烟量的 2 倍数值计算，且不应小于 107 000 m³/h；中庭采用自然排烟系统时，中庭排烟量按排烟口的风速不大于 0.5 m/s 计算有效开窗面积；当中庭周围场所不设置排烟系统，尽在回廊设置排烟系统时，回廊的机械排烟量不应小于 13 000 m³/h，或在走道两端均设置面积不小于 2 m³ 的排烟窗且两侧排烟窗的距离不应小于走道长度的 2/3。

（3）高层建筑内的中庭回廊应设置自动喷水灭火系统和火灾自动报警系统，对于高大空间的中庭，可以采用固定消防炮或自动跟踪定位射流等类型的灭火系统进行保护。固定消防炮可以远程控制并自行搜索火源、对准着火点、自动喷洒水或其他灭火剂进行灭火，可与火灾自动报警系统联动，既可手动控制，也可实现自动操作，适用于扑救大空间内的早起火灾。

3 确保消防安全特殊消防设计

为确保本建筑的消防安全，在依据国家有关消防规范的基础上，采用了如下的特殊消防设计方案：

（1）建筑商业区域店铺营业面与中庭回廊之间依据《建筑用安全玻璃第 1 部分：防火玻璃》（GB 15763.1—2009）规范采用耐火极限为 1.0 h 的 A 类隔热性防火玻璃分隔。中庭与商业部分用特级防火卷帘与防火墙各分隔为面积不大于 4 000 m^2 的防火分区。

（2）中庭回廊的自动喷水灭火系统安装使用快速响应洒水喷头，连接走廊内及中庭，均不设置可燃物，不设商业性营业设施，只作为人员流动连通场所。

（3）建筑内人员疏散将采用分区域分阶段的疏散策略，通过不同火灾规模和危险性大小，如有必要再疏散着火层所在的整体楼层人员。疏散指示标志灯采用智能应急疏散指示控制系统。该系统出口标志灯具有方向可调和频闪功能，可根据火灾具体部位指示最佳疏散路径，使疏散指示更加准确、及时、有效，提高人员疏散的安全性。

（4）对防排烟及自动灭火进行定期维护，才能确保消防系统完整。

参考文献

[1] GB 50016—2014. 建筑设计防火规范[S]. 2014.
[2] 国家消防工程技术研究中心，某商业广场消防安全性能化设计评估报告[Z].
[3] GB 15793.1—2009. 建筑用安全玻璃 第 1 部分 建筑用防火玻璃[S]. 2009.

浅谈超过 250 米超高层建筑消防灭火设施设计

吴思军[1]，彭建明[2]，李 聪[2]

（1. 海南省公安消防总队，海南 海口 571100；2. 中国中元国际工程有限公司，北京 100089）

【摘 要】 超高层建筑作为我国经济和社会发展的产物，在给我们带来经济效益和社会效益的同时，其消防安全问题也成为消防界研究的重点问题，当高层建筑高度超过 250 米时，其消防设计还需采取更加严格的特殊防火措施。消防灭火设施作为超高层建筑自防自救的重要手段，其设计的合理性和可行性尤为重要。本文以海南省某超过 250 米的建设工程为例，对超过 250 米超高层建筑消防灭火设施设计进行研究。

【关键词】 超高层建筑；消防；灭火设施；研究

1 引 言

建筑高度超过 250 米的超高层建筑其高度超过普通消防车的救火高度，一旦发生火灾，只能依靠建筑内设置的消防灭火设施。因此，在设计过程中，此类建筑设计更要遵循"预防为主，防消结合"的设计理念，在设计时以充分考虑建筑的自防自救能力为原则，提升建筑自身消防灭火设施的可靠性。

2 灭火设施设计

2.1 建筑概况

项目地点位于海口市，总建筑面积 388 513.52 m²，地上 276 262.52 m²，地下 112 251 m²。地上部分包括三栋建筑——塔楼、东西配楼，其中塔楼有 94 层，分为 7 大段，分别为办公、SOHO、酒店等功能，东西配楼分居塔楼两侧，保持对称关系，主要功能为商业和酒店会议中心。地下共四层主要功能为机房、停车库，酒店后勤及人防等功能。塔楼是消防设计重点保卫对象。

2.2 消防用水量

该建筑为高度超过 250 m 的一类超高层民用建筑，消防用水量同时考虑室内外消防给水系统用水量，其中，室内消防给水系统包括室内消火栓系统、自动喷水灭火系统、防护冷却系统、主动智能自动扫描射水高空水炮系统，其中主动智能自动扫描射水高空水炮和自动喷水灭火系统不同时动作，不重复计算用水量，共用自动喷水泵。在设计中，强化自动喷水灭火系统设计，自动喷水系统按中Ⅱ危险级设计。

2.3 室外消火栓系统

室外消防采用低压制，在室外 DN 300 mm 环状给水管网上设置若干室外地上式消火栓，用于室外消防及室内消防水泵接合器取水。室外消火栓间距不超过 120 m，距外墙不小于 5 m，距路边不大于 2 m。

2.4 室内消火栓系统

2.4.1 系统供水方式

对于建筑高度超过 250 m 的高层建筑，采用重力供水的常高压给水系统更为合理[1]。为保证系统供水可靠性，该建筑室内消火栓系统设计采用重力消防给水系统。按照建筑高度，室内消火栓系统 80 层以下（含 80 层）采用重力消防给水系统，80 层以上采用临时高压消防给水系统。每区消火栓系统分别在各自底部和顶部连成环状。整个项目共用消防水池及消防泵。室内消火栓系统竖向供水分区见表 1。

表 1 室内消火栓系统竖向供水分区表

序号	分区名称	供水范围	分区水箱	供水方式	系统类型
1	7	94 F～80 F	94 F 屋顶水箱，2 座容积各位 48 m³	94 F 屋顶水箱+消防泵+气压稳压系统供水	临时高压
2	6	79 F～64 F	89F 高位水池，总容积 471 m³，分 2 座	89 F 高位水池供水	常高压
3	5	63 F～50 F		89 F 高位水池经可调式减压阀二级减压供水	常高压
4	4	49 F～36 F		89 F 高位水池经比例式、可调式减压阀二级减压供水	常高压
5	3	35 F～23 F	48 F 减压水箱，总容积 35 m³，分 2 格	48 F 减压水箱经可调式减压阀一级减压供水	常高压
6	2	22 F～10 F		48 F 减压水箱经可调式减压阀二级减压供水	常高压
7	1	9 F～B4 F		48 F 减压水箱经比例式、可调式减压阀二级减压供水	常高压

2.4.2 消防水池和水箱

临时高压消防系统屋顶水箱设置在 94 层楼梯间上方，容积均为 100 m³，贮存临时高压消防系统初期消防用水量。常高压消防系统高位消防水池设置在 88 F～89 F，总容积为 471 m³，水池分设两座，贮存 1 h 自动喷水（180 m³）、1 h 消防防护冷却水量（166 m³）、0.85 h 消火栓水量（125 m³）。消火栓系统竖向采取三级串联转输方式供水，转输泵分设于 B1F 消防泵房、33F（设备层）、64F（设备层）消防转输泵房。33 F、64 F、88 F 消防泵房内均设置供手抬泵或移动泵消防接力供水的吸水和加压快速接口。33 转输水箱总容积为 289 m³（分设两座，一座 132 m³，一座 157 m³），贮存 2 h 消火栓水量（288 m³）；64F 转输水箱总容积为 70 m³（分设两格，每格 35 m³）。B1 消防水泵房内设两座总容积为 593 m³ 的消防、空调合用水池，贮存在火灾延续时间内最后 0.15 h 室内消火栓系统所需的消防水量 25 m³，以及安全储备水量 175 m³，共 200 m³。消防、空调合用水池均设消防保护水位及真空破坏管，保证消防水不被动用。

2.4.3 系统启动和联动方式

发生火灾时水消防系统由高位屋顶消防水池供水。随着屋顶高位消防水池水位控制器到消防转输泵启泵水位，由下而上逐级启动消防转输泵，向 33 F、64 F、89 F 消防水箱或水池补水。为解决临时高压消防系统顶层消防压力不足问题，在 88 F 消防泵房设一套消火栓及自动喷水灭火系统合用气压稳压装置。

消防控制室可远距离启动各级消防水泵；消防水泵房设手动启/停控制开关。临时高压消火栓消防泵由出水管上设置的压力开关或 94 F 屋顶消防水箱出水管上所设流量开关自动启动，启动流量为 1.3 L/s。常高压消火栓系统的消火栓箱内均设置消火栓按钮。发生火灾时，信号送至消防控制中心，发出报警信号。

2.4.4 火灾时外部消防供水

室外为低、中、高区消火栓系统各设 3 套地上式消防水泵接合器。低区消防水泵接合器供水范围为 B4 F~9 F，额定工作压力 1.0 MPa；中区 10 F~22 F，额定工作压力 1.6 MPa；高区为 23 F~94 F，额定工作压力 2.0 MPa。水泵接合器每套流量为 15 L/s。水泵接合器应设置永久标识铭牌，标注系统类型、供水范围、压力等参数。

2.5 自动灭火系统

2.5.1 自动喷水灭火系统

（1）系统分区：

自动喷水灭火系统 80 层以下（含 80 层）采用重力消防给水系统，80 层以上采用临时高压消防给水系统。自动喷水系统竖向供水分区见表 2。

表 2　自动喷水系统竖向供水分区表

序号	分区名称	供水范围	分区水箱	供水方式	系统类型
1	6	94 F~80 F	94 F 屋顶水箱，2 座容积各为 48 m³	94 F 屋顶水箱+消防泵+气压稳压系统供水	临时高压
2	5	79 F~60 F	89 F 高位水池，总容积 471 m³，分 2 座	89 F 高位水池供水	常高压
3	4	59 F~41 F		89 F 高位水池经可调式减压阀二级减压供水	常高压
4	3	40 F~23 F	48F 减压水箱，总容积 35 m³，分 2 格	48 F 减压水箱供水	常高压
5	2	22 F~7 F		48 F 减压水箱经可调式减压阀二级减压供水	常高压
6	1	6 F~B4 F		48 F 减压水箱经比例式、可调式减压阀二级减压供水	常高压

（2）喷头选型：

塔楼全部以及商业、餐饮、仓储用房、酒店裙房喷头均采用快速反应喷头；酒店客房采用大覆盖面侧墙式快速反应喷头（$K=115$）。酒店、公寓、办公和商业喷头温级均采用 68 ℃；厨房采用 93 ℃喷头；热交换站、锅炉房采用 79℃喷头；地下停车库选用温级 68 ℃直立型喷头；机械立体车库货架间喷头采用大覆盖面侧墙式快速反应喷头（$K=115$）。

（3）系统启动和联动方式：

自动喷水灭火系统均采用湿式系统。竖向与消火栓系统共用三级串联转输供水。第 6 区临时高压自动喷水灭火系统前 10 min 消防水量贮存在 94 F 屋顶消防水箱内，容积为 48 m³。该屋顶消防水箱为临时高压室内消火栓、自动喷水系统共用。

临时高压自动喷水系统消防泵由报警阀上设置的压力开关或 94 F 屋顶消防水箱出水管上所设流量开关自动启动，启动流量为 1.3 L/s。为解决临时高压自动喷水系统顶层消防压力不足问题，在 88 F 消防泵房设一套消火栓及自动喷水灭火系统合用气压稳压装置。88 F 消防泵房内临时高压自动喷水系统设置供手抬泵或移动泵消防接力供水的吸水和加压快速接口。发生火灾时，消防控制室可远距离手动启动各级消防水泵；消防水泵房设手动启/停控制开关。

（4）火灾时外部消防供水：

自动喷水灭火系统按低、中、高区分设 3 组地上式水泵接合器，低区消防水泵接合器供水范围为 B4F~6F，额定工作压力 0.8 MPa；中区为 7F~22F，额定工作压力 1.6 MPa；高区为 23F~94F，额定工作压力 2.0 MPa。低区 4 套，高、中区各 3 套，每套流量为 15 L/s。水泵接合器应设置永久标识铭牌，标注系统类型、供水范围、压力等参数。

2.5.2 水成膜泡沫—喷淋联用系统

地下车库采用水成膜泡沫-喷淋联用系统，与自动喷水系统共用供水设施，喷水强度及作用面积参照《自动喷水灭火系统设计规范》[2]规定。泡沫-喷淋联用系统先喷泡沫后喷水，持续喷泡沫混合液时间不小于 10 min，在 8L/s 流量下，系统启动喷水至喷泡沫的转换时间，不大于 2 min，闭式泡沫-喷淋联用系统输送的泡沫混合液应在 8 L/s 至最大设计流量范围内达到额定的混合比 3%。泡沫液罐采用 316 L 不锈钢材质，容积 1 500 L。

2.5.3 主动智能自动扫描射水高空水炮系统

净空高度超过 12 m 的首层大堂、68F 酒店中庭、94F 观光大厅采用主动智能自动扫描射水高空水炮系统（简称高空水炮系统），流量 5 L/s，射程 20 m，标准工作压力 0.6 MPa。高空水炮的布置保证任一点均有 2 门水炮保护。

首层大堂、68F 酒店中庭高空水炮系统由 89F 屋顶消防水池重力供水；94F 观光大厅高空水炮系统由 88F 消防泵房临时高压高空水炮消防供水，采用独立的管网和泵组。临时高压高空水炮系统初期消防水量贮存在 94F 屋顶消防水箱内，容积为 100 m³。该屋顶消防水箱为临时高压消火栓系统、自动喷水系统、高空水炮系统共用。

为解决临时高压系统顶层消防压力不足问题，在 88F 消防泵房设一套高空水炮系统气压稳压装置；同时在 88F 消防泵房为临时高压高空水炮系统设置供手抬泵或移动泵消防接力供水的吸水和加压快速接口。

临时高压高空水炮系统消防泵由智能红外探测组件、消防泵出水管压力开关或 94F 屋顶消防水箱出水管上所设流量开关自动启动，启动流量为 1.3 L/s。发生火灾时，消防控制室可远距离手动启动高空水炮消防水泵；88F 消防水泵房设手动启/停控制开关。

2.5.4 气体灭火系统

（1）七氟丙烷全淹没自动灭火系统：

地下一层 1#、2#变电所，塔楼 16 层 1#、2#变电所设置七氟丙烷全淹没自动灭火系统。系统设有自动控制、手动控制和机械应急操作三种启动方式，并与通风系统联动，气体灭火系统延迟 30 s 后喷放。每层变配电室配备空气呼吸器。每个气体灭火防护区设置 FXY-Ⅲ型自动泄压阀，安装高度不低于防护区净高 2/3。

（2）七氟丙烷预制式自动灭火系统：

地下一层 3#、4#变电所，总配电间、程控交换机房、网络机房、UPS 电源室、有线电视室，塔楼 32 层 UPS 电源室、网络机房、48 层变电所、64 层 UPS 电源室、网络机房、程控交换机房、变电所、89 层变电所设置预制式自动灭火系统。喷射时间和浸渍时间满足规范要求。气体灭火系统设有自动控制、手动控制两种启动方式，并与通风系统联动。设置 2 台及以上的预制式自动气体灭火装置，必须能同时动作，其动作响应时差不多大于 2 s。每个气体灭火防护区设置 FXY-Ⅲ型自动泄压阀，安装高度不低于防护区净高 2/3。

2.5.5 厨房排油烟罩及烟道灭火系统

酒店公共厨房排烟罩设置厨房排烟罩专用自动灭火系统。自动灭火系统与消防报警系统联网，并能自动或手动切断煤气主阀,报警反馈到中央控制室。厨房排油烟管道内每隔 3 m 装高温(260 ℃)喷头。

2.5.6 超细干粉自动灭火球装置

未设置自动喷水灭火系统且非人员经常停留的带电场所,如电梯机房、塔楼电缆井等,应加强主动消防措施,设置可主动抑制火灾或灭火的超细干粉自动灭火球装置。超细干粉自动灭火球装置采用全淹没系统设计,灭火浓度按照国家检测值 0.065 kg/m³ 作为设计依据。超细干粉自动灭火球装置采用定温启动控制启动,当防护区发生火灾时,环境温度上升至灭火装置设定的公称动作温度(设定 68 ℃)时,无论火灾报警控制器是否动作,灭火装置自动启动,释放超细干粉灭火剂灭火。灭火装置预留电控联动接口,超细干粉自动灭火球装置采用悬挂式安装。超细干粉选用聚磷酸铵为基材的复合材料超细干粉灭火剂,不选用磷酸铵盐灭火剂,以防止磷酸铵盐吸潮后及灭火衍生物对用电设备的腐蚀。

2.5.7 压缩空气泡沫灭火系统

压缩空气泡沫灭火系统主要是在原来的泡沫系统中加入了压缩空气系统,使一滴水经过该泡沫灭火系统后变成七个泡,每个泡的灭火功效与一定水的灭火功效相等,提高灭火效能[3]。为增强消防救援能力,塔楼设置两套独立的压缩空气泡沫灭火系统。泡沫立管设于疏散楼梯间或疏散楼梯间前室,立管管径 DN 100 mm,采用 316 L 不锈钢材质。每层设置双阀双栓消火栓。在首层设置专用接合器,保证消防车能够垂直向上输送压缩空气泡沫。配置足够长的消防水带,确保泡沫能够到达最不利点。

压缩空气泡沫灭火管道系统竖向分为三个区:B4 F ~ 32 F 为第一区;33 F ~ 65 F 为第二区;66 F ~ 94 F 为第三区。每个分区顶部设置信号电动阀,电动阀常开,消控中心能实现远程启、闭阀门;每分区顶部设置自动排气阀。消防水泵应保证在火警后 30 s 内启动。消防水泵均设自动巡检装置以确保消防时水泵能正常投入使用。

3 小 结

超高层建筑的防灭火设计一直是消防界关注的问题,如何进一步提升超高层建筑消防设计的合理性、可靠性是消防人士追求的目标。在工程实践中,需要消防部门、设计单位共同努力,结合项目具体情况,在满足国家消防技术标准的基础上探索研究更加优化的方案,使其不仅满足建筑造型和功能需求,同时也能实现保障建筑本质安全水平的目标。

参考文献

[1] 尹艳. 超高层建筑重力供水消防系统设计探讨[J]. 给水排水,2013,49(S1):408-412.
[2] GB 50084—2001(2005 年版). 自动喷水灭火系统设计规范[S]. 2005.
[3] 郭海明. 谈压缩空气泡沫系统的发展与应用[J]. 武警学院学报,2010,26(08):66-68.

作者简介:吴思军,女,海南省公安消防总队防火监督部高级工程师,技术 7 级,硕士,从事建筑防火监督工作。
电子信箱:119wsj@163.com。

社会单位消防安全区域协作工作初探

崔 颖

（海南省公安消防总队，海南 海口 570001）

【摘 要】 本文对社会单位消防安全区域协作工作进行探索，提出了相应的工作内容，剖析存在的问题及困难，并提出了相应的工作建议。

【关键词】 社会单位 消防安全 区域协作

消防安全区域协作是近年公安部消防局提出的针对社会单位的创新消防安全工作模式，目前没有明确具体的工作内容、运作模式，由各地消防部门结合实际理解并组织实施。笔者结合工作实际，认为消防安全区域协作可以理解为通过发动位置相邻、行业相近的社会单位建立协作工作机制，促进区域消防工作信息互享、互动交流、资源互助、互相帮扶，整合区域内先进消防安全管理资源，发挥社会单位自主管理积极性，切实加强区域内单位的对检互查，建立区域性火灾处置的协作互助方式，全面提高区域内单位的整体消防安全管理工作水平。

1 消防安全区域协作可以探讨实施的具体工作内容

结合区域协作互惠互助、相互促进的工作模式，及社会单位消防安全管理工作要求及特点，笔者认为，一般情况下，区域协作可以开展以下工作：

1.1 成立区域协作临时组织

可以由当地公安消防部门牵头组织区域内单位举行不记名投票，选定协作组织领导组织机构相关人员，明确区域协作牵头单位，成立区域协作办公室、消防安全检查小组、灭火救援小组等下设机构，负责区域协作的日常运行。

1.2 搭建区域协作交流平台

可以通过网页、公众微信、QQ群等方式搭建区域协作工作交流平台，指定专人维护网页，发动区域协作单位内从业人员关注微信，定期在交流平台发布相关的消防安全常识，共享行业消防安全资源，发布消防部门工作信息和区域内消防工作动态。

1.3 组织开展消防安全对检互查

区域协作组织可以整合社会单位内长期从事消防工作的消防专兼职管理人员，成立消防安全检查小组，综合国家现有消防法律法规及技术标准，制定区域单位消防安全管理标准，每月按标准开展一次区域内单位的对检互查，在区域内公告影响公共安全的火灾隐患，跟踪落实火灾隐患整改情况。每周组织一次区域内社会单位开展区域内公共部分市政消火栓是否完好、消防车道是否畅通情况的排查。

1.4 提高区域初期火灾处置水平

整合区域内单位志愿消防队员、消防器材装备、消防通信等资源，建立初起火灾处置的人员和装备保障资源库。每季度至少组织区域内25%的单位开展一次全员灭火和应急疏散预案演练。每半年组织一次区域内灭火协作演练，致力于提高区域内初起火灾处置水平。以微型消防站建设为依托，建立区域内微型消防站"一点着火、多点调派"增援的初起火灾处置工作机制。

1.5 开展消防安全宣传培训

每年结合安全生产月、防震减灾月、119消防宣传日、重大节假日、重大活动期间组织开展消防安全知识宣传活动，面向游客、群众发放消防宣传资料，提供消防安全咨询服务。统一完善区域内消防安全提示性标识。整合消防安全培训师资，统一开展岗前及岗位消防安全知识普及性培训，提升从业人员消防安全素质。

1.6 开展消防业务技能竞技

消防部门定期开展业务指导，每年组织试点区域内行业单位开展消防业务技能竞赛，建立区域内单位比、学、赶、帮、超氛围，共同提高区域消防工作水平。

1.7 鼓励运用科技手段助力消防安全管理

鼓励区域内社会单位安装电子巡更系统加强防火巡查工作，利用消防远程监控系统强化对消防设施完好率、消防控制室值班人员在位率等的实时监测。

区域协作工作机制建立的初衷是鼓励社会单位加强自我管理，实现区域内的消防安全自律，但由于区域协作临时组织的牵头或负责单位对区域内其他单位履行消防安全职责的情况并无法律法规授权的监督管理职能，而且临时组织并不是法律认可可承担相应法律责任的实体，所以区域协作工作必然会很大程度上依赖消防部门督促和指导，形成"消防部门推一推、社会单位动一动""说起来很重要、忙起来都不要"的局面，容易导致区域协作工作因缺少内生动力而终止，因此，鼓励区域协作由工作机制向团体组织转变，推动区域协作内的单位登记成立相应的社会团体并依法运转，是确保区域协作能长期正常运作的最终选择。基于此目标的区域协作还可以探索完成以下工作：

（1）登记成立民办非企业单位。

由区域内单位推选牵头单位申请登记成立民办非企业单位，讨论明确并申报核准业务范围，制定单位章程，拟定年度工作计划并组织落实，明确单位经费来源及使用范围，真正将消防安全区域协作工作作为登记单位的业务工作抓好落实。

（2）开展相应的消防拓展业务。

当区域协作组织登记成为民办非企业单位，就可以引进和考虑一些与消防工作相关的拓展业务，并纳入民办非企业单位章程进行管理，如在取得相应的资质或认可后开展职业培训指导、为会员提供相应的消防咨询服务、分享消防工作的相关信息，在消防部门的支持下承办相应的消防工作交流会议、搭建技术交流平台，举办消防产品展销、发行消防工作的刊物等。

（3）由区域管理向行业管理升级。

尽可能多地吸纳所在地域内类似行业单位、个人成为民办非企业会员，通过开展相应的消防业务，及时总结区域单位管理的经验，升级为行业性的社会团体，并以社会团体为依托深入探索研究行业的消防安全标准化管理工作，参与地方性消防法规、标准的修订、制订，建立行业自律性管理机制、辅助消防部门开展行业消防安全管理等。

2 推行消防安全区域协作工作遇到的问题

区域消防协作工作是对社会单位消防工作模式的新探讨，在实施的过程中必然会遇到相应的问题，需要认真分析解决。

（1）区域协作工作推动有一定的难度。

区域协作工作的提出，源于上级消防部门的指令性工作要求，并没有相应的法规、标准支撑，从依法履行主体责任的消防安全责任体系构成要素来说，不是社会单位的法定职责，所以社会单位即使不参与协作工作，消防部门也不能认为社会单位未依法履责。在这种前提下，部分社会单位认为区域协作工作增添了人力资源成本和经济负担，增加了工作量，不愿意或不主动参与协作工作，导致区域协作工作推动有一定难度。

（2）消防部门指导标准不一。

由于区域协作是新课题、新概念，没有相应固定或成熟的工作内容、运行模式，各地消防部门对区域协作工作的推动都在"摸着石头过河"，难免会存在思路不清、标准不一、方式各异、进展不同等问题。

（3）未建立与消防部门的良性互动机制。

现有区域协作的对检互查、宣传培训工作都停留在区域内部，区域工作的成果运用几乎为空白，容易让区域协作工作人员否认自身的工作成效。消防部门如何对区域协作的工作成效进行科学评估，充分肯定区域自主管理成果，并作为确定区域消防监督检查频次、单位行政处罚的参考因素，是充分调动区域内社会单位的工作积极性、参与区域协作工作的动力。

（4）资金投入的连续性保障问题。

区域协作要正常运行，需要一定的资金支持。而协作组织的资金来源有两种形式：一是在未经民政部门批准成立团体组织之前，由各单位承担自身参与区域联防工作组织的工作费用，此项费用一般纳入单位年度消防工作经费予以保障。但在实际运作过程中，由于区域协作工作经费并未完全运用于本单位的消防安全工作，很难得到单位领导的主动主持。而且无合法主体的临时组织的资金管理、使用会带来一系列的问题，让社会单位望而却步。二是在由民政部门批准成立相应的社团组织后，由组织成员单位缴纳会费或争取外部捐赠用于维持团体的正常运行工作，但由于单位在团体组织内角色担任不一，造成缴纳的会员费用不一（如通常理事长单位与成员单位缴纳的费用各不相同），在运转过程中会出现单位为少出费用、少费事而刻意规避协作组织主要职务的担任，造成协作组织缺少领头单位而无法正常运转的结果。此外，争取捐赠款项也存在明显的难度，容易出现"拿不来、花不了"的情况。

3 对规范消防安全区域协作工作的几点建议

结合存在的问题，笔者结合实际，对规范消防安全区域协作工作提出以下工作建议：

（1）明确区域协作工作机制的相关工作内容，做到有章可循。

为了推动区域协作工作的健康发展，消防部门应主动研讨区域协作的相关内容，明确具体的工作内容，让区域协作工作制度化、标准化，方便协作单位按标准和要求开展相应的工作。同时应鼓励协作单位结合协作区域实际创造性地开展工作，做到既整齐划一，又标新立异。

（2）明确区域协作的法律地位，做到有法可依。

社会单位消防专兼职人员开展区域协作工作，需要得到所在单位消防安全责任人的首肯，需要区域内协作单位的认可和支持，消防部门应在部门指令性文件要求的基础上，尽可能通过政府发文、地方立法、行业立标等形式确认区域协作的法律地位，使其成为社会单位的法定职责，为推动协作工作提供法律依据。

（3）畅通区域协作互动机制，做到支持有力。

消防部门应结合区域协作工作内容，定期指导、检查工作落实情况，对相关单位、人员开展相应的培训，采取培植消防工作示范样板、培育专业人才队伍等方式，为区域内协作单位的消防安全管理立好标杆，为各项工作开展储备人员。对协作组织汇报需要给予的消防技术支持、通报的隐患问题查处、相关行政部门的工作协调、提交的区域协作工作建议等，消防部门都应当予以重视并给予大力支持，激发区域协作动力，积极引导并发动协作单位通过区域性的协作，全面提升区域单位的消防安全管理水平，实现隐患整改、初起火灾处置、行业消防安全管理问题都在区域内自行解决。

社会单位作为"四位一体"消防工作责任体系的责任主体之一，充分发挥单位自主管理的工作模式有助于缓解消防部门的监督管理压力，区域协作工作模式为发挥社会单位自觉参与消防安全管理提供了平台，为消防部门探索行业性消防安全标准化管理、培养消防工作明白人、培植消防安全管理示范单位、提高区域内社会单位火灾防控工作水平开辟了新的渠道，应该进行更深一步的探索。

作者简介：崔颖（1978—），女，工学学士，现为海南省公安消防总队防火监督部高级工程师，长期从事消防监督管理及火灾调查工作。

联系方式：13307666568；

电子信箱：1037357792@qq.com。

防火封堵材料抗爆性能浅析

张 瑷，宋 超，饶 盼

（喜利得（中国）公司，上海 200032）

【摘 要】 随着现代工程对安全的要求愈加严格，防火封堵产品也占据了越发重要的地位。而简单的防火性能早已不能满足现代工程的各种要求，增加产品的烟密、气密、防水、抗爆等各种特性成为新一代防火封堵产品的必行之路。本文将由一次电力事故出发，分析其中涉及的材料抗爆性能问题，浅析现在市场中出现的各类防火封堵产品并对其优劣性进行总结。同时，本文指出了新型防火封堵材料具备抗爆性能的必要性以及依据欧洲标准下的抗爆测试原理及方法。

【关键词】 电缆沟防火墙；防火封堵；抗爆性；爆炸测试

1 引 言

2016年6月18日0时28分，陕西省西安市一变电站发生爆炸事故。此事故造成西安部分区域停电和部分间接人员受伤，并直接影响到工业用电，导致巨大的直接或间接的经济损失。

从此次事件来看，事故是由电缆短路爆炸引发火灾，而爆炸冲击波摧毁了阻火墙令其失去阻火功能，火势蔓延并引发事故面扩大。基于以上事实，可以做出这样一个推论：如果防火封堵间隔可以发挥更多的作用，不会在电缆沟爆炸中轻易解体，是否能将事故面压缩到最小呢？那么，该推论引发了一个未被关注却需要予以重视的讨论：防火封堵系统的抗爆性能。

2 电缆沟防火墙的重要性

变电站防火环节中电缆沟为重点防护部分，火灾发生时，火势会随着电缆沟周围的空隙蔓延，所以严格封堵电缆沟孔洞能起到阻止火势蔓延、保护价值千万的控制设备的作用。同时电缆沟的封堵可以防止小动物贯穿，避免造成短路事故。

如果变电站馈出电缆沟内电缆的中间接头发生爆炸（也就是西安事故发生的原因），将会殃及其他电缆引起火灾，倘若火势或者爆炸蔓延就会引起重大事故，造成重大损失。

许多变电站事故的造成往往是忽视了防火封堵系统除了防火性能之外的其他必要性能，如防水、防鼠、抗爆炸冲击等。

3 现行电缆沟内阻火墙工艺、材料论证

基于传统防火材料的各项标准，国家电网公司对于输变电工程各方面的工艺做出了明确的规定，其中在2012版的工艺标准库中[1]，对电缆沟内阻火墙做出了如表1所示的描述。

表 1 阻火墙工艺

工艺说明	图示
（1）敷设阻燃电缆的电缆沟每隔 80～100 m[3]设置一个隔断，敷设非阻燃电缆的电缆沟宜每隔 60 m 设置一个隔断，一般设置在临近电缆沟交叉处 （2）阻火墙中间采用无机堵料、防火包或耐火砖堆砌，其厚度一般不小于 150 mm，两侧采用 10 mm 以上厚度的防火板封隔	 0102050501-T1 阻火墙制作
（3）阻火墙顶部用有机堵料填平整，并加盖防火板，底部必须留有排水孔洞 （4）阻火墙应采用耐腐蚀材料支架进行固定 （5）阻火墙两侧不小于 1 m 范围内电缆应涂刷防火涂料，厚度为（1±0.1）mm （6）沟底、防火板的中间缝隙应采用有机堵料做线脚封堵，厚度大于阻火墙表层的 10 mm，宽度不得小于 20 mm，呈几何图形，面层平整 （7）阻火墙上部的电缆盖上应涂刷红色的明显标记	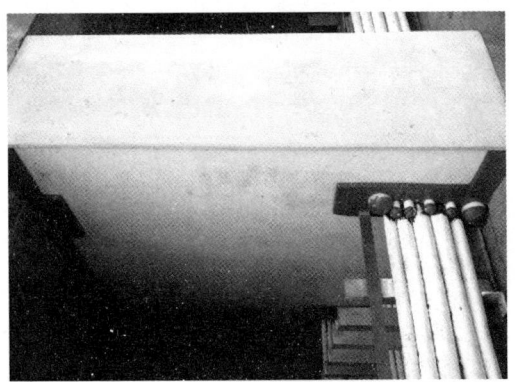 0102050501-T2 防火墙两侧电缆防火涂料  0102050501-T3 阻火墙成品

上述描述中主要材料包含了如下的传统防火产品[2]：

3.1 无机堵料

无机防火堵料也称速固防火堵料，是以快干水泥为基料，配以防火剂、耐火材料经研磨、混合均匀而成。无机防火堵料对管道或电缆贯穿孔洞、电缆沟阻火墙均可以封堵，机械强度大，但时间久了容易开裂和粉化。该产品的性能决定了它不适宜长期浸泡在水中，同时易开裂和粉化的特性也无法达到抵抗冲击的结构要求。

3.2 防火包

防火包形如枕头，也叫阻火包、阻火枕。是用不燃或阻燃性布料把耐火材料约束成各种规格的包状体，在施工时可堆砌成各种形态的墙体，具有隔热阻火作用。但堆砌的防火包遇水容易坍塌，造成封堵失效。且防火包本身质量轻，加之堆砌方法无生根结构的，也导致了使用该产品的防火墙不具备抗冲击的特点。

3.3 耐火砖

耐火砖简称火砖。用耐火黏土或其他耐火原料烧制成的耐火材料。淡黄色或带褐色，可以在高温下经受各种物理化学变化和机械作用。使用堆砌的方法施工，无法形成抗冲击的结构。

以上三种材料在自身特性和安装结构上均未考虑且无法达到抵抗普通物理爆炸冲击的条件。

4 喜利得新型防火封堵材料的抗爆性能分析

4.1 喜利得新型防火封堵产品

喜利得对于防火类产品的开发一直领先于市场，在研发新型防火封堵产品时已经考虑了其长效性、环保型、灵活性以及抗爆炸冲击波性能等未被市场予以重视的新特性。喜利得新型防火封堵产品有防火密封胶、防火板、防火涂层板、防火填缝胶、防火发泡剂、防火发泡块、防火灰泥、防火涂料、阻火圈、模块封堵产品等。每一款产品都经过喜利得"爆裂实验"的检测，并具有相应的认证报告说明其具体的抗压数值与有效反应时间。图1为几种喜利得新型防火封堵产品。

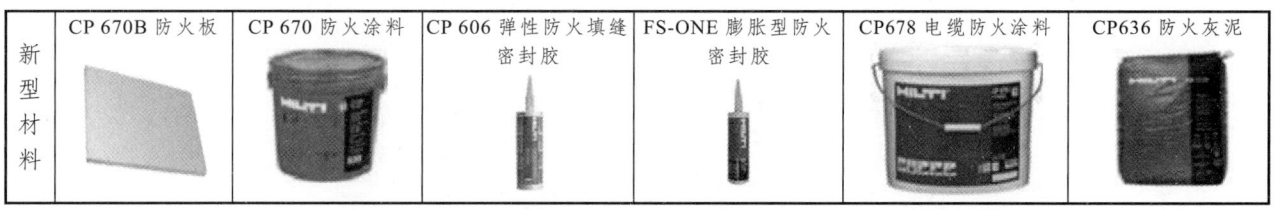

图 1 几种喜利得新型防火封堵产品

4.2 喜利得爆炸测试解析

喜利得依据 prEN DIN13123-1[4]与 prEN DIN13124-1[5]的欧洲规范标准设计实验。

4.2.1 测试装置

图 2 所示为喜利得爆炸测试装置激波管，整体分为三部分：前部为爆炸室，用于放置炸药产生冲击波；中部为冲击波放大与加强装置；后部为测试样品放置处。当前室的炸药爆炸，所产生的剧烈冲击波会反复撞击被测试样品。

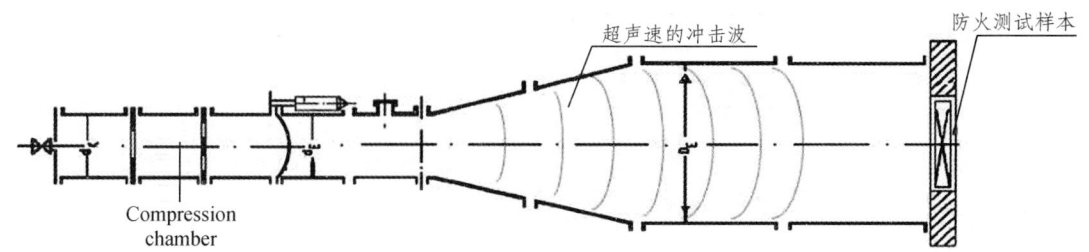

图 2 喜利得爆炸测试装置激波管

4.2.2 实验原理

喜利得的爆炸测试其实为"爆裂测试"。这是因为相比较与"爆炸","爆裂"会引起非常极端的压力峰值。在防火测试样本上的冲撞是非常猛烈和急促的。当冲击波冲撞测试样本之后,压力向周围环境扩散,并呈幂次方规律减弱。

通常"爆裂"产生短时间内的"动荷载","爆炸"产生的"静荷载"相对多一些。Hilti 对材料做了"爆裂实验",材料样本承受了比"爆炸"更高的冲击力。在我们看来,这个测试方法能够覆盖其他形式的"爆炸"。

4.3 测试结果

经测试,喜利得防火密封胶产品能承受 1 bar(EPR2:1.0 bar 压力峰值=一辆自重 2 吨的家用轿车以 60 km/h 的速度撞击一堵 4 m×2 m 的墙)的爆炸冲击,而防火灰泥的这个数值可以达到 2 bar。防火板与防火砖也同样可以达到抵抗普通物理爆炸冲击波的效果。

除此之外,新型防火封堵材料还有隔音、耐水的优点,尤其是具有抗高压消防水流冲击能力。

5 应用案例——运用新型防火材料的苏州站电缆沟防火

出于对变电站安全的更全面考虑,淮安-上海 1 000 kV 变电站苏州站的电缆沟防火封堵项目选用了喜利得新型防火封堵材料。在保证保持工艺图集外观的情况下,该工程综合使用了喜利得高密度的具有防水性能与抗爆能力的防火灰泥、具有施工与二次贯穿灵活性的喜利得防火砖,防水效果极佳的膨胀型防火密封胶与起到固定生根作用的防火板。现场建造状况如图 2 所示。

图 2 现场建造状况

如图 3 所示,使用喜利得新型防火材料做成的电缆沟防火墙与常规材料的区别可以归纳为:
(1)最高防火时效可达 4 小时。
(2)本产品不含卤素、石棉、苯酚,不含挥发性有机溶剂。
(3)高抗爆性能,最高承压 200 kPa。
(4)气密性,水密性,无烟毒性。
(5)30 年长效防火性能,无须更换。

（6）固化时或者遇火时不收缩。

（7）固化后耐水浸，不会发生涨泡而失效现象，相对于国产阻火包与耐火隔板的施工工艺，不会出现坍塌、开裂而降低防火性能。

（8）可多次穿越，不降低材料的防火性能。

（9）膨胀型防火密封胶具有遇热膨胀性能，无约束情况下膨胀倍率可达3～5倍，若借助套管或者墙面约束，该产品可快速有效地对管内电缆缝隙进行渗透，达到优良的防火封堵效果。

综合以上所述的种种优势，业主将该次项目作为"保工艺，促性能"的试点项目，用于对变电站防火未来发展趋势的探索。

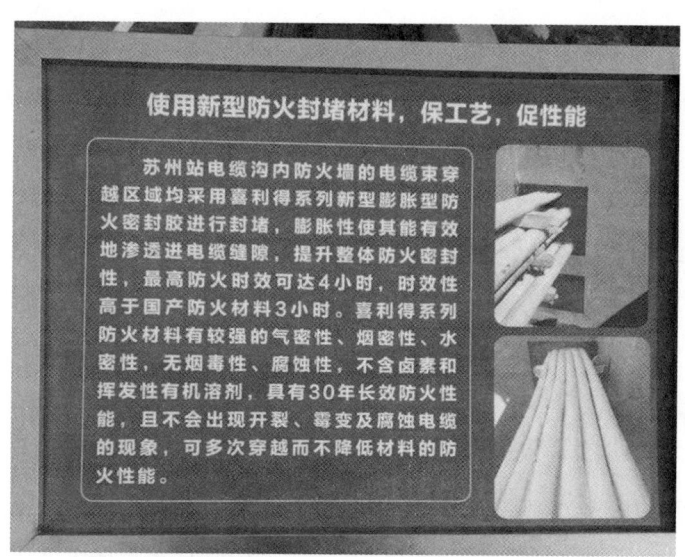

图3 喜利得新型防火材料与常规材料的区别

电力安全越来越被大家所关注与重视，然而现今电力事故已不再是单纯由火灾引起这么简单，多种多样的事故种类也要求了更多样的防火材料的性能。仅仅起到防火作用的防火封堵材料已经无法满足日益多样化的需求，起到决定性作用的往往是防水、防鼠以及抗爆这些平时甚少被人关注的特性。而兼具这些特性的防火产品必将是未来防火产品的发展趋势。

参考文献

[1] 国家电网公司输变电工程标准工艺 标准工艺设计图集[S]. 2012.

[2] GB 23864—2009. 防火封堵材料[S]. 2009.

[3] GB 50229—2006. 电力发电厂与变电站设计防火规范[S]. 2006.

[4] DIN EN 13123-1. Windows, doors and shutters Explosion resistance Requirements and Classification[S]. Part 1: Shock tube; DIN-adopted European Standard, 10/01/2001.

[5] DIN EN 13124-1. Windows, doors and shutters-Explosion resistance[S]. Test method-Part 1: Shock tube; DIN-adopted European Standard, 10/01/2001.

俄罗斯清洁灭火剂的发展历程

张之立

(中煤科工集团，北京华宇工程有限公司，北京 100120)

【摘　要】 较为详细地介绍了苏联与俄罗斯气体消防有关标准中清洁灭火剂的发展历程。
【关键词】 СНиП 2.04.09；НПБ 88；清洁灭火剂；卤代烷；惰性气体；八氟环丁烷；六氟化硫

1987年9月16日，在加拿大通过了《关于消耗臭氧层物质的蒙特利尔议定书》，于1989年1月1日起生效。当时首次规定受控的消耗臭氧层物质有两类。其中第二类为哈龙类物质，包括哈龙1211、1301和2402等三种物质。此后在全世界范围内，开始了哈龙替代品——清洁灭火剂的研发工作。

本文着重介绍苏联与俄罗斯清洁灭火剂发展变化情况。

1 苏联标准 СНиП 2.04.09（1984年版）

在《关于消耗臭氧层物质的蒙特利尔议定书》制定前，苏联执行的相关标准是《建筑物与构筑物的自动消防装置》(《Пожарная автоматика зданий и сооружений》)(СНиП 2.04.09—84)。其中，СНиП 是 СТРОИТЕЛЬНЫЕ НОРМЫ И ПРАВИЛА 的缩写，表示建设规范与标准。

根据 СНиП 2.04.09-84 第3.5条的规定，苏联采用六种气体灭火剂：二氧化碳、氟利昂 $114B_2$（即卤代烷2402）、氟利昂 $13B_1$（即卤代烷1301）、二氧化碳与氟利昂 $114B_2$ 的混合物、氮气和氩气。卤代烷2402，也记为H2402；即四氟二溴乙烷（$C_2Br_2F_4$）。其中，二氧化碳与氟利昂 $114B_2$ 的混合物中，二氧化碳占85%，氟利昂 $114B_2$ 占15%。此外，苏联曾使用过3.5号和7号卤代烷混料。3.5号卤代烷混料是由一溴乙烷（C_2H_5Br）(H2001)、三氯甲烷（$CHCl_3$）(H103) 和二氧化碳（CO_2）组成的。按重量（kg）比，$C_2H_5Br : CHCl_3 : CO_2 = 3.88 : 0.17 : 1.7$。7号卤代烷混料是由二溴甲烷（$CH_2Br_2$）(H1002)、一溴乙烷（$C_2H_5Br$）(H2001) 和二氧化碳（$CO_2$）组成的。按质量（kg）比，$CH_2Br_2 : C_2H_5Br : CO_2 = 2.3 : 0.58 : 0.26$。在3.5号和7号卤代烷混料中均有二氧化碳的组分，但二氧化碳都不是主要组分。

另外，苏联还曾在船舶机舱中使用过一种含氟利昂 $114B_2$ 的卤代烷混料，是由一溴乙烷（C_2H_5Br）(H2001) 和氟利昂 $114B_2$ 组成的。按重量比（%），$C_2H_5Br : C_2Br_2F_4 = 73 : 27$。其中，氟利昂 $114B_2$ 不是主要组分。

СНиП 2.04.09-84 规定：二氧化碳、氟利昂 $114B_2$（即卤代烷2402）均可用于局部应用系统。（注：我国仅允许二氧化碳用于局部应用系统。）

苏联（俄罗斯）习惯用氟利昂命名表示卤代烷气体灭火剂，与我国、美国及国际标准化组织（ISO）的习惯不同。

2 俄罗斯 НПБ 88（2001年版）

在《关于消耗臭氧层物质的蒙特利尔议定书》执行后，俄罗斯目前执行的相关标准是《灭火与报警装置·设计规范与标准》(《Установки пожаротушения и сигнализации. Нормы и правила проектирования»)（НПБ 88-01）（2001年版）。НПБ 是 НОРМЫ ПОЖАРНОЙ БЕЗОПАСНОСТИ 的缩写，表示消防安全标准。

根据 НПБ 88-01 第 7.6 节中表 4 的规定，俄罗斯采用 10 种气体灭火剂（见表 1），其中 9 种为清洁灭火剂，另 1 种为二氧化碳。

表 1　НПБ 88-01（2001 年版）中气体灭火剂一览表

代号	中文名称	俄文代号（俄文名称）	分子式	化学式
一、液化气体灭火剂				
R744	二氧化碳	Двуокись углерода	CO_2	CO_2
HFC-23	三氟甲烷	Хладон 23	CF_3H	CF_3H
HFC-125	五氟乙烷	Хладон 125	C_2F_5H	CHF_2CF_3
FC-2-1-8	八氟丙烷（全氟丙烷）	Хладон 218	C_3F_8	$CF_3CF_2CF_3$
HFC-227ea	七氟丙烷	Хладон 227ea	C_3F_7H	CF_3CHFCF_3
RC-318（FCC-3-1-8）	八氟环丁烷（全氟环丁烷）	Хладон 318ц	C_4F_8	$CF_2CF_2CF_2CF_2$
R7146	六氟化硫	Шестифтористая сера	SF_6	SF_6
二、压缩气体灭火剂				
IG-100	氮气	Азот	N_2	N_2
IG-01	氩气	Аргон	Ar	Ar
IG-541	烟烙烬 氮气（52%，体积比） 氩气（40%，体积比） 二氧化碳（8%，体积比）	Инерген Азот Аргон двуокись углерода	N_2 Ar CO_2	N_2 Ar CO_2

注：1. 也可使用液化氮气或液化氩气。
　　2. 在一些特殊情况下，也可使用其他气体灭火剂。
　　3. 根据美国采暖、制冷与空调工程师学会标准 ASHRAE 34-67（1967 年版）和国家标准 GB 7778—1997 的规定，二氧化碳代号"R744"中，"7"代表无机化合物，"44"为其取整后的分子量。同理，六氟化硫代号"R7146"中，"7"代表无机化合物，"146"为其取整后的分子量。

3　八氟环丁烷的确定与根据

下面介绍一下八氟环丁烷（全氟环丁烷）是如何确定出来的。

在俄罗斯 НПБ 88-01 第 7.6 节的表 4 中，列出一种灭火剂，其俄文代号为 Хладон 318ц，但没有指出此灭火剂的俄文名称。"Хладон 318ц"翻译成汉语是"氟利昂 318ц"，即"F-318ц"（俄文中标注为"R-318ц"）。

在"氟利昂 318ц"中，可以肯定有 4 个碳原子、8 个氟原子，无氢原子。因此，存在其为八氟环丁烷（即全氟环丁烷）、八氟丁烯（即全氟丁烯）、八氟异丁烯（即全氟异丁烯）或八氟二氯丁烷等物质的可能性。

其中，八氟丁烯-1、八氟丁烯-2（包括顺式和反式两种）、八氟异丁烯是八氟环丁烷的四种同分异构体。

3.1　首先确定"氟利昂 318ц"是卤代烷

按照氟利昂（HCFC）命名法则，它应该是卤代烷，而不是卤代不饱和烃（如卤代烯烃）。因为在氟利昂命名法中，卤代不饱和烃（如卤代烯烃）一般用四个数表示，第一个数是"1"，第二个数代表"C-1"（碳原子数 – 1），第三个数代表"H+1"（氢原子数+1），第四个数代表"F"（氟原子数）；若原子数不足，除标注的溴碘等原子外，不足的原子则为氯原子。如，二氟二氯乙烯（$CCl_2=CF_2$）的代号为 $CFC-1112_a$，五氟丙烯（$CF_3—CF=CHF$）的代号为 $HFC-1225_{ye}$，八氟丁烯-2（$CF_3—CF=CF—CF_3$）（顺式）的代号为 $FC-1318_{my}-C$，八氟丁烯-2（反式）的代号为 $FC-1318_{my}-T$。

"氟利昂 $318_ц$"的"318"是三位数，不是四位数，即"氟利昂 $318_ц$"不是八氟丁烯（全氟丁烯）或八氟异丁烯（全氟异丁烯）等烯烃类物质。

3.2 初步判断"氟利昂 $318_ц$"是八氟环丁烷

"氟利昂 $318_ц$"既然已确定为卤代烷，对于卤代烷，根据氟利昂命名法则，第一个数"3"代表"C—1"（即碳原子数是 4），第二个数"1"代表"H+1"（即氢原子数是 0），第三个数"8"代表"F"；若原子数不足，除标注的溴碘等原子外，不足的原子则为氯原子。因此，判断"氟利昂 $318_ц$"可能是"八氟环丁烷（$CF_2CF_2CF_2CF_2$）"或"八氟二氯丁烷（$C_4Cl_2F_8$）"。

根据俄罗斯联邦国家保卫、紧急情况和后续自发灾难消除事务部批准的推荐性文件《自动消防装置资料·应用部分·选型》《СРЕДСТВА ПОЖАРНОЙ АВТОМАТИКИ. ОБЛАСТЬ ПРИМЕНЕНИЯ. ВЫБОР ТИПА》（Рекомендации）（Москва 2004）附录 1 中的表 1，"氟利昂 $318_ц$"的分子式是 C_4F_8，分子量为 200，沸点是 6.0 ℃，凝固点是 – 50.0 ℃。

经查我国有关资料，八氟环丁烷（全氟环丁烷）的分子式是 C_4F_8，分子量是 200，沸点是 6.04 ℃，熔点是 – 41.4 ℃，与俄关键数据相符。而八氟二氯丁烷的分子式是 $C_4Cl_2F_8$，分子量是 270，与俄关键数据不相符。故初步判断"氟利昂 $318_ц$"是八氟环丁烷，其可能性远远大于八氟二氯丁烷的可能性。

3.3 "氟利昂 $318_ц$"里的下标"ц"表示"环"

仍然存在一个疑问，即"氟利昂 $318_ц$"里的下标"ц"是什么含义。

在俄罗斯 НПБ 88-01 中，未见有关解释。后查阅有关俄汉词典，发现俄文的"环烷烃"为"циклопарафин"，"环丁烷"为"циклобутан"。这两个俄文单词的前缀"цикло-"表示"环"的意思。因此，推测"氟利昂 $318_ц$"里的下标"ц"可能代表"цикло-"（环）。如果是这样，"氟利昂 $318_ц$"表示环状碳链的"氟利昂 318"，即八氟环丁烷。

另外，查阅有关的英文资料，"环烷烃"为"cycloparaffin"，"环丁烷"为"cyclobutane"。其中的前缀"cyclo-"表示"环"的意思。而俄文前缀"цикло-"与英文前缀"cyclo-"虽然字母形式不一，但经拉丁字母与斯拉夫字母转换后，在本质上是一致的。对应于俄文代号"$R-318_ц$"，英文应为"R-318 c"或"F-318 c"。根据美国采暖、制冷与空调工程师学会标准 ASHRAE 34-67（1967 年版）和国家标准 GB7778-1997 的规定，八氟环丁烷的代号为"RC-318"，其中"C"表示"环"。在国内一些技术资料里，八氟环丁烷的代号写为"RC-318"或"FC-318"。

3.4 旁证资料

假设该物质是八氟丁烯，因俄文的"丁烯"是"бутен"，则其下标应写为"б"，俄文代号应写为："$R-318_б$"，而不会是"$R-318_ц$"。因此，从这一点上判断"氟利昂 $318_ц$"不是八氟丁烯。

另外，八氟丁烯-1 的沸点是-2.79 ℃，八氟丁烯-2 的沸点是 1.2 ℃，八氟异丁烯的沸点是 6.5～7.0 ℃，2，3-八氟二氯丁烷的沸点是 63 ℃，均与"氟利昂 $318_ц$"的沸点（6.0 ℃）不同。可见，"氟利昂 $318_ц$"不会是八氟丁烯-1、八氟丁烯-2、八氟异丁烯和 2，3-八氟二氯丁烷。

3.5 最终确定"氟利昂318ц"是八氟环丁烷

综合上述分析,确定在俄罗斯消防安全标准 НПБ 88-01(2001年版)中称为"氟利昂318ц"的灭火剂是八氟环丁烷(全氟环丁烷)。不是八氟二氯丁烷等氯氟烷类物质,也不是八氟丁烯等卤代烯烃类物质。

八氟环丁烷(全氟环丁烷)的英文是 octafluorocyclobutane(perfluorocyclobutane),国际代号是 CAS 115-25-3,是一种无色无臭、非易燃的气体,主要用作介质气体和稳定无毒的食品气雾喷射剂等。在俄罗斯用作清洁灭火剂(消防气体)。

4 俄罗斯清洁灭火剂的特性参数

根据俄罗斯一些推荐性技术文件,列出氟利昂、六氟化硫清洁灭火剂的特性参数,见表2。

表2 氟利昂、六氟化硫清洁灭火剂的特性参数

技术指标	计量单位	氟利昂218 (C_3F_8)(FC-2-1-8)	氟利昂125 (C_2F_5H)(HFC-125)	氟利昂227ea (C_3F_7H)(HFC-227ea)	氟利昂23 (CF_3H)(HFC-23)	氟利昂318ц(全氟环丁烷)($C_4F_{8ц}$)	六氟化硫(SF_6)
分子量	N/A	188	120	170.03	70.01	200.0	146.0
沸点温度(在760 mmHg下)	°C	-37.0	-48.5	-16.4	-82.1	6.0	-63.6
凝固点温度	°C	-183.0	-102.8	-131	-155.2	-50.0	-50.8
临界温度	°C	71.9	66	101.7	25.9	115.2	45.55
临界压力	MPa	2.680	3.595	2.912	4.836	2.7	3.81
液体密度(20 °C)	kg·m^{-3}	1 320	1218	1407	806.6	—	1371.0
临界密度	kg·m^{-3}	629	572	621	525	616.0	725.0
热分解温度	°C	730	900	—	650~580	—	—
标准灭火浓度(n-庚烷)	%(体积比)	7.2	9.8	7.2	14.6	7.8	10.0
蒸汽密度(在压强为101.3 kPa,温度为20 °C时)	kg·m^{-3}	7.85	5.208	7.28	2.93	8.438	6.474

注:本表数据摘选自俄罗斯2004年批准的推荐性技术文件《自动消防装置资料·应用部分·选型》(《СРЕДСТВА ПОЖАРНОЙ АВТОМАТИКИ. ОБЛАСТЬ ПРИМЕНЕНИЯ. ВЫБОР ТИПА》)(Рекомендации)(Москва 2004)附录1中表1《可供选择的氟利昂、六氟化硫和二氧化碳的特性》。

5 俄罗斯清洁灭火剂的特点:

НПБ 88-01(2001年版)中的清洁灭火剂具备以下特点:

(1)除 CO_2 外,采用9种清洁灭火剂。其中,卤代烷类清洁气体灭火剂是5种,惰性气体是3种,无机化合物是1种。卤代烷类清洁气体灭火剂包括3种氢氟烷和2种全氟代烷。相比之下,美国消防协会标准《清洁灭火剂灭火系统标准》(NFPA2001)现行版——2015年版(第七版)采用13种清洁灭火剂。其中,卤代烷类清洁气体灭火剂是8种,惰性气体是4种,氟化酮是1种。国际标准化组织标准《气体灭火系统——物理性能和系统设计》ISO 14520现行版——2015年版(第三版)采用11种清洁灭火剂。其中，卤代烷类清洁气体灭火剂是 6 种，惰性气体是 4 种，氟化酮是 1 种。

（2）采用的三种氢氟烷（三氟甲烷、五氟乙烷、七氟丙烷）均为除氟原子和碳原子外，只有一个氢原子。

（3）采用三种惰性气体（IG-100、IG-01、IG-541），未采用 IG-55。

（4）俄罗斯采用的是全氟丙烷和另一种很罕见的全氟代烷——八氟环丁烷，未淘汰全氟代烷。

相比之下，美国等国和国际标准化组织（ISO）过去对全氟丙烷、全氟丁烷和全氟己烷进行了研究，并曾采用了全氟丙烷和全氟丁烷，且美国对全氟丁烷比对全氟丙烷更看好。但全氟丙烷（八氟丙烷）已被 NFPA 2001（2004 年版）和 ISO 14520（2006 年版）所淘汰，全氟丁烷（十氟丁烷）已被 NFPA 2001（2008 年版）和 ISO 14520（2006 年版）所淘汰。

（5）采用了除 CO_2 外的又一种无机化合物气体灭火剂——六氟化硫。六氟化硫用于电气行业的高压断路器中，一般为人所知。但用作消防气体，在国内鲜有报道。

（6）俄罗斯采用的三氟甲烷、五氟乙烷、七氟丙烷、氮气、氩气、烟烙烬这六种清洁灭火剂目前也被美国现行标准《清洁灭火剂灭火系统标准》NFPA 2001（2015 年版）和国际标准化组织现行标准《气体灭火系统——物理性能和系统设计》ISO 14520（2015 年版）所认可和采用。

（7）从苏联规范——СНиП 2.04.09-84（1984 年版）到现行俄罗斯规范——НПБ 88-01（2001 年版），除 CO_2 外，一直采用的清洁灭火剂是氮气和氩气。氮气和氩气不仅以压缩气体的形式使用，还允许以液化形式使用。我国现在也有开发液氮的公司。

（8）清洁灭火剂的种类从苏联时代的一类（惰性气体）发展到俄罗斯时代的三类（卤代烷、惰性气体和无机化合物）。

（9）经联合国环境规划署（UNEP）同意，俄罗斯的哈龙 2402 暂作例外处理。

作者简介：张之立（1968—），男，高级工程师（享受教授、研究员待遇）。国家注册公用设备（给水排水）工程师、一级注册消防工程师。1989 年毕业于武汉城市建设学院（现华中科技大学）给水排水专业。现就职于中煤科工集团北京华宇工程有限公司，从事给水排水、消防设计工作。曾在全国性技术刊物《给水排水》《中国给水排水》《工程建设标准化》《消防科学与技术》《消防技术与产品信息》《煤炭工程》《煤炭加工与利用》《选煤技术》等刊物上发表过三十余篇论文。现为中国建筑学会建筑给水排水研究分会第二届、第三届理事，建筑给水排水研究分会消防专业委员会第二届、第三届常委，中国工程建设标准化协会建筑给水排水专业委员会第六届、第七届委员，全国工业节水标准化技术委员会（SAC/TC442）委员，中国煤炭设计水暖环保专业委员会第一届委员，全国青年给水排水工程师协会常务理事，全国建筑给水排水委员会气体消防分会委员，中煤科工集团北京华宇工程有限公司技术委员会专家和国家标准《建筑灭火器配置设计规范》（GB 50140—2005）、《煤炭洗选工程设计规范》（GB 50359—2005）（GB 50359—2016）、《建筑灭火器配置验收及检查规范》（GB 50444—2008）和国家标准《煤炭洗选工程设计防火规范》（报批中）、《煤炭工业选煤厂可行性研究报告编制规范》等设计规范编制组成员。主编国家标准《取水定额 第 11 部分 选煤》（GB/T 18916.11—2012）和中国工程建设协会标准《气体消防设施选型配置设计规程》（CECS 292：2011）。参与编写《中国消防手册》（由公安部消防局主编）、《建筑给水排水设计手册》《消防便览》等技术书籍。兼北京建筑大学工程硕士校外导师和北京市职称评审专家。

通信地址：北京市西城区德外安德路 67 号，邮政编码：100120；

联系电话：13718124720，010-82276454；

电子信箱：13718124720@163.com。

俄罗斯水力坡度计算通式与估算通式

张之立

（中煤科工集团，北京华宇工程有限公司，北京 100120）

【摘　要】 对苏联（俄罗斯）使用的给水管道单位长度沿程水头损失计算通式和估算通式进行介绍，此计算通式和估算通式适用于新钢管、新铸铁管、旧钢管、旧铸铁管、内壁采取防腐措施和有内衬的钢管和铸铁管、石棉水泥管、钢筋混凝土管、塑料管和玻璃管。并分析了我国与俄罗斯在给水塑料管单位长度沿程水头损失计算公式上有所差异的原因。

【关键词】 俄罗斯；给水管道；水力坡度；计算通式；估算通式

根据俄罗斯（苏联）现行国家设计规范《给水——室外管网与设施》（СНиП 2.04.02-84*）（以下简称俄罗斯《室外给水设计规范》）和甫·阿·舍维列夫（Ф. А. Шевелёв）等所著《给水管道水力计算表》（以下简称俄罗斯《水力计算表》）第六版（1984年版）、第八版（2007年版）等俄文资料，发现俄罗斯在给水管道水力坡度计算中采用了一个计算通式，此计算通式和我们以前所知的苏联旧钢管、旧铸铁管水力坡度计算公式（即舍维列夫公式）一样，实质上都是用来确定达西-魏斯巴赫公式中的摩擦阻力系数 λ。

1 俄罗斯给水管道单位长度沿程水头损失计算通式

在俄罗斯《室外给水设计规范》附录10中，给出了给水管道单位长度沿程水头损失（包括接头的水头损失）计算通式，如下所示：

$$\lambda = A_1 \cdot \frac{\left(A_0 + \dfrac{C}{v}\right)^m}{d^m} \tag{1}$$

$$i = \lambda \frac{1}{d} \frac{v^2}{2g} = \frac{A_1}{2g} \cdot \frac{\left(A_0 + \dfrac{C}{v}\right)^m}{d^{m+1}} \cdot v^2 \tag{2}$$

式中　i——管道单位长度沿程水头损失（水力坡度），m(H$_2$O)/m；
　　　λ——摩擦阻力系数，无量纲；
　　　d——管道计算内径，m；
　　　v——管道平均流速，m/s；
　　　g——重力加速度，m/s^2；
　　　A_1、A_0、C、m——系数，见表1。

表 1　俄罗斯给水管道单位长度沿程水头损失计算通式系数表

序号	管道类别		$1\,000\,A_1$	$1\,000(A_1/2g)$	A_0	C	m
1	没有内部保护层的或带沥青保护层的新钢管		15.9	0.810	1	0.684	0.226
2	没有内部保护层的或带沥青保护层的新铸铁管		14.4	0.734	1	2.36	0.284
3	没有内部保护层的或带沥青保护层的旧钢管、旧铸铁管	$v < 1.2$ m/s	17.9	0.912	1	0.867	0.30
		$v \geq 1.2$ m/s	21.0	1.070	1	0	0.30
4	石棉水泥管		11.0	0.561	1	3.51	0.19
5	液压振捣成型钢筋混凝土管		15.74	0.802	1	3.51	0.19
6	离心成型钢筋混凝土管		13.85	0.706	1	3.51	0.19
7	带离心喷涂内部塑料层或内部聚合物水泥层的钢管、铸铁管		11.0	0.561	1	3.51	0.19
8	带后续抹平的、用喷射法喷涂内部水泥砂浆层的钢管、铸铁管		15.74	0.802	1	3.51	0.19
9	带离心喷涂内部水泥砂浆层的钢管、铸铁管		13.85	0.706	1	3.51	0.19
10	塑料管		13.44	0.685	0	1	0.226
11	玻璃管		14.61	0.745	0	1	0.226

注：系数 C 值是当水的运动黏滞系数 $v = 1.3 \times 10^{-6}$ m²/s（$T = 10\,°C$）时的值。

根据俄罗斯给水管道水力坡度计算通式及表 1，可得到下列不同种类给水管道的水力坡度计算式（$T = 10\,°C$）。

1.1　俄罗斯新钢管（没有内部保护层的、或带沥青保护层的）水力坡度计算式

$$\lambda = A_1 \cdot \frac{\left(A_0 + \dfrac{C}{v}\right)^m}{d^m} = 15.9 \times 10^{-3} \times \frac{\left(1 + \dfrac{0.684}{v}\right)^{0.226}}{d^{0.226}} \quad (3)$$

$$i = \frac{A_1}{2g} \cdot \frac{\left(A_0 + \dfrac{C}{v}\right)^m}{d^{m+1}} v^2 = 0.810 \times 10^{-3} \times \frac{\left(1 + \dfrac{0.684}{v}\right)^{0.226}}{d^{1.226}} \cdot v^2 \quad (4)$$

下面介绍对 λ 的推导。λ 的原始式如下所示：

$$\lambda = 0.312 \times \frac{\left(1.9 \times 10^{-6} + \dfrac{v}{v}\right)}{d^{0.226}} \quad (5)$$

当运动黏滞系数 $\upsilon = 1.3 \times 10^{-6}$ m²/s（水，$T = 10\,°C$）时，

$$\lambda = 15.9 \times 10^{-3} \frac{\left(1 + \dfrac{0.648}{\upsilon}\right)^{0.226}}{d^{0.226}} \quad (3)$$

经查，此公式在 20 世纪 50 年代已传入我国，仅在水力学教科书中出现过，称之为舍维列夫新钢管公式，但鲜见于工程技术领域。

1.2 俄罗斯新铸铁管（没有内部保护层的或带沥青保护层的）水力坡度计算式

$$\lambda = A_1 \cdot \frac{\left(A_0 + \frac{C}{v}\right)^m}{d^m} = 14.4 \times 10^{-3} \times \frac{\left(1 + \frac{2.360}{v}\right)^{0.284}}{d^{0.284}} \tag{6}$$

$$i = \frac{A_1}{2g} \cdot \frac{\left(A_0 + \frac{C}{v}\right)^m}{d^{m+1}} \cdot v^2 = 0.734 \times 10^{-3} \times \frac{\left(1 + \frac{2.360}{v}\right)^{0.284}}{d^{1.284}} \cdot v^2 \tag{7}$$

下面介绍对 λ 的推导。λ 的原始式如下所示：

$$\lambda = 0.863 \times \frac{\left(0.55 \times 10^{-6} + \frac{\upsilon}{v}\right)^{0.284}}{d^{0.284}} \tag{8}$$

当运动黏滞系数 $\upsilon = 1.3 \times 10^{-6} \, \text{m}^2/\text{s}$（水，$T = 10\,°C$）时，

$$\lambda = 14.4 \times 10^{-3} \times \frac{\left(1 + \frac{2.360}{v}\right)^{0.284}}{d^{0.284}} \tag{6}$$

经查，此公式在 20 世纪 50 年代已传入我国，仅在水力学教科书中出现过，称之为舍维列夫新铸铁管公式，但鲜见于工程技术领域。

1.3 俄罗斯旧钢管、旧铸铁管（没有内部保护层的或带沥青保护层的）水力坡度计算式

1.3.1 当 $v < 1.2 \, \text{m/s}$（$T = 10\,°C$）时

$$\lambda = A_1 \cdot \frac{\left(A_0 + \frac{C}{v}\right)^m}{d^m} = 17.9 \times 10^{-3} \times \frac{\left(1 + \frac{0.867}{v}\right)^{0.30}}{d^{0.30}} \tag{9}$$

$$i = \frac{A_1}{2g} \cdot \frac{\left(A_0 + \frac{C}{v}\right)^m}{d^{m+1}} \cdot v^2 = 0.912 \times 10^{-3} \times \frac{\left(1 + \frac{0.867}{v}\right)^{0.30}}{d^{1.30}} \cdot v^2 \tag{10}$$

下面介绍对 λ 的推导。λ 的原始式如下所示：

$$\lambda = \frac{\left(1.5 \times 10^{-6} + \frac{\upsilon}{v}\right)^{0.3}}{d^{0.3}} \tag{11}$$

当运动黏滞系数 $\upsilon = 1.3 \times 10^{-6} \, \text{m}^2/\text{s}$（水，$T = 10\,°C$）时，可推导出公式（9）：

$$\lambda = 17.9 \times 10^{-3} \times \frac{\left(1 + \frac{0.867}{v}\right)^{0.30}}{d^{0.30}} \tag{9}$$

此公式即为我国工程界所熟知的、当 $v < 1.2 \, \text{m/s}$ 时的舍维列夫公式。此公式于 1953 年在苏联正式发表，1954 年 7 月随着甫·阿·舍维列夫所著《铁管及铸铁管水力计算表》（中文版）的发行，正式传入我国。

需要说明的是，"舍维列夫"的翻译并不准确，应为"舍维廖夫"。根据《苏联大百科全书》（网络版）和维基百科（俄文版），舍维列夫的俄文拼写应是"Шевелёв"。但过去，在俄文书面印刷体中，"ё"一律印为"е"（仅在语文课本里才加以区分），故当年的翻译者可能是直接按"ле"翻译成了"列"，而没有进行核，实应按"лё"翻译成"廖"。目前，根据由新华社编写的、商务印书馆出版的《俄语姓名译名手册》，正式翻译是"舍韦廖夫"。

1.3.2 当 $v \geq 1.2$ m/s（$T = 10\ °C$）时

$$\lambda = A_1 \cdot \frac{\left(A_0 + \dfrac{C}{v}\right)^m}{d^m} = 21.0 \times 10^{-3} \times \frac{\left(1 + \dfrac{0}{v}\right)^{0.30}}{d^{0.30}} = 21.0 \times 10^{-3} \times \frac{1}{d^{0.30}} \tag{12}$$

$$i = \frac{A_1}{2g} \cdot \frac{\left(A_0 + \dfrac{C}{v}\right)^m}{d^{m+1}} \cdot v^2 = 1.070 \times 10^{-3} \times \frac{\left(1 + \dfrac{0}{v}\right)^{0.30}}{d^{1.30}} \cdot v^2 = 1.070 \times 10^{-3} \times \frac{v^2}{d^{1.30}} \tag{13}$$

λ公式即为原始式，不需推导了。此公式即为我国工程界所熟知的、当 $v \geq 1.2$ m/s 时的舍维列夫公式。此公式于1953年在苏联正式发表，1954年7月随着甫·阿·舍维列夫所著《铁管及铸铁管水力计算表》（中文版）的发行，正式传入我国。

1.4 俄罗斯石棉水泥管、俄罗斯钢管、铸铁管（带离心喷涂内部塑料层或内部聚合物水泥层的）水力坡度计算式

$$\lambda = A_1 \cdot \frac{\left(A_0 + \dfrac{C}{v}\right)^m}{d^m} = 11.0 \times 10^{-3} \times \frac{\left(1 + \dfrac{3.51}{v}\right)^{0.19}}{d^{0.19}} \tag{14}$$

$$i = \frac{A_1}{2g} \cdot \frac{\left(A_0 + \dfrac{C}{v}\right)^m}{d^{m+1}} \cdot v^2 = 0.561 \times 10^{-3} \times \frac{\left(1 + \dfrac{3.51}{v}\right)^{0.19}}{d^{1.19}} \cdot v^2 \tag{15}$$

下面介绍对λ的推导。λ的原始式如下所示：

$$\lambda = 0.184 \times \frac{\left(0.37 \times 10^{-6} + \dfrac{\upsilon}{v}\right)^{0.19}}{d^{0.19}} \tag{16}$$

当运动黏滞系数 $\upsilon = 1.3 \times 10^{-6}$ m²/s（水，$T = 10\ °C$）时，

$$\lambda = 11.0 \times 10^{-3} \times \frac{\left(1 + \dfrac{3.51}{v}\right)^{0.19}}{d^{0.19}} \tag{14}$$

石棉水泥管水力坡度计算式于1954年在苏联正式发表，后传入我国。我国直至现在仍利用此公式作为石棉水泥管水力坡度计算式。俄罗斯钢管、铸铁管（带离心喷涂内部塑料层或内部聚合物水泥层的）水力坡度计算式，以前在我国未曾报道过。俄罗斯将石棉水泥管和钢管、铸铁管（带离心喷涂内部塑料层或内部聚合物水泥层的）在水力坡度的计算上同等对待，以前在我国也未曾报道过。我国对内壁有塑料层的钢管、铸铁管未明确规定采用什么公式计算其水力坡度。

1.5 俄罗斯钢筋混凝土管（液压振捣成型），俄罗斯钢管、铸铁管（带后续抹平的、用喷射法喷涂内部水泥砂浆层的）水力坡度计算式

$$\lambda = A_1 \cdot \frac{\left(A_0 + \dfrac{C}{v}\right)^m}{d^m} = 15.74 \times 10^{-3} \times \frac{\left(1 + \dfrac{3.50}{v}\right)^{0.19}}{d^{0.19}} \quad (17)$$

$$i = \frac{A_1}{2g} \cdot \frac{\left(A_0 + \dfrac{C}{v}\right)^m}{d^{m+1}} \cdot v^2 = 0.802 \times 10^{-3} \times \frac{\left(1 + \dfrac{3.51}{v}\right)^{0.19}}{d^{1.19}} \cdot v^2 \quad (18)$$

据俄罗斯《水力计算表》介绍，钢筋混凝土管（液压振捣成型）的 λ 是石棉水泥管 λ 的 1.43 倍，因此，钢筋混凝土管（液压振捣成型）的 λ 可根据石棉水泥管的 λ 推导出。

$$\lambda = (0.184 \times 1.43) \times \frac{\left(0.37 \times 10^{-6} + \dfrac{v}{v}\right)^{0.19}}{d^{0.19}} = 0.263 \times \frac{\left(0.37 \times 10^{-6} + \dfrac{v}{v}\right)^{0.19}}{d^{0.19}} \quad (19)$$

当运动黏滞系数 $v = 1.3 \times 10^{-6}$ m²/s（水，$T = 10\ ℃$）时，可推导出公式（17）、（18）：

$$\lambda = (11.0 \times 1.43 \times 10^{-3}) \times \frac{\left(1 + \dfrac{3.51}{v}\right)^{0.19}}{d^{0.19}} \approx 15.74 \times 10^{-3} \times \frac{\left(1 + \dfrac{3.51}{v}\right)^{0.19}}{d^{0.19}} \quad (17)$$

$$i = (0.561 \times 1.43 \times 10^{-3}) \times \frac{\left(1 + \dfrac{3.51}{v}\right)^{0.19}}{d^{1.19}} \cdot v^2 = 0.802 \times 10^{-3} \times \frac{\left(1 + \dfrac{3.51}{v}\right)^{0.19}}{d^{1.19}} \cdot v^2 \quad (18)$$

俄罗斯钢筋混凝土管（液压振捣成型）水力坡度计算式于 1973 年在苏联正式发表。该公式由彼得格勒铁路运输工程师学院的季卡列夫斯基（В. С. Дикаревский）、亚库勃奇克（П. П. Якубчик）和普罗多乌斯（О. А. Продоус）提出，笔者暂且称之为季卡列夫斯基公式。此公式以前在我国未曾报道过。俄罗斯将钢筋混凝土管（液压振捣成型）和钢管、铸铁管（带后续抹平的、用喷射法喷涂内部水泥砂浆层的）在水力坡度的计算上同等对待，以前在我国也未曾报道过。

我国 1973 年版的《给水排水设计手册》之第二册《管渠水力计算表》利用巴甫洛夫斯基公式计算钢筋混凝土管（满流）水力坡度，1986 年版和 2000 年版的《给水排水设计手册》之第一册《常用资料》利用曼宁公式计算钢筋混凝土管（满流）水力坡度。我国国家标准《室外给水设计规范》（GB 50013）规定：可利用巴甫洛夫斯基公式或曼宁公式计算混凝土管或内衬水泥砂浆的金属管的水力坡度。

我国国家标准《消防给水及消火栓系统技术规范》（GB 50974—2014）规定：可利用巴甫洛夫斯基公式或曼宁公式计算内衬水泥砂浆的球磨铸铁管的水力坡度。在我国，一般是利用巴甫洛夫斯基公式或曼宁公式计算钢筋混凝土管、混凝土管、内衬水泥砂浆的金属管的水力坡度。

1.6 俄罗斯钢筋混凝土管（离心成型），俄罗斯钢管、铸铁管（带离心喷涂内部水泥砂浆层的）水力坡度计算式

$$\lambda = A_1 \cdot \frac{\left(A_0 + \dfrac{C}{v}\right)^m}{d^m} = 13.85 \times 10^{-3} \times \frac{\left(1 + \dfrac{3.51}{v}\right)^{0.19}}{d^{0.19}} \quad (20)$$

$$i = \frac{A_1}{2g} \cdot \frac{\left(A_0 + \frac{C}{v}\right)^m}{d^{m+1}} \cdot v^2 = 0.706 \times 10^{-3} \times \frac{\left(1 + \frac{3.51}{v}\right)^{0.19}}{d^{1.19}} \cdot v^2 \qquad (21)$$

此公式的由来，尚未在俄有关文献里找到依据。笔者猜测，俄罗斯对钢筋混凝土管（离心成型）是否像钢筋混凝土管（液压振捣成型）一样，也是以石棉水泥管水力坡度计算式为根据推导而出呢？故而，笔者假设钢筋混凝土管（离心成型）的λ是石棉水泥管的λ的1.26倍，则：

$$\lambda = (0.184 \times 1.26) \times \frac{\left(0.37 \times 10^{-6} + \frac{\upsilon}{v}\right)^{0.19}}{d^{0.19}} = 0.232 \times \frac{\left(0.37 \times 10^{-6} \frac{\upsilon}{v}\right)^{0.19}}{d^{0.19}} \qquad (22)$$

当运动黏滞系数 $\upsilon = 1.3 \times 10^{-6}$ m²/s（水，$T = 10$ ℃）时，可推导出公式（20）、（21）：

$$\lambda = (11.0 \times 1.26) \times 10^{-3} \times \frac{\left(1 + \frac{3.51}{v}\right)^{0.19}}{d^{0.19}} \approx 13.85 \times 10^{-3} \times \frac{\left(1 + \frac{3.51}{v}\right)^{0.19}}{d^{0.19}} \qquad (20)$$

$$i = (0561 \times 1.26) \times 10^{-3} \times \frac{\left(1 + \frac{3.51}{v}\right)^{0.19}}{d^{1.19}} \approx 0.706 \times 10^{-3} \times \frac{\left(1 + \frac{3.51}{v}\right)^{0.19}}{d^{1.19}} \cdot v^2 \qquad (21)$$

上述计算结果与俄罗斯公式基本一致，可见，笔者的假设有一定参考价值。

另外，根据《给水管道水力计算表》第八版（2007年版）的介绍，俄罗斯对钢筋混凝土管内壁的粗糙程度采用一个参数 R_a 来描述和表示。R_a 表示粗糙突起对于平均线的算术平均偏离值。对于不同工厂生产的产品，一般在 30～150 μm 之间。还存在一个与钢筋混凝土管内表面质量有关的参数 ϕ，同时，也是水力坡度计算式的修正系数。ϕ 表示具体工厂生产的管子和成批生产的管子的水力摩擦阻力系数之比。其取值范围：$\phi = 0.780 \sim 1.163$。

R_a 与 ϕ 呈一一对应关系，即当 $R_a = 30$ μm 时，$\phi = 0.780$；当 $R_a = 150$ μm 时，$\phi = 1.163$。成批生产的管子的水力摩擦阻力系数按 $R_a = 90$ μm 考虑，相应的 $\phi = 1$。当 $R_a = 90$ μm 时，$\phi = 1$，钢筋混凝土管水力坡度计算式不需要修正，即为钢筋混凝土管（液压振捣成型）水力坡度计算式；当 R_a 不等于 90 μm 时，$\phi \neq 1$，钢筋混凝土管水力坡度计算式均需修正。当 $R_a = 55$ μm 时，$\phi = 0.884$；当 $R_a = 50$ μm 时，则 $\phi = 0.866$。假设钢筋混凝土管（离心成型）的 λ 是钢筋混凝土管（液压振捣成型）的 λ 的 0.88 倍，则亦可根据钢筋混凝土管（液压振捣成型）水力坡度公式推导出钢筋混凝土管（离心成型）水力坡度公式。不过，这也是一个猜测而已。此公式以前在我国未曾报道过。俄罗斯将钢筋混凝土管（离心成型）和钢管、铸铁管（带离心喷涂内部水泥砂浆层的）在水力坡度的计算上同等对待，以前在我国也未曾报道过。

1.7 俄罗斯内衬水泥砂浆的金属管水力坡度计算式

$$\lambda = A_1 \cdot \frac{\left(A_0 + \frac{C}{v}\right)^m}{d^m} = 12.3 \times 10^{-3} \times \frac{\left(1 + \frac{3.51}{v}\right)^{0.19}}{d^{0.19}} \qquad (23)$$

$$i = \frac{A_1}{2g} \cdot \frac{\left(A_0 + \frac{C}{v}\right)^m}{d^{m+1}} \cdot v^2 = 0.626 \times 10^{-3} \times \frac{\left(1 + \frac{3.51}{v}\right)^{0.19}}{d^{1.19}} \cdot v^2 \qquad (24)$$

俄罗斯将内衬水泥砂浆的金属管按钢筋混凝土管对待，其 $R_a = 30$ μm，对应的修正系数：$\phi = 0.78$。

因此，

$$\lambda = (0.263 \times 0.78) \times \frac{\left(0.37 \times 10^{-6} + \dfrac{\upsilon}{v}\right)^{0.19}}{d^{0.19}} = 0.205 \times \frac{\left(0.37 \times 10^{-6} + \dfrac{\upsilon}{v}\right)^{0.19}}{d^{0.19}} \quad (25)$$

当运动黏滞系数 $\upsilon = 1.3 \times 10^{-6}$ m²/s（水，$T = 10\ ℃$）时，

$$\lambda = A_1 \cdot \frac{\left(A_0 + \dfrac{C}{v}\right)^m}{d^m} = (15.74 \times 0.78) \times 10^{-3} \times \frac{\left(1 + \dfrac{3.51}{v}\right)^{0.19}}{d^{0.19}} = 12.3 \times 10^{-3} \times \frac{\left(1 + \dfrac{3.51}{v}\right)^{0.19}}{d^{0.19}} \quad (23)$$

$$i = \frac{A_1}{2g} \cdot \frac{\left(A_0 + \dfrac{C}{v}\right)^m}{d^{m+1}} \cdot v^2 = (0.802 \times 0.78) \times 10^{-3} \times \frac{\left(1 + \dfrac{3.51}{v}\right)^{0.19}}{d^{1.19}} \cdot v^2 = 0.626 \times 10^{-3} \times \frac{\left(1 + \dfrac{3.51}{v}\right)^{0.19}}{d^{1.19}} \cdot v^2 \quad (24)$$

上述内衬水泥砂浆的金属管水力坡度计算式与俄罗斯《室外给水设计规范》有所出入。

1.8 俄罗斯塑料管水力坡度计算式

$$\lambda = A_1 \cdot \frac{\left(A_0 + \dfrac{C}{v}\right)^m}{d^m} = 13.44 \times 10^{-3} \times \frac{\left(0 + \dfrac{1}{v}\right)^{0.226}}{d^{0.226}} = 13.44 \times 10^{-3} \times \frac{1}{v^{0.226} d^{0.226}} \quad (26)$$

$$i = \frac{A_1}{2g} \cdot \frac{\left(A_0 + \dfrac{C}{v}\right)^m}{d^{m+1}} \cdot v^2 = 0.685 \times 10^{-3} \times \frac{\left(0 + \dfrac{1}{v}\right)^{0.226}}{d^{1.226}} \cdot v^2 = 0.685 \times 10^{-3} \times \frac{v^{1.774}}{d^{1.226}} \quad (27)$$

下面介绍对 λ 的确定。

苏联的"全苏给水排水、水利设施和工程水文地质学科研所"总结出了一个水力光滑管公式。因苏联未予命名（我国也未曾命名），故笔者暂且称之为托尔茨曼（В. Ф. Тольцман）公式，见下式：

$$\lambda = \frac{0.25}{Re^{0.226}} \quad (28)$$

托尔茨曼公式实际上就是俄国版的布莱修斯（P. Blasius）公式。

苏联研究认为：塑料管的流态属于水力光滑管区，推荐使用托尔茨曼公式。但在利用托尔茨曼公式时，考虑到实际运行条件与实验条件的差异，并考虑管道接头阻力的影响，增加了一个修正系数 1.15，所以，苏联塑料管的 λ 由下式确定：

$$\lambda = 1.15 \times \frac{0.25}{Re^{0.226}} = \frac{0.2875}{Re^{0.226}} = \frac{0.2875 \times v^{0.226}}{v^{0.226} d^{0.266}} \quad (29)$$

当运动黏滞系数 $\upsilon = 1.3 \times 10^{-6}$ m²/s（水，$T = 10\ ℃$）时，可推导出公式（26）：

$$\lambda = 13.44 \times 10^{-3} \times \frac{1}{v^{0.266} d^{0.226}} \quad (26)$$

此公式不晚于 1970 年在苏联正式发表。

我国 1986 年版和 2000 年版的《给水排水设计手册》之第一册《常用资料》中，采用 $T = 10\ ℃$ 时的 $\lambda = 11.69 \times 10^{-3} \times \dfrac{1}{v^{0.226} d^{0.226}}$ 和 $i = 0.596 \times 10^{-3} \times \dfrac{v^{1.774}}{d^{1.226}}$ 计算塑料管水力坡度（注：这两个公式均为笔者自

行推导得出）。

可见俄中公式相似，区别在于：利用托尔茨曼公式计算λ时，俄罗斯是间接采用，考虑了 1.15 的修正系数；而我国是直接采用，未考虑修正系数；故俄中公式计算结果相差 1.15 倍（即 0.685/0.596 = 1.15）。此情况在我国未曾报道过。

另外，《室外硬聚氯乙烯给水管道工程设计规程》（CECS 17）给出了一个我国自行确定的硬聚氯乙烯给水管的λ计算式：$\lambda = 0.304/Re^{0.239}$。在同等条件下，该式计算值小于俄罗斯塑料管的，略大于我国塑料管的。

我国国家标准《室外给水设计规范》（GB 50013）笼统规定可利用达西-魏斯巴赫公式计算塑料管水力坡度，但未指定用什么公式确定λ。在我国均是利用达西-魏斯巴赫公式计算塑料管水力坡度，只是所采用的λ公式有所不同。

根据《给水管道水力计算表》第八版（2007 年版）的介绍，俄罗斯玻璃钢管与塑料管的水力坡度计算式相同。

1.9 俄罗斯玻璃管水力坡度计算式

$$\lambda = A_1 \cdot \frac{\left(A_0 + \frac{C}{v}\right)^m}{d^m} = 14.61 \times 10^{-3} \times \frac{\left(0 + \frac{1}{v}\right)^{0.226}}{d^{0.226}} = 14.61 \times 10^{-3} \times \frac{1}{v^{0.226} d^{0.226}} \quad (30)$$

$$i = \frac{A_1}{2g} \cdot \frac{\left(A_0 + \frac{C}{v}\right)^m}{d^{m+1}} \cdot v^2 = 0.745 \times 10^{-3} \times \frac{\left(0 + \frac{1}{v}\right)^{0.226}}{d^{1.226}} \cdot v^2 = 0.745 \times 10^{-3} \times \frac{v^{1.774}}{d^{1.226}} \quad (31)$$

下面介绍对λ的确定。

苏联研究认为：玻璃管的流态也属于水力光滑管区，推荐使用托尔茨曼公式。但在利用托尔茨曼公式时，考虑到实际运行条件与实验条件的差异，并考虑其管道接头阻力比塑料管更大的情况，增加了一个修正系数 1.25，并考虑以后对此系数进行进一步的修正。所以，苏联玻璃管的λ由下式确定：

$$\lambda = 1.25 \times \frac{0.25}{Re^{0.226}} = \frac{0.3125}{Re^{0.226}} = \frac{0.3125 \times v^{0.226}}{v^{0.226} d^{0.226}} \quad (32)$$

当运动黏滞系数$v = 1.3 \times 10^{-6}$ m^2/s（水，$T = 10$ °C）时，可推导出公式（30）：

$$\lambda = 14.61 \times 10^{-3} \times \frac{1}{v^{0.226} d^{0.226}} \quad (30)$$

此公式不晚于 1973 年在苏联正式发表，是由另外一位舍维列夫——阿·甫·舍维列夫（А. Ф. Шевелёв）提出的。以前在我国未曾报道过。

2 俄罗斯给水管道单位长度沿程水头损失估算通式

俄罗斯《室外给水设计规范》附录 10 中，同时给出了给水管道单位长度沿程水头损失估算通式，如下所示：

$$i = k \cdot q^n / d^p \quad (33)$$

式中　i——管道单位长度沿程水头损失（水力坡度），m(H_2O)/m；
　　　q——管道平均流量，m^3/s；
　　　d——管道计算内径，m；
　　　k、n、p——系数，见表 2。

表 2　俄罗斯给水管道单位长度沿程水头损失估算通式系数表

序号	管道类别	1 000 k	n	p
1	没有内部保护层的或带沥青保护层的新钢管	1.790	1.9	5.1
2	没有内部保护层的或带沥青保护层的新铸铁管	1.790	1.9	5.1
3	没有内部保护层的或带沥青保护层的旧钢管、旧铸铁管	1.735	2	5.3
4	石棉水泥管	1.180	1.85	4.89
5	液压振捣成型钢筋混凝土管	1.688	1.85	4.89
6	离心成型钢筋混凝土管	1.486	1.85	4.89
7	带离心喷涂内部塑料层或内部聚合物水泥层的钢管、铸铁管	1.180	1.85	4.89
8	带后续抹平的、用喷射法喷涂内部水泥砂浆层的钢管、铸铁管	1.688	1.85	4.89
9	带离心喷涂内部水泥砂浆层的钢管、铸铁管	1.486	1.85	4.89
10	塑料管	1.052	1.774	4.774
11	玻璃管	1.144	1.774	4.774

根据俄罗斯给水管道水力坡度估算通式及表 2，可得到下列不同种类给水管道的水力坡度估算式（T = 10 ℃）。估算通式及下列估算式在我国未曾报道过。

2.1　俄罗斯新钢管、新铸铁管（没有内部保护层的或带沥青保护层的）水力坡度估算式

$$i = 1.790 \times 10^{-3} \times \frac{q^{1.9}}{d^{5.1}} \tag{34}$$

此估算式由苏联的安德里亚舍夫（М. М. Андрияшев）提出，可称之为安德里亚舍夫公式。此估算式与其计算式形式不同，计算结果亦不同。

2.2　俄罗斯旧钢管、旧铸铁管（没有内部保护层的或带沥青保护层的）水力坡度估算式

$$i = 1.735 \times 10^{-3} \times \frac{q^{2.0}}{d^{5.3}} \tag{35}$$

在其 $v \geqslant 1.2$ m/s 时的舍维列夫计算式中，通过 $v = q/(\pi d^2/4)$ 的替代，将参数 v 换成 q 后，可得到此估算式。即此估算式与其 $v \geqslant 1.2$ m/s 时的计算式本质上是同一公式。因此，此估算式与其 $v < 1.2$ m/s 时的计算式是不一致的。

2.3　俄罗斯石棉水泥管

俄罗斯钢管、铸铁管（带离心喷涂内部塑料层或内部聚合物水泥层的）水力坡度估算式

$$i = 1.180 \times 10^{-3} \times \frac{q^{1.85}}{d^{4.89}} \tag{36}$$

此估算式由苏联的阿布拉莫夫（H. H. Абрамов）提出，可称之为阿布拉莫夫公式。此估算式与其计算式形式不同。但经验算，两式的计算结果基本相同。

2.4 俄罗斯钢筋混凝土管（液压振捣成型）

俄罗斯钢管、铸铁管（带后续抹平的、用喷射法喷涂带内部水泥砂浆层的）水力坡度估算式：

$$i = 1.688 \times 10^{-3} \times \frac{q^{1.85}}{d^{4.89}} \tag{37}$$

此估算式与其计算式形式不同。但经验算，两式的计算结果基本相同。

2.5 俄罗斯钢筋混凝土管（离心成型），俄罗斯钢管、铸铁管（带离心喷涂内部水泥砂浆层的）水力坡度估算式

$$i = 1.486 \times 10^{-3} \times \frac{q^{1.85}}{d^{4.89}} \tag{38}$$

此估算式与其计算式形式不同。但经验算，两式的计算结果基本相同。

2.6 俄罗斯塑料管水力坡度估算式

$$i = 1.052 \times 10^{-3} \times \frac{q^{1.774}}{d^{4.774}} \tag{39}$$

在其计算式中，通过 $v = q/(\pi d^2/4)$ 的替代，将参数 v 换成 q 后，可得到此估算式。即此估算式与其计算式本质上是同一公式。

我国 1986 年版和 2000 年版的《给水排水设计手册》之第一册《常用资料》中，塑料管水力坡度计算式（$T = 10\ \text{°C}$）如下：

$$i = 0.000\,915 \times 10^{-3} \times \frac{q^{1.774}}{d^{4.774}} = 0.915 \times 10^{-3} \times \frac{q^{1.774}}{d^{4.774}} \tag{40}$$

对比发现，俄罗斯与我国的塑料管水力坡度计算式，仅有一个系数相差 1.15 倍（即 1.052/0.915 = 1.15），其余均相同。原因见本文 1.7 节的说明。

另外，《室外硬聚氯乙烯给水管道工程设计规程》CECS 17 给出了一个我国自己总结的硬聚氯乙烯给水管水力坡度计算式（$T = 20\ \text{°C}$）：$i = 0.875 \times 10^{-3} \times q^{1.761}/d^{4.761}$。在同等条件下，该式计算值小于俄罗斯塑料管的，略大于我国塑料管的。

2.7 俄罗斯玻璃管水力坡度估算式

$$i = 1.144 \times 10^{-3} \times \frac{q^{1.774}}{d^{4.774}} \tag{41}$$

在其计算式中，通过 $v = q/(\pi d^2/4)$ 的替代，将参数 v 换成 q 后，可得到此估算式。即此估算式与其计算式本质上是同一公式。

3 附加说明

3.1 管道流态分析

根据俄罗斯《水力计算表》与《室外给水设计规范》的介绍，对给水管的流态可得出如下结论：

（1）塑料管、玻璃钢管、玻璃管属于水力光滑管、水力光滑管的λ应只与雷诺数（涉及运动黏滞系数）有关，与相对当量粗糙度无关。而俄公式（27）、（29）、（31）、（32）与（39）、（41）证实了λ确与运动黏滞系数有关，且水头损失与流速的1.774次方成正比。

（2）石棉水泥管，钢筋混凝土管，新钢管、新铸铁管（没有内部保护层的、或带沥青保护层的），钢管、铸铁管[内有塑料层（聚合物水泥层）、内衬水泥砂浆的]属于水力光滑管至水力粗糙管的过渡区。对于钢管、铸铁管（没有内部保护层的、或带沥青保护层的），当$v < 1.2$ m/s（对冷水 $T = 10$ °C）或$v < 0.44$ m/s（对热水 $T = 60$ °C）时，也属于水力光滑管至水力粗糙管的过渡区。

过渡区的λ应与雷诺数（涉及运动黏滞系数）和相对当量粗糙度均有关，而俄公式（5）、（8）、（11）、（16）、（19）、（22）、（25）证实了λ确与运动黏滞系数有关。但由于是经验公式，未体现出λ与相对当量粗糙度的关系。

水头损失与流速的幂的定量关系，在俄罗斯计算式里不易确定。但在俄罗斯估算式（34）、（36）、（37）、（38）中，发现水头损失与流速的1.85或1.90次方成正比，且流速幂指数值大于水力光滑管的流速幂指数值1.774。

（3）对于钢管、铸铁管（没有内部保护层的、或带沥青保护层的），当$v \geqslant 1.2$ m/s（对冷水 $T = 10$ °C）或$v \geqslant 0.44$ m/s（对热水 $T = 60$ °C）时，属于水力粗糙管。

水力粗糙管的λ应只与相对当量粗糙度有关，与雷诺数（涉及运动黏滞系数）无关。水力粗糙管又名阻力平方区，故水头损失应与速度的平方成正比。俄公式（13）、（35）证实了λ确与雷诺数无关，且水头损失与速度的2次方成正比。其流速幂指数值大于过渡区的流速幂指数值（1.85或1.90）。

3.2 关于新钢管和新铸铁管水头损失公式

俄罗斯《室外给水设计规范》附录10第3条规定，新钢管、新铸铁管如果没有内部保护层或带沥青保护层，则其水头损失会增加较快。因此，其水头损失计算公式仅适用于初期阶段，或用于对供水系统的有关检验性计算中。

3.3 关于钢管和铸铁管水头损失公式的修正

俄罗斯《室外给水设计规范》附录10第3条规定，对钢管和铸铁管内壁应设有塑料层（聚合物水泥层）或内衬水泥砂浆。如果缺乏，则对这些应设但没有设的钢管和铸铁管，应对其计算式中的系数A_1、C和估算式中的k，分别再乘一个不大于2的修正系数。该修正系数在对相似条件下的钢管和铸铁管的水头损失增长值的论证的基础上确定。

3.4 局部水头损失

俄罗斯《室外给水设计规范》附录10第1条规定，局部水头损失指设备和管道连接件的水头损失。其第4条规定，当缺乏资料时，可按管道沿程水头损失的10%~20%确定。

4 结 论

（1）苏联和俄罗斯在设计规范中采用了一个给水管道单位长度沿程水头损失计算通式和一个估算

通式。该计算通式和估算通式现适用于给水新钢管、新铸铁管、旧钢管、旧铸铁管、内壁采取防腐措施和有内衬的钢管和铸铁管、石棉水泥管、钢筋混凝土管、塑料管和玻璃管。预计还可适用于其他给水管道。

本文可为水力学和给水排水专业教材及手册的编写提供有关参考。

（2）经比对，我国设计行业长期以来使用的舍维列夫旧钢管、旧铸铁管和石棉水泥管水力坡度计算公式是正确的，可以继续正常使用。原已传入我国的舍维列夫新钢管、新铸铁管水力坡度计算公式也仍然有效。

但舍维列夫的姓氏翻译有误，应为"舍维廖夫"或"舍韦廖夫"。

（3）$v \geq 1.2$ m/s 的冷水旧钢管、旧铸铁管属于水力粗糙管；$v < 1.2$ m/s 的冷水旧钢管、旧铸铁管、新钢管、新铸铁管、内壁采取防腐措施和有内衬的钢管和铸铁管，石棉水泥管，钢筋混凝土管属于过渡区；塑料管和玻璃管属于水力光滑管。俄相关公式显示：水力光滑管、过渡区和水力粗糙管中，水头损失依次与流速指数值 1.774～1.85～1.90～2.00 成正比，符合水力学有关规律。

（4）指出我国和俄罗斯塑料管水力坡度计算公式不同的原因：系数相差 1.15 倍。

作者简介： 张之立（1968—），男，高级工程师（享受教授、研究员待遇）。国家注册公用设备（给水排水）工程师、一级注册消防工程师。1989 年毕业于武汉城市建设学院（现华中科技大学）给水排水专业。现就职于中煤科工集团北京华宇工程有限公司，从事给水排水、消防设计工作。曾在全国性技术刊物《给水排水》《中国给水排水》《工程建设标准化》《消防科学与技术》《消防技术与产品信息》《煤炭工程》《煤炭加工与利用》《选煤技术》等刊物上发表过三十余篇论文。现为中国建筑学会建筑给水排水研究分会第二届、第三届理事，建筑给水排水研究分会消防专业委员会第二届、第三届常委，中国工程建设标准化协会建筑给水排水专业委员会第六届、第七届委员，全国工业节水标准化技术委员会（SAC/TC442）委员，中国煤炭设计水暖环保专业委员会第一届委员，全国青年给水排水工程师协会常务理事，全国建筑给水排水委员会气体消防分会委员，中煤科工集团北京华宇工程有限公司技术委员会专家和国家标准《建筑灭火器配置设计规范》（GB 50140—2005）、《煤炭洗选工程设计规范》（GB 50359—2005）（GB 50359—2016）、《建筑灭火器配置验收及检查规范》（GB 50444—2008）和国家标准《煤炭洗选工程设计防火规范》（报批中）、《煤炭工业选煤厂可行性研究报告编制规范》等设计规范编制组成员。主编国家标准《取水定额 第 11 部分 选煤》（GB/T 18916.11—2012）和中国工程建设协会标准《气体消防设施选型配置设计规程》（CECS 292：2011）。参与编写《中国消防手册》（由公安部消防局主编）、《建筑给水排水设计手册》《消防便览》等技术书籍。兼北京建筑大学工程硕士校外导师和北京市职称评审专家。

通信地址：北京市西城区德外安德路 67 号，邮政编码：100120；

联系电话：13718124720，010-82276454；

电子信箱：13718124720@163.com。

给水通风管道水力光滑区摩擦阻力系数计算通式

张之立

（中煤科工集团，北京华宇工程有限公司，北京　100120）

【摘　要】　归纳出给水通风管道水力光滑区摩擦阻力系数计算通式。
【关键词】　给水通风管道；水力光滑区；摩擦阻力系数；计算通式；布莱修斯公式；托尔茨曼公式

流体输送用封闭管道的达西-魏斯巴赫（Darcy-Weisbach）公式中的摩擦阻力系数，对于紊流区（含水力光滑区、过渡区和水力粗糙区等三个区），在工程设计中常用科尔布鲁克-怀特（Colebrook-White）公式 $\dfrac{1}{\sqrt{\lambda}} = -2\lg\left(\dfrac{\Delta}{3.71d} + \dfrac{2.51}{Re\sqrt{\lambda}}\right)$ 确定。在传统教材里也可利用阿里特苏里（Альтшуль）公式 $\lambda = 0.11\left(\dfrac{\Delta}{d} + \dfrac{68}{Re}\right)^{0.25}$ 确定。在近来文献[1]里，还可利用公式 $\lambda Re = G\left(Re^{\frac{3}{4}} + C_s Re^{\zeta}\varepsilon^{\frac{\zeta}{3}}\right)$ 及其修正式 $\lambda Re = G\left(Re^{\frac{3}{4}} + C_s Re^{\zeta}\varepsilon^{\zeta\alpha}\right)$ 确定。

对于水力粗糙区，在工程设计中常用的摩擦阻力系数经验公式是给水旧钢管、旧铸铁管（$T = 10\ °C$，$v > 1.2\ m/s$）的舍维列夫（Ф. А. Шевелёв）公式 $\lambda = 21.0 \times 10^{-3} \times \dfrac{1}{d^{0.30}}$。在传统教材里也可利用尼古拉兹（J. Nikuradse）粗糙管公式 $\lambda = \dfrac{1}{\left[2\lg\left(\dfrac{r_0}{\Delta}\right) + 1.74\right]^2}$ 确定。

对于过渡区，在工程设计中常用的摩擦阻力系数经验公式是给水旧钢管、旧铸铁管（$T = 10\ °C$，$v \leqslant 1.2\ m/s$）的舍维列夫公式 $\lambda = 17.9 \times 10^{-3} \times \dfrac{\left(1 + \dfrac{0.867}{v}\right)^{0.30}}{d^{0.30}}$ 和石棉水泥给水管公式 $\lambda = 11.0 \times 10^{-3} \times \dfrac{\left(1 + \dfrac{3.51}{v}\right)^{0.39}}{d^{0.19}}$ 等。

对于水力光滑区，在工程设计中，常利用布莱修斯（P. Blasius）公式以及与其形式相似的若干经验公式对摩擦阻力系数进行确定。笔者尝试性地将这些公式进行归纳，并提出一个给水通风管道水力光滑区摩擦阻力系数计算通式，如下所示：

$$\lambda = M / Re^N$$

式中　λ——摩擦阻力系数，无量纲；
　　　Re——雷诺数，无量纲。
　　　M、N——系数，见表1。

表 1　给水通风管道水力光滑区摩擦阻力系数计算通式系数表

序号	国 别	摩擦阻力系数计算式名称	M	N
1	德国	布莱修斯公式	0.316 4	0.25
2	俄罗斯（苏联）	托尔茨曼（В. Ф. Тольцман）公式	0.25	0.226
3	俄罗斯（苏联）	给水塑料管摩擦阻力系数计算式	0.287 5	0.226
4	俄罗斯（苏联）	给水玻璃管摩擦阻力系数计算式	0.312 5	0.226
5	中国	给水塑料管摩擦阻力系数计算式（即托尔茨曼公式）	0.25	0.226
6	中国	给水硬聚氯乙烯管摩擦阻力系数计算式	0.304	0.239
7	中国	通风管摩擦阻力系数计算式	0.35	0.25

表 1 是根据国内部分水力学教材、国外有关给水管道水力坡度计算公式文献和《给水排水设计手册》第一册《常用资料》等资料整理后得出的。

根据给水通风管道水力光滑区摩擦阻力系数计算通式及表 1，可得到各国有关的计算式如下。

1.1　布莱修斯公式

$$\lambda = 0.3164/Re^{0.25}$$

此公式于 1912 年发表，在世界范围内广泛使用。适用于给水管道与通风管道。

其适用范围：$Re < 10^5$，$\Delta < 0.4\delta_L$。

将此式代入达西-魏斯巴赫公式，可知：管道沿程水头损失与流速的 1.75 次方成正比，即 $h_f \sim v^{1.75}$。

1.2　托尔茨曼公式

$$\lambda = 0.25/Re^{0.226}$$

托尔茨曼公式是由全苏给水、排水、水利设施和工程水文地质学科研所提出的，为俄罗斯（苏联）给水管道水力光滑区摩擦阻力系数的实验公式，是俄罗斯（苏联）版的布莱修斯公式。鉴于俄罗斯（苏联）和我国均未与之命名，笔者暂且称之为托尔茨曼公式。

其雷诺数等参数的适用范围不详。

将此式代入达西-魏斯巴赫公式，可知：管道沿程水头损失与流速的 1.774 次方成正比，即 $h_f \sim v^{1.774}$。

1.3　俄罗斯（苏联）给水塑料管摩擦阻力系数计算式

$$\lambda = 0.287\,5/Re^{0.226}$$

此式是对托尔茨曼公式增加一个修正系数（$k = 1.15$）后得到的。主要是考虑了实际状况与实验的差别及管接头的摩擦阻力损失值。

其适用范围和 $h_f \sim v$ 的关系同托尔茨曼公式。

1.4　俄罗斯（苏联）给水玻璃管摩擦阻力系数计算式

$$\lambda = 0.312\,5/Re^{0.226}$$

此式是对托尔茨曼公式增加一个修正系数（$k = 1.25$）后得到的。主要是考虑了实际状况与实验的差别及管接头的摩擦阻力损失值。

其适用范围和 $h_f \sim v$ 的关系同托尔茨曼公式。

1.5 中国给水塑料管摩擦阻力系数计算式

采用的是托尔茨曼公式：

$$\lambda = 0.25 / Re^{0.226}$$

其适用范围和 $h_f \sim v$ 的关系见本文 1.2 节。

我国是在《给水排水设计手册》第一册《常用资料》（1986 年版）中首次正式使用此公式。

1.6 中国给水硬聚氯乙烯管摩擦阻力系数计算式

$$\lambda = 0.304 / Re^{0.239}$$

此式是我国行业标准《室外硬聚氯乙烯给水管道工程设计规程》（CECS 17）在 1990 年版中首次给出的一个我国通过实验数据自行总结的、关于给水硬聚氯乙烯管的摩擦阻力系数计算式，可以看作中国版的布莱修斯公式在给水硬聚氯乙烯管上的特例。

在同等条件下，该式计算值小于俄罗斯给水塑料管计算式的值，略大于我国给水塑料管计算式的值。

其雷诺数等参数的适用范围不详。

将此式代入达西-魏斯巴赫公式，可知：管道沿程水头损失与流速的 1.761 次方成正比，即 $h_f \sim v^{1.761}$。

1.7 通风管摩擦阻力系数计算式

$$\lambda = 0.35 / Re^{0.25}$$

其雷诺数等参数的适用范围不详。

将此式代入达西-魏斯巴赫公式，可知：管道沿程水头损失与流速的 1.75 次方成正比，即 $h_f \sim v^{1.75}$，同布莱修斯公式。

2 附加说明

（1）类似于科尔布鲁克-怀特公式和阿里特苏里公式，对于紊流区摩擦阻力系数公式 $\lambda Re = G\left(Re^{\frac{3}{4}} + C_s Re^{\zeta} \varepsilon^{\frac{\zeta}{3}}\right)$ 及其修正式 $\lambda Re = G\left(Re^{\frac{3}{4}} + C_s Re^{\zeta} \varepsilon^{\zeta \alpha}\right)$，在水力光滑区时，因雷诺数 Re 相对偏小，此两公式右边括号里的第二项 $C_s Re^{\zeta} \varepsilon^{\frac{\zeta}{3}}$ 及 $C_s Re^{\zeta} \varepsilon^{\zeta \alpha}$）会因 C_s 的影响而趋近于 0，可忽略不计。因此，此两公式可简化为：$\lambda Re = G Re^{\frac{3}{4}}$。可见，$\lambda Re \sim Re^{\frac{3}{4}}$，即 $\lambda \sim Re^{-1/4}$。

这表明：新近文献里介绍的紊流区摩擦阻力系数公式在水力光滑区的 $\lambda \sim Re^{-1/4}$ 定量关系，与布莱修斯公式及通风管摩擦阻力系数公式中的 $\lambda \sim 1/Re^{0.25}$ 定量关系是一致的。

（2）给水通风管道水力光滑区摩擦阻力系数计算公式除本计算通式外，比较常见的还有尼古拉兹（J. Nikuradse）光滑管公式，即卡门-普朗特（Kármán-Prandtl）公式。其表达式如下：

$$\frac{1}{\sqrt{\lambda}} = 2\lg(Re\sqrt{\lambda}) - 0.8$$

适用范围：$Re = 5 \times 10^4 \sim 3 \times 10^6$。

给水通风管道水力光滑区摩擦阻力系数计算公式可分为显式和隐式。其中，本计算通式是比较常见的显式，尼古拉兹光滑管公式是比较常见的隐式。

（3）美国的哈真-威廉斯（Hazen-Williams）公式 $i = 10.67 \times \dfrac{q^{1.852}}{C_h^{1.852} d^{4.871}}$，是与达西-魏斯巴赫公式类型不同的公式，它与谢才（A. Chézy）公式、曼宁（R. Manning）公式和巴甫洛夫斯基（Н. Н. Павловский）公式可以归为一个类型。

哈真-威廉斯公式不考虑摩擦阻力系数，但考虑了水力半径 R 和哈真-威廉斯系数 C_h。该公式更适用于水力光滑区。因其管道沿程水头损失与流速的 1.852 次方成正比，即 $h_f \sim \upsilon^{1.852}$。因此，该公式不适用于水力粗糙区（阻力平方区）；同时，不适用于流速超过 7.6 m/s 的场合。

由于在该公式中，水力坡度 i 不是雷诺数 Re 的函数，不能体现与液体温度有关的重度（密度）与黏度因素的影响。因此，该公式只适用于清水，特别是温度为 15.6 ℃ 的清水。该公式虽然精度不高，但是可以满足工程精度的要求。在流速为 1.0 m/s，温度为 15 ℃ 左右时，其精度最高。随着流速的增大，其精度呈逐渐下降的趋势。

如果该公式用于热水，应进行重度（密度）和黏度的分别修正。据笔者推算，当热水温度为 60 ℃，冷水温度为 10 ℃ 时，在水力光滑区的重度（密度）和黏度的综合修正系数约为 0.85。即在其他条件相同时，热水单位长度的水头损失约比冷水减少 15%。

参考文献

[1] Shuolin L Wenxin H. United Formula for the Friction Factor in the Turbulent Region of Pipe Flow[J]. PloS one, 11(5).

作者简介：张之立（1968—），男，高级工程师（享受教授、研究员待遇）。国家注册公用设备（给水排水）工程师、一级注册消防工程师。1989 年毕业于武汉城市建设学院（现华中科技大学）给水排水专业。现就职于中煤科工集团北京华宇工程有限公司，从事给水排水、消防设计工作。曾在全国性技术刊物《给水排水》《中国给水排水》《工程建设标准化》《消防科学与技术》《消防技术与产品信息》《煤炭工程》《煤炭加工与利用》《选煤技术》等刊物上发表过三十余篇论文。现为中国建筑学会建筑给水排水研究分会第二届、第三届理事，建筑给水排水研究分会消防专业委员会第二届、第三届常委，中国工程建设标准化协会建筑给水排水专业委员会第六届、第七届委员，全国工业节水标准化技术委员会（SAC/TC442）委员，中国煤炭设计水暖环保专业委员会第一届委员，全国青年给水排水工程师协会常务理事，全国建筑给水排水委员会气体消防分会委员，中煤科工集团北京华宇工程有限公司技术委员会专家和国家标准《建筑灭火器配置设计规范》（GB 50140—2005）、《煤炭洗选工程设计规范》（GB 50359—2005）（GB 50359—2016）、《建筑灭火器配置验收及检查规范》（GB 50444—2008）和国家标准《煤炭洗选工程设计防火规范》（报批中）、《煤炭工业选煤厂可行性研究报告编制规范》等设计规范编制组成员。主编国家标准《取水定额 第 11 部分 选煤》（GB/T 18916.11—2012）和中国工程建设协会标准《气体消防设施选型配置设计规程》（CECS 292：2011）。参与编写《中国消防手册》（由公安部消防局主编）、《建筑给水排水设计手册》《消防便览》等技术书籍。兼北京建筑大学工程硕士校外导师和北京市职称评审专家。

通信地址：北京市西城区德外安德路 67 号，邮政编码：100120；

联系电话：13718124720，010-82276454；

电子信箱：13718124720@163.com。

国际标准化组织标准中清洁灭火剂的发展历程

张之立

(中煤科工集团，北京华宇工程有限公司，北京 100120)

【摘 要】 较为详细地介绍了国际标准化组织标准ISO14520前后三版中清洁灭火剂的发展历程。

【关键词】 ISO14520；清洁灭火剂；卤代烷；惰性气体；氟化酮

1987年9月16日，在加拿大通过了《关于消耗臭氧层物质的蒙特利尔议定书》，于1989年1月1日起生效。当时首次规定受控的消耗臭氧层物质有两类。其中，第二类即哈龙类物质，包括哈龙1211、1301和2402等三种物质。此后在全世界范围内，开始了哈龙替代品——清洁灭火剂的研发工作。

本文着重介绍国际标准化组织标准中清洁灭火剂发展变化情况。

国际标准化组织针对清洁灭火剂制定的标准ISO14520，前后共有三版，分别是2000年版（第一版）、2006年版（第二版）和2015年版（第三版）。

1 ISO 14520（2000年版）

2000年，国际标准化组织（ISO）发布了标准《气体灭火系统——物理性能和系统设计 一般要求》（ISO 14520-1），此为第一版。ISO 14520是由国际标准化组织的消防设备技术委员会下属的气体灭火系统分委员会（ISO/TC 21/SC 8）制定的。其国际标准分类号是ICS13.220.10（代表"灭火"的类别）。

此后相继发布了第一版的标准《三氟一碘甲烷（FIC-13I_1）》（ISO 14520-2：2000）、《全氟丙烷（FC-2-1-8）》（ISO 14520-3：2000）、《全氟丁烷（FC-3-1-10）》（ISO 14520-4：2000）、《HCFC混合A》（ISO 14520-6：2000）、《四氟一氯乙烷（HCFC-124）》（ISO 14520-7：2000）、《五氟乙烷（HFC-125）》（ISO 14520-8：2000）、《七氟丙烷（HFC-227$_{ea}$）》（ISO 14520-9：2000）、《三氟甲烷（HFC-23）》（ISO 14520-10：2000）、《六氟丙烷（HFC-236$_{fa}$）》（ISO14520-11：2000）、《氩气（IG-01）》（ISO 14520-12：2000）、《氮气（IG-100）》（ISO 14520-13：2000）、《氮气、氩气混合物（IG-55）》（ISO 14520-14：2000）和《氮气、氩气、二氧化碳混合物（IG-541）》（ISO 14520-15：2000）。并预留一个分标准号：ISO14520-5。

ISO 14520（2000年版）共采用13种清洁灭火剂，数量及种类与NFPA2001（2000年版）（第三版）完全相同。

2 ISO14520（2006年版）

2006年，国际标准化组织（ISO）发布了标准《气体灭火系统——物理性能和系统设计 一般要求》（ISO 14520-1）的第二版。

在此前后，相继发布了第二版的标准《三氟一碘甲烷（FIC-13I_1）》（ISO 14520-2：2006）、《全氟乙基异丙基酮（FK-5-1-12）》（ISO 14520-5：2006）（注：为第一版）、《HCFC 混合 A》（ISO 14520-6：2006）、《五氟乙烷（HFC-125）》（ISO 14520-8：2006）、《七氟丙烷（HFC-227$_{ea}$）》（ISO 14520-9：2006）、《三氟甲烷（HFC-23）》（ISO 14520-10：2005）、《六氟丙烷（HFC-236$_{fa}$）》（ISO 14520-11：2005）、《氩气（IG-01）》（ISO 14520-12：2005）、《氮气（IG-100）》（ISO 14520-13：2005）、《氮气、氩气混合物（IG-55）》（ISO 14520-14：2005）和《氮气、氩气、二氧化碳混合物（IG-541）》（ISO 14520-15：2005）。

2006 年版比 2000 年版删除了三个标准：《全氟丙烷（FC-2-1-8）》（ISO 14520-3：2000）、《全氟丁烷（FC-3-1-10）》（ISO 14520-4：2000）和《四氟一氯乙烷（HCFC-124）》（ISO 14520-7：2000）。即删除了三种清洁灭火剂：全氟丙烷、全氟丁烷和四氟一氯乙烷。同时，增加了一个标准：《全氟乙基异丙基酮（FK-5-1-12）》（ISO 14520-5：2000）。即增加了一种清洁灭火剂：全氟乙基异丙基酮。第一版中预留的分标准号，在第二版中分给了全氟乙基异丙基酮。

国际标准化组织（ISO）在第一版执行过程中，曾设想在删除全氟丙烷、全氟丁烷和四氟一氯乙烷的同时，增加全氟乙基异丙基酮和 NAF S 125。但最终在第二版中未采用 NAF S 125。NAF S 125 由五氟乙烷（HFC-125）和异丙烯基-1-甲基环己烯（一种萜烯）（$C_{10}H_{16}$）组成。按重量比，五氟乙烷占 99.85%，异丙烯基-1-甲基环己烯占 0.15%。

3　ISO14520（2015 年版）

2015 年，国际标准化组织（ISO）发布了标准《气体灭火系统——物理性能和系统设计一般要求》（ISO 14520-1）的第三版。

此后相继发布了第三版的标准《三氟一碘甲烷（FIC-13I_1）》（ISO14520-2：2016）、《全氟乙基异丙基酮（FK-5-1-12）》（ISO 14520-5：2016）（注：为第二版）、《HCFC 混合 A》（ISO 14520-6：2016）、《五氟乙烷（HFC-125）》（ISO 14520-8：2016）、《七氟丙烷（HFC-227$_{ea}$）》（ISO 14520-9：2016）、《三氟甲烷（HFC-23）》（ISO 14520-10：2016）、《六氟丙烷（HFC-236$_{fa}$）》（ISO 14520-11：2016）、《氩气（IG-01）》（ISO 14520-12：2015）、《氮气（IG-100）》（ISO 14520-13：2015）、《氮气、氩气混合物（IG-55）》（ISO 14520-14：2015）和《氮气、氩气、二氧化碳混合物（IG-541）》（ISO 14520-15：2015）。

2015 年版与 2006 年版中的清洁灭火剂完全一样，没有增加，也没有删除任何一种清洁灭火剂。

4　ISO 14520 现行版（2015 年版）中清洁灭火剂一览表

表 1　ISO 14520（2015 年版）中清洁灭火剂一览表

符号	中文名称	英文名称	化学式
FIC-13I_1	三氟一碘甲烷	Trifluoroiodide	CF_3I
FK-5-1-12	十二氟-2-甲基-3-戊酮（全氟乙基异丙基酮）	Dodecafluoro-2-methylpentan-3-one	$CF_3CF_2C(O)CF(CF_3)_2$
HCFC 混合 A	三氟二氯乙烷 HCFC-123（4.75%）二氟一氯甲烷 HCFC-22（82%）	Dichlorotrifluoroethane　Chlorodifluoromethane　Chlorotetrafluoroethane	$CHCl_2CF_3$　$CHClF_2$　$CHClFCF_3$

续表

符号	中文名称	英文名称	化学式
HCFC 混合 A	四氟一氯乙烷 HCFC-124（9.5%） 异丙烯基-1-甲基环己烯 $C_{10}H_{16}$（3.75%）	Isopropenyl-1-methylcyclohexene	$CH_3(C_6H_8)C_3H_5$
HFC-125	五氟乙烷	Pentafluoroethane	CHF_2CF_3
HFC-227$_{ea}$	七氟丙烷	Heptafluoropropane	CF_3CHFCF_3
HFC-23	三氟甲烷	Trifluoromethane	CHF_3
HFC-236$_{fa}$	六氟丙烷	Hexafluoropropane	$CF_3CH_2CF_3$
IG-01	氩气	Argon	Ar
IG-100	氮气	Nitrogen	N_2
IG-55	氮气（50%） 氩气（50%）	Nitrogen Argon	N_2 Ar
IG-541	氮气（52%） 氩气（40%） 二氧化碳（8%）	Nitrogen Argon Carbon dioxide	N_2 Ar CO_2

5 ISO 14520 各版中清洁灭火剂变化一览表

ISO 14520 各版中清洁灭火剂变化如表 2 所示。

6 国际标准化组织标准中清洁灭火剂的特点

从 2000 年的第一版到 2015 年的第三版，ISO14520 中的清洁灭火剂具有以下特点：

（1）既考虑到含氢、氯的哈龙替代品系过渡性替代品，又考虑到其综合性能，所以采取了部分淘汰、部分保留的措施。现在，国际标准化组织（ISO）已淘汰了四氟一氯乙烷，但仍保留着 HCFC 混合 A。

关于 HCFC 的禁用问题，根据《关于消耗臭氧层物质的蒙特利尔议定书》，缔约国以 1989 年的 HCFC 消费量加 2.8% CFC 消费量的总和（折合到 ODS 量，吨）作为基准，自 2004 年 1 月 1 日起，削减 35%；自 2010 年 1 月 1 日起，削减 65%；自 2015 年 1 月 1 日起，削减 95%；自 2020 年 1 月 1 日起，削减 99.5%（其余 0.5%仅用于现有设备的维修）；自 2030 年 1 月 1 日起，削减 100%。

（2）清洁灭火剂从开始的两个种类（卤代烷类清洁灭火剂和惰性气体灭火剂）扩展到现在的三个种类（卤代烷类清洁灭火剂、惰性气体灭火剂和氟化酮灭火剂）。

（3）所采用的全氟代烷，在 2000 年版中为两种，即全氟丙烷（FC-2-1-8）和全氟丁烷（FC-3-1-10）。但到 2006 年版时，全部被删除了。从此，全氟代烷全部被国际标准化组织（ISO）淘汰了。

作者简介：张之立（1968—），男，高级工程师（享受教授、研究员待遇）。国家注册公用设备（给水排水）工程师、一级注册消防工程师。1989 年毕业于武汉城市建设学院（现华中科技大学）给水排水专业。现就职于中煤科工集团北京华宇工程有限公司，从事给水排水、消防设计工作。曾在全国性技术刊物《给水排水》《中国给水排水》《工程建设标准化》《消防科学与技术》《消防技术与产品信息》《煤炭工程》《煤炭加工与利用》《选煤技术》等刊物上发表过三十余篇论文。现为中国建筑学会建筑给水排水研究分会第二届、第三届理事，建筑给水排水研究分会消防专业委员会第二届、第三届常委，中国工程建设标准化协会建筑给水排水专业委员会第六届、第七届委员，全国工业节水标准化技术委员会（SAC/TC442）委员，中国煤炭设计水暖环保专业委员会第一届委员，全国青年给水排水工程师协会常务理事，全国建筑给水排水委员会气体消防分会委员，中煤科工集团北京华宇工程有限公司技术委员会专家和国家标准《建筑灭火器配置设计规范》（GB 50140—2005）、《煤炭洗选工程设计规范》（GB 50359—2005）（GB 50359—2016）、《建筑灭火器配置验收及检查规范》（GB 50444—2008）和国家标准《煤炭洗选工程设计防火规范》（报批中）、《煤炭工业选煤厂可行性研究报告编制规范》等设计规范编制组成员。主编国家标准《取水定额 第11部分 选煤》（GB/T 18916.11—2012）和中国工程建设协会标准《气体消防设施选型配置设计规程》（CECS 292：2011）。参与编写《中国消防手册》（由公安部消防局主编）、《建筑给水排水设计手册》、《消防便览》等技术书籍。兼北京建筑大学工程硕士校外导师和北京市职称评审专家。

通信地址：北京市西城区德外安德路67号，邮政编码：100120；

联系电话：13718124720，010-82276454；

电子信箱：13718124720@163.com。

表 2　ISO14520 历次版本中清洁灭火剂的演变历程

《气体灭火系统——物理性能和系统设计》(ISO14520)	清洁灭火剂总数	卤代烷烃类清洁灭火剂数量	氟化酮灭火剂数量	惰性气体灭火剂数量	所增加的灭火剂	所删除的灭火剂	说明
2000 年版（第一版）（自 2000 年 8 月 1 日至 2006 年 2 月 14 日施行）	13 种（FC-2-1-8、FC-3-1-10、HCFC-124、HCFC 混合 A、HFC-125、HFC-227ea、HFC-23、HFC-236fa、FIC-131I、IG-100、IG-541、IG-01、IG-55）	9 种（FC-2-1-8、FC-3-1-10、HCFC-124、HCFC 混合 A、HFC-125、HFC-227ea、HFC-23、HFC-236fa、FIC-131I）	0	4 种（IG-01、IG-100、IG-541、IG-55）	0	0	已做废 13 种灭火剂的数量和种类，与美国 NFPA2001（2000 年版）（第三版）完全一样
2006 年版（第二版）（自 2006 年 2 月 15 日至 2015 年 12 月 7 日施行）	11 种（FK-5-1-12、HCFC 混合 A、HFC-125、HFC-227ea、HFC-23、HFC-236fa、FIC-131I、IG-01、IG-100、IG-541、IG-55）	6 种（HCFC 混合 A、HFC-125、HFC-227ea、HFC-23、HFC-236fa、FIC-131I）	1 种（FK-5-1-12）	4 种（IG-01、IG-100、IG-541、IG-55）	FK-5-1-12	FC-2-1-8 FC-3-1-10 HCFC-124	已做废 除了原有的卤代烷类清洁灭火剂和惰性气体灭火剂外，增加了氟化酮灭火剂 比美国 NFPA2001（2008 年版）（第五版）少 HFC 混合 B 和 HCFC-124 两种灭火剂
2015 年版（第三版）（自 2015 年 12 月 8 日施行）	11 种（FK-5-1-12、HCFC 混合 A、HFC-125、HFC-227ea、HFC-23、HFC-236fa、FIC-131I、IG-01、IG-100、IG-541、IG-55）	6 种（HCFC 混合 A、HFC-125、HFC-227ea、HFC-23、HFC-236fa、FIC-131I）	1 种（FK-5-1-12）	4 种（IG-01、IG-100、IG-541、IG-55）	0	0	现行版 清洁灭火剂的种类和数量，与 2006 年版相同 比美国 NFPA2001 现行版（2015 年版）（第七版）少 HFC 混合 B 和 HCFC-124 两种灭火剂

注：1. 英国是完全采用 ISO14520，其标准号为 BS ISO 14520。
2. 乌克兰是等效采用 ISO14520。

论工程技术界外国人名的准确翻译问题

张之立

(中煤科工集团，北京华宇工程有限公司，北京 100120)

【摘　要】 对我国工程技术界中长期存在的外国人姓名的译名不统一问题进行分析。在介绍国家翻译界有关外国人姓名的译音标准和规则的基础上，提出若干统一外国人姓名的译名的建议。并列举一些笔者在摸索外国人姓氏翻译的例子，以供参考。

【关键词】 译名统一；译音表；同名同译；外国人姓名；黑曾（哈真）-威廉斯；谢才；舍维廖夫

在我国，关于外国人姓名的翻译问题，最早可能会追溯到对印度佛经的初期翻译中。无论古今，只要翻译外国人的姓名（包括姓氏或名字），就会涉及"译名统一"的问题。外国人姓名的"译名统一"的目标就是要大家统一使用标准译名或已经约定俗成的、被人们普遍接受的译名。"译名统一"是翻译工作中的关键环节。如果没有译名的统一，翻译的"忠实性"就无从谈起。自20世纪初叶以来，我国翻译界及有关学者已发表过大量的文章谈及"译名统一"在翻译中的重要性。为了给"译名统一"建立标准，早在1928年，当时"中华民国"政府的"大学院"就成立了"译名统一委员会"，专门管理"译名统一"的事宜。

新中国成立后，我国先后颁布了《英语汉语译音表》《法语汉语译音表》《德语汉语译音表》《俄语汉语译音表》《意大利语汉语译音表》《西班牙语汉语译音表》等55个外语语种对汉语的译音表，为外国人姓名的"译名统一"建立了具有较为完整体系的译音标准和规则。

我国新华通讯社内专门设有一个机构，称为"译名室"，负责译名的"正名"工作。该机构已根据国家有关语种对汉语的译音表，编写了一些权威的译名手册及辞典。如《英语姓名译名手册》《法语姓名译名手册》《德语姓名译名手册》《俄语姓名译名手册》和《世界人名翻译大辞典》等。

根据我国的有关规定，对外国人的姓氏或名字，一律采用"同名同译"的原则。即对同一个外国人姓氏或名字，采用同一个汉语译名。例如：在英语中，凡叫Robert名字的，汉译名一律采用"罗伯特"；凡以Smith为姓氏的，汉译名统一采用"史密斯"。不允许出现"一名多读"或"同名异音"的现象。

但是，凡在我国已有通用惯译的姓名或某位外国人自选了汉语姓名且也被承认者，按"约定俗成"的原则处理。如：加拿大的"白求恩（Bethune, Henry Norman）（1890—1939）"的译音不执行国家《英语汉语译音表》的统一规定（按标准译音是"贝休恩"）。英国作家"狄更斯（Dickens, Charles）（1812—1870）"的译音也不再执行国家《英语汉语译音表》的统一规定（按标准译音是"迪肯斯"）。再如，法国科学家"帕斯卡（Pascal, Blaise）（1623—1662）"的译音不执行国家《法语汉语译音表》的统一规定（按标准译音是"帕斯卡尔"）。又如，瑞士数学家和物理学家"欧拉（又译欧勒）（Euler, Leonhard）（1707-1783）"的译音不执行国家《德语汉语译音表》的统一规定（按标准译音是"奥伊勒"）。还有，俄国生理学家"巴甫洛夫（Павлов, Иван Петрович）（1849—1936）"的译音不执行国家《俄语汉语译音表》的统一规定（按标准译音是"帕夫洛夫"）。

目前，在由新华社译名室编写的《英语姓名译名手册》等手册中，对某一外国姓氏，一般是先列出其标准译名；接着，对已有"通用惯译"译名的个别名人专门列出，给出其"约定成俗"的译名、其母语的外文全名及概要介绍。如果没有"约定成俗"译名的，则仅给出其标准译名。

但现实存在的问题是，译音表是翻译界内部的规则，翻译界之外对此知之甚少。因此，导致很少能够正常执行。特别是一些从事工程技术工作的人士，尽管有的外语水平相当高，但由于不知道有此规则，导致信手翻译姓名（或小的、不出名的地名）之事层出不穷、屡见不鲜。有的人士可能也意识到外国人的姓名是不能随意翻译的，但因不清楚到底怎么翻译才对，也只好作罢。另外，某些语种在新中国成立后有一段无相关译音表的空白期，也导致了一些"在无奈中"随手翻译外国人姓名现象的出现。

笔者在近三十年的工作和学习中发现：工程技术界的一些设计规范、设计规程、技术手册及相关的理工科高校教科书中，经常会运用（或引用）一些以外国人姓氏（或名字）命名的公式或理论；但对同一个外国人的姓氏（或名字），却往往存在不止一种的译名。如：以两位美国人的姓氏 Hazen 和 Williams 组合命名的一个水力学中关于水头损失计算的公式（Hazen-Williams 公式），目前在我国就存在若干种译名。如：在现行国家标准《室外给水设计规范》（GB 50013—2006）第 7.2.2 条第 3 款中，出现了"C_h——海曾-威廉系数"的字样。在高等学校推荐教材、国家级"九五"重点教材——《给水工程》（第四版）第 5.6 节中，出现的也是"海曾-威廉（A. Hazen，G. S. Williams）公式"的字样。在现行国家标准《建筑给水排水设计规范》（GB 50015—2003）第 3.6.10 条中，出现"C_h-海澄-威廉系数"的字样。在现行国家标准《自动喷水灭火系统设计规范》（GB50084—2001）（2005 年版）第 112 页的条文说明中，出现了"Hazen-Williams（海登-威廉）公式"的字样。"Hazen-Williams"除翻译为上述的"海曾-威廉""海澄-威廉""海登-威廉"外，还有"海森-威廉""哈真-威廉""哈曾-威廉""哈森-威廉"等译名。如果将"威廉"改换为另一种译名"威廉姆斯"，则会出现更多种译名组合。

当然，这是个极端的例子。但确实存在对一些外国人姓氏至少有两种译名的情况，如在水力学的一些冠名公式（方程）中，对英语姓氏"Froude"，有的译为"弗劳德"，有的译为"弗罗德"，有的译为"傅汝德""佛劳德""佛汝德"等。对德语姓氏"Blasius"，有的译为"布拉休斯"，有的译为"布拉修斯""勃拉修斯"等。对瑞士姓氏"Bernoulli"，有的译为"伯诺里""伯努利"，有的译为"贝努利"等。对法语与德语姓氏组合"Darcy-Weisbach"，有的译为"达西-韦斯巴哈"，有的译为"达西-韦斯巴赫"等。对英语姓氏组合"Colebrook-White"，有的译为"柯列勃洛克-怀特"，有的译为"柯尔勃洛克-怀特""柯列布鲁克-怀特"等；其中，"White"还有翻译成"魏特"的。对法语姓氏"Dupuit"，有的译为"裘皮幼""裘布依""杜比"等。对法语姓氏"Chézy"，大多翻译为"谢才"，但也有翻译成"舍齐"的。这种译名混乱的现象非常不利于正常的学习和交流，亟待解决。

笔者建议（希望）对那些有过技术贡献的外国人士都能有唯一的译名，就像对牛顿、爱因斯坦、焦耳那样。其实，作为一个中国人，不也希望自己姓名的外文译名是唯一的吗？实际上，因为我国汉字姓名一律按照汉语拼音进行标准转换，因此，这个愿望已经完全可以实现了。

笔者认为：为什么像马克思、列宁、牛顿、爱因斯坦等名人的译名，人们都能记得非常清楚准确，而不会写错呢？就是因为，人们从小在学校里或社会中，第一次接触到这些姓氏（或名字）时，所看到（或所听到）的就是唯一的和正确的译名。所以，笔者建议（希望）我国工程技术界能首先组织有关设计规范、设计规程和技术（或设计）手册的编著者及审查者们，进行有关外国人姓名的"译名统一"的宣贯工作，目的是使这些编写、审查人员（或专家）培养具备"译名统一"的意识。然后，再通过他们根据具体实际情况，决定哪些姓氏（名字）可以（或需要）采用"约定成俗"的译名，哪些姓氏（名字）可以（或需要）采用标准译名。这样，在以后出版的设计规范、设计规程和技术（或设计）手册中，出现的就都是唯一的和正确的译名了。当人们使用这些规范、规程和手册时，自然而然地就接受了唯一的和正确的译名。这对工程建设标准化来说，也是一个非常必需的条件。因为，工程建设标准化的灵魂之一就是工程建设技术标准和规程，技术标准和规程需要使用严谨缜密的文字进行表达，而有关外国人姓名译名统一的工作又是支撑、影响严谨缜密文字的重要条件和因素。

下面以 Hazen-Williams 公式为例，介绍笔者在这方面的翻译探索。经查，Hazen Williams 公式中的"Hazen（1869—1930）"的全名为"Allen Hazen"，出生于美国佛蒙特州，系美国人。另一位"Williams（1866—1931）"的全名为"Gardner Stewart Williams"，系美国密歇根州人。即两人姓氏均为英语姓氏。

根据我国颁布的《英语汉语译音表》，"Hazen-Williams"的标准译音应是"黑曾-威廉斯"。

查阅由新华社译名室编写的《英语姓名译名手册》（第四版）（由商务印书馆出版），发现对姓氏"Hazen"只列了一个译名"黑曾"，没有列出还有哪些著名人物可以按照惯译的原则翻译成别的译名。同样，发现对姓氏"Williams"，也只列了一个译名"威廉斯"，也没有列出还有哪些著名人物可以按照惯译的原则翻译成别的译名。即英语姓氏"Hazen"和"Williams"都没有随意翻译的"特权"。

查阅《辞海》，发现"Hazen"和"Williams"都未被收录进去。所以，也不可能查出"Hazen"和"Williams"是否具有"约定成俗"译名。

鉴于"Hazen-Williams"目前存在多种译名，但暂无"约定成俗"的译名。故将"Hazen-Williams"正式翻译为"黑曾-威廉斯"。

2013 年 5 月，笔者在参加国家标准《煤矿井下消防洒水设计规范》（GB 50383）修编的送审稿审查会时，建议对此公式的名字采用正式译名加括号内的姓氏原文的方式，即"黑曾-威廉斯（Hazen-Williams）"，以求严谨。该规范专家审查组和主编部门——中国煤炭建设协会接纳了笔者的此项建议，并写入了正式审查意见中。

同理，将本文前面提到过的、在水力学中存在数种译名，但暂无"约定成俗"译名的英语姓氏"Froude"德语姓氏"Blasius"瑞士姓氏"Bernoulli"、法语与德语姓氏组合"Darcy-Weisbach"和英语姓氏组合"Colebrook-White"，正式翻译成"弗劳德""布莱修斯""贝尔努利""达西-魏斯巴赫"和"科尔布鲁克-怀特"。

关于"黑曾-威廉斯"的译名，还需要补充说明一些情况。据笔者查阅有关资料，发现 Allen Hazen（艾伦·黑曾）和 Gardner Stewart Williams（加德纳·斯图尔特·威廉斯）是在 1906 年共同制定出了 Hazen Williams（黑曾-威廉斯）公式，艾伦·黑曾时年 37 岁。

在 1904 年，一位姓与名完全一样的 Allen Hazen（艾伦·黑曾）在当年美国土木工程师学会（协会）的第 53 卷会报（学报）的第 45 页上，发表了一篇名为《论沉淀》的论文。该论文的主要内容可能就是一直在我国高等学校教材《给水工程》（包括各种不同版本）中所讲述的"浅池（沉淀）理论（shallow depth sedimentation theory）"。在我国已有各种版本的《给水工程》教材及相关技术书籍里，该理论的提出者"Hazen"一直被固定译为"哈真"。

第一，由于与他人合作制定出水力学中水头损失计算公式的 Allen Hazen 生前是美国土木工程师学会（协会）的副会长，曾出版过一些关于沉淀和过滤方面的基本性著作。所以，从研究领域和研究能力方面的逻辑分析，存在他于美国土木工程师学会（协会）的会报（学报）上发表论文《论沉淀》的可能性。第二，1904 年时，他 35 岁，而他是于 1930 年去世的（享年 61 岁）。因此，从时间逻辑上，也存在是他发表这篇《论沉淀》论文的可能性。根据以上分析和推理，猜测上述两位同名同姓的 Allen Hazen 很有可能就是同一个人。如果是同一个人，则可根据"约定成俗"的译名规则，将"Hazen"译为"哈真"。那么，"Hazen-Williams 公式"就要译为"哈真-威廉斯公式"。因此，笔者认为"Hazen"

或译为"哈真"，或译为"黑曾"，均有道理。

此外，笔者建议：对已有"约定成俗"译名的，应维持已有"约定成俗"译名，不再采用其标准译名。如：对水力学中一冠名公式里的德语姓氏"Nikuradse"，按标准译音应是"尼库拉泽"。但笔者认为需要采用的是其"约定成俗"译名——"尼古拉兹"。

水力学中另一冠名公式里还存在俄语姓氏"Павловский"。由于我国对其一直使用固定译名——"巴甫洛夫斯基"，因此，参考本文前面对"巴甫洛夫（Павлов）"译名的处理原则，"Павловский"不再按标准译音"帕夫洛夫斯基"翻译，而是采用其"约定成俗"译名——"巴甫洛夫斯基"。

对本文前面提到过的、存在数种译名的法语姓氏"Dupuit"，参考《世界人名翻译大辞典》，不采用其标准译音——"迪皮"，而是采用该辞典所确定的其"约定成俗"译名——"杜普伊"。

对本文前面提到过的、存在两种译名的法语姓氏"Chézy"，按由新华社译名室编写的《法语姓名译名手册》应翻译为"谢齐"。另外，在国家标准《室外给水设计规范》条文说明中出现的"舍齐"可能是对"Chezy"的译音。实际上，在法语中不存在"Chezy"的姓氏。根据《法语汉语译音表》，对"chè、chê、ché、chei、chey、che（闭音）"翻译成"谢"，对"che（非闭音）"翻译成"舍"。对"zy"翻译成"齐"。因此，"Chezy"应翻译成"舍齐"。由于绝大部分的水力学教材和工程技术界一直采用"谢才公式"的称谓，考虑"约定成俗"的因素，笔者建议使用"谢才"的译名。

此外，水力学中一冠名公式里存在俄语姓氏"Шевелев"，我国一直译为"舍维列夫"。由于在俄文书面印刷体中，"е"和"ё"一律印刷为"е"，不进行区分。所以，该姓氏可能存在数种字母组合。但是，通过请教新华社译名室的俄文专家得知：根据俄文拼写规则，只可能存在"ше"和"ве"的拼写方式，不会存在"шё"和"вё"的拼写方式。所以，只有字母拼写组合"ле"还存在"лё"的可能性（即还存在"Шевелёв"的可能性）。根据《苏联大百科全书》（网络版）和维基百科（俄文版）等资料，此俄文拼写应是"Шевелёв"。根据由辛华（新华社译名室）编写的《俄语姓名译名手册》，"Шевелёв"的标准译名是"舍韦廖夫"。可见，当年的翻译者可能直接按"ле"翻译成了"列"，而没有进行核实应按"лё"翻译成"廖"。考虑到"约定成俗"的因素，笔者建议采用"舍维廖夫"译名，不再使用不准确的译名"舍维列夫"和标准译名"舍韦廖夫"。

对还没有正式译名的，按标准译名进行翻译。如：俄罗斯的"Альтшулер""Андрияшев""Абрамов"翻译成"阿尔特舒勒""安德里亚舍夫""阿布拉莫夫"。美国的"Christian Lambertson"翻译成"克里斯琴·兰伯森"（消防气体灭火剂IG541的发明人）。

我国工程技术界虽然长期存在外国人姓名译名不统一的问题，但笔者相信，只要工程技术界全体人士重视之、共同努力之，这个问题会得到解决的。

参考文献

[1] 新华通讯社译名室. 世界人名翻译大辞典[J]. 修订版. 北京：中国对外翻译出版公司，2007.
[2] 新华通讯社译名室. 英语姓名译名手册[J]. 4版. 北京：商务印书馆，2013.
[3] 新华通讯社译名室. 法语姓名译名手册[J]. 北京：商务印书馆，2007.
[4] 新华通讯社译名室. 德语姓名译名手册[J]. 修订本. 北京：商务印书馆，2014.
[5] 辛华. 俄语姓名译名手册[M]. 北京：商务印书馆，2014.
[6] GB 50013—2006. 室外给水设计规范[S]. 2006.
[7] 严煦世，范瑾初. 给水工程[M]. 4版. 北京：中国建筑工业出版社，1999.

[8] GB 50015—2003（2009 版）. 建筑给水排水设计规范[S]. 2009.

[9] GB50084—2001（2005 版）. 自动喷水灭火系统设计规范[S]. 2005.

[10] GB50400—2006. 建筑与小区雨水利用工程技术规范[S]. 2006.

[11] 西南交通大学水力学教研室. 水力学[M]. 3 版. 北京：高等教育出版社，1983.

[12] 辞海编辑委员会. 辞海[M]. 上海：上海辞书出版社，2000.

[13] Wikipedia. Allen Hazen. http：//en.wikipedia.org, 2013.

[14] Hazen, A. On sedimentation. Transactions of American Society of Civil Engineers, 1904, 53：45.

作者简介： 张之立（1968—），男，高级工程师（享受教授、研究员待遇）。国家注册公用设备（给水排水）工程师、一级注册消防工程师。1989 年毕业于武汉城市建设学院（现华中科技大学）给水排水专业。现就职于中煤科工集团北京华宇工程有限公司，从事给水排水、消防设计工作。曾在全国性技术刊物《给水排水》《中国给水排水》《工程建设标准化》《消防科学与技术》《消防技术与产品信息》《煤炭工程》《煤炭加工与利用》《选煤技术》等刊物上发表过三十余篇论文。现为中国建筑学会建筑给水排水研究分会第二届、第三届理事，建筑给水排水研究分会消防专业委员会第二届、第三届常委，中国工程建设标准化协会建筑给水排水专业委员会第六届、第七届委员，全国工业节水标准化技术委员会（SAC/TC442）委员，中国煤炭设计水暖环保专业委员会第一届委员，全国青年给水排水工程师协会常务理事，全国建筑给水排水委员会气体消防分会委员，中煤科工集团北京华宇工程有限公司技术委员会专家和国家标准《建筑灭火器配置设计规范》（GB 50140—2005）、《煤炭洗选工程设计规范》（GB 50359—2005）（GB 50359—2016）、《建筑灭火器配置验收及检查规范》（GB 50444—2008）和国家标准《煤炭洗选工程设计防火规范》（报批中）、《煤炭工业选煤厂可行性研究报告编制规范》等设计规范编制组成员。主编国家标准《取水定额 第 11 部分 选煤》（GB/T 18916.11—2012）和中国工程建设协会标准《气体消防设施选型配置设计规程》（CECS 292：2011）。参与编写《中国消防手册》（由公安部消防局主编）、《建筑给水排水设计手册》《消防便览》等技术书籍。兼北京建筑大学工程硕士校外导师和北京市职称评审专家。

通信地址：北京市西城区德外安德路 67 号，邮政编码：100120；

联系电话：13718124720，010-82276454；

电子信箱：13718124720@163.com。

论选煤厂特殊构筑物消火栓用水量的确定问题

张之立

(中煤科工集团，北京华宇工程有限公司，北京 100120)

【摘 要】 对我国选煤厂中的筒仓、封闭型储煤场、栈桥、主厂房等常见特殊构筑物的消防特征进行研究，并确定其室内外消火栓用水量。

【关键词】 筒仓；封闭型储煤场；栈桥；主厂房；室内消火栓用水量；室外消火栓用水量；干煤产品；湿煤产品；封闭体积；洗选状态；完全不洗选状态

在煤炭工业选煤厂中，存在着筒仓、封闭型储煤场、栈桥、主厂房等一些特殊构筑物。

根据现行国家标准《建筑设计防火规范》(GB 50016—2006，以下简称国标《建规》)第 3.1.1 条的条文说明(P132)，"煤的筛分、转运工段和栈桥或储仓"属于丙类生产火灾危险性类别。严格地讲，上句应表述为："原煤或干煤产品的筛分、转运工段和栈桥或储仓"属于丙类生产类别。而"湿煤产品的筛分、转运工段和栈桥或储仓"应属于戊类生产类别。即筒仓、封闭型储煤场、栈桥均属于厂房，其中，储存、输送原煤或干煤产品的筒仓、封闭型储煤场、栈桥应属于丙类厂房，储存、输送湿煤产品的筒仓、封闭型储煤场、栈桥应属于戊类厂房。

下面分别论述如何确定选煤厂中这些特殊构筑物的室内外消火栓用水量。

1 筒仓室内外消火栓用水量

1.1 概 况

第一类特殊构筑物是筒仓，筒仓也简称为仓。根据国家标准《选煤术语》(GB/T 7186—2008)，"仓"的定义是："储存物料的容器，主要部分是垂直的立壁，其下部通常建成漏斗形状。"本文所谓的"筒仓"包括圆筒仓和方筒仓。按所储存的物料，筒仓可分为原煤仓、储存干煤产品或湿煤产品的产品仓（含末煤仓、精煤仓、矸石仓、产品地销仓、产品铁路装车仓）等。筒仓的高度一般是其直径或长度的数倍，其最大建筑高度已超过 50 m。目前，以圆筒仓居多。常见的圆筒仓直径有 $\phi 15$ m、$\phi 18$ m、$\phi 21$ m、$\phi 25$ m 和 $\phi 30$ m 等。圆筒仓是中部封闭的、下设漏斗的圆柱体形仓体，设有检修孔，工作期间不进人操作；其上部通常设 2~3 层，一般布置有原煤输送、分配用的皮带、溜槽、刮板等设备，有的还布置有原煤破碎设备；其下部通常设 1 层，布置有给料机和原煤输送皮带等设备。它的特点是其中部煤仓的建筑体积占整个构筑物的绝大部分。它既不是通常意义上的厂房，又不是通常意义上的仓库，实际上是一种仓体（非人员进入式）与厂房的组合体。因此，不能机械地按照国标《建规》中的"厂房"或"仓库"类别来确定其室内外消火栓用水量。

关于其室内外消火栓用水量，笔者认为，将筒仓作为一个整体看待，按最不利情况——仓体上下部分同时着火的可能性考虑更为安全。但一般情况下，由于其中部是由钢筋混凝土浇筑的、封闭的仓体，其内储煤是不太容易燃烧的。即使偶尔起火，也很难从封闭仓体内窜出。因此，当仓下或仓上发生火灾时，很难通过仓体蔓延到仓上或仓下。并根据筒仓的建筑特点——仓体的建筑体积所占比例大。因此，笔者认为，筒仓的室内外消火栓用水量应小于同等条件下的厂房和仓库。

1.2 筒仓室内消火栓用水量

对室内消火栓系统而言，仓体内是无法设置室内消火栓的，仓体上下部分可以设置室内消火栓。仓体上下部分应分别按照同时最少出动两个室内消火栓来考虑室内消火栓用水量。

对于仓下部分，其建筑高度 h 一般均在 24 m 以下，因此，可按 $h < 24$ m 的厂房考虑。如果其建筑体积 $V \leqslant 10\ 000$ m³，根据国标《建规》，则其室内消火栓用水量为 5 L/s；如果 $V > 10\ 000$ m³，则为 10 L/s。对于仓上部分，若其 h 在 24 m 以上，则属于"立足于自救"的范畴，故需加强其灭火能力。笔者认为：对仓上部分，首先按 $h < 24$ m 的厂房确定室内消火栓用水量。然后，再增加 5~10 L/s。具体规定为：如果仓上部分的 h 在 24~50 m，则增加 5 L/s；如果 $h > 50$ m，则增加 10 L/s。

举例：某原煤仓由 4 个 $\phi 25$ m 筒仓组成，其建筑高度 $h = 67$ m。其仓下部分的建筑体积 $V \approx 4 \times 3\ 000 \approx 12\ 000$ m³，因 $h < 24$ m、$V > 10\ 000$ m³，所以，其仓下室内消火栓用水量为 10 L/s。仓上部分的建筑体积 $V \approx 7\ 300$ m³；首先，按照 $h < 24$ m、$V \leqslant 10\ 000$ m³，确定其室内消火栓用水量为 5 L/s。然后，根据 $h = 67$ m > 50 m，增加 10 L/s；则仓上部分室内消火栓用水量：5 + 10 = 15（L/s）。原煤仓室内消火栓用水量为仓上、仓下用水量之和，即 10 + 15 = 25（L/s）。

根据对我国选煤厂中多个筒仓的如上测算，当 $h = 24~50$ m 时，其室内消火栓用水量一般不超过 20 L/s；当 $h > 50$ m 时，其室内消火栓用水量一般不超过 25 L/s；所以，从可操作性考虑，笔者推荐规定："筒仓的室内消火栓用水量：当 $h < 24$ m、$V \leqslant 10\ 000$ m³ 时，$Q_{室内} = 5$ L/s；当 $h < 24$ m、$V > 10\ 000$ m³ 时，$Q_{室内} = 10$ L/s；当 $h = 24$ m ~ 50 m 时，$Q_{室内} = 20$ L/s；当 $h > 50$ m 时，$Q_{室内} = 25$ L/s。"此规定里的四个室内消火栓用水量值（5、10、20、25 L/s）持平或低于国标《建规》表 8.4.1 中厂房的相应数值（5、10、25、30 L/s），更低于现行国家标准《消防给水及消火栓系统技术规范》（GB 50974—2014）（以下简称国标《消规》）表 3.5.2 中厂房的相应数值（20、20、30、40 L/s）；同时，也持平或低于国标《建规》表 8.4.1 中仓库的相应数值（5、10、30、40 L/s），更低于国标《消规》表 3.5.2 中仓库的相应数值（20、20、40、40 L/s）；符合本文 1.1 节的结论"筒仓的室内外消火栓用水量应小于同等条件下的厂房和仓库"。因此，此规定基本上是合理的。将上述结果汇总成表 1。（笔者已把表 1 的内容编入国家标准《煤炭洗选工程设计防火规范》（以下简称《选火规》）（报批稿）表 7.3.1 中。）

表 1 原煤或干煤产品筒仓的室内消火栓用水量

建筑高度 h（m）、建筑体积 V（m³）		室内消火栓用水量（L/s）	同时使用水枪数量（支）	每根立管最小流量（L/s）
$h \leqslant 24$	$V \leqslant 10\ 000$	5	2	5
	$V > 10\ 000$	10	2	10
$24 < h \leqslant 50$		20	4	15
$h > 50$		25	5	15

注：1. 当室内消火栓实际数量小于同时使用水枪数量时，可按室内消火栓实际数量确定室内消火栓用水量。
2. 干煤产品指干法加工后的煤炭产品（不包括矸石），下同。
3. 为一次灭火的室内消火栓用水量，下同。

另外，关于湿煤产品或矸石筒仓，由于按照国标《选火规》（报批稿），可不设室内消火栓系统。因此，可认为湿煤产品或矸石筒仓室内消火栓用水量为零。

1.3 筒仓室外消火栓用水量

自新中国成立初期至20世纪80年代（甚至到90年代初期），我国选煤行业一直采用的室外消火栓用水量设计参数是经验参数。即根据选煤厂的规模（大型、中型、小型），将选煤厂室外消火栓用水量划分为10 L/s、20 L/s、30 L/s三个档次。在全国多年使用经验证明，这些设计参数是有重要参考价值的。

根据本文1.1节的结论"筒仓的室内外消火栓用水量应小于同等条件下的厂房和仓库"及上述经验参数，笔者认为，筒仓的室外消火栓用水量可比同等条件厂房缩减5～10 L/s）。

1.3.1 原煤或干煤产品筒仓的室外消火栓用水量

根据现行国家标准《煤炭洗选工程设计规范》（GB 50359—2005）（以下简称《选设规》）表17.1.5，储存原煤或干煤产品的筒仓的生产火灾危险性类别为丙类，耐火等级为一二级。首先，根据国标《建规》表8.2.2-2查出"耐火等级为一二级、丙类厂房"的系列室外消火栓用水量。然后，对$V \leq 20\,000\,m^3$的，逐个缩减5 L/s；对$V > 20\,000\,m^3$的，逐个缩减10 L/s，从而得出储存原煤或干煤产品的筒仓的室外消火栓用水量。即：当$V \leq 1\,500\,m^3$时，$Q_{室外} = 5$ L/s；当$V = 1\,500 \sim 3\,000\,m^3$，$Q_{室外} = 10$ L/s；当$V = 3\,000 \sim 5\,000\,m^3$，$Q_{室外} = 15$ L/s；当$V = 5\,000 \sim 20\,000\,m^3$时，$Q_{室外} = 20$ L/s；当$V = 20\,000 \sim 50\,000\,m^3$，$Q_{室外} = 20$ L/s；当$V > 50\,000\,m^3$，$Q_{室外} = 30$ L/s。同时，还需确保室外消火栓最小用水量不小于10 L/s（即一个室外消火栓的最小流量）。并考虑其室外消火栓用水量应随着建筑体积的增大而增大，故对上述数据进行调整，调整后的结果汇总成表2。（笔者已把表2的内容编入国标《选火规》（报批稿）表7.2.1中。）

表2 原煤或干煤产品的筒仓的室外消火栓用水量

建筑体积V（m^3）	$V \leq 1\,500$	$1\,500 < V \leq 3\,000$	$3\,000 < V \leq 5\,000$	$5\,000 < V \leq 20\,000$	$20\,000 < V \leq 50\,000$	$V > 50\,000$
室外消火栓用水量（L/s）	10	10	15	20	25	30

注：1. 为一次灭火的室外消火栓用水量，下同。
　　2. 耐火等级为一二级。

表2里的六个室外消火栓用水量值（10、10、15、20、25、30 L/s）持平或低于国标《建规》表8.2.2-2中厂房的相应数值（10、15、20、25、30、40 L/s），低于国标《消规》表3.3.2中厂房的相应数值（15、15、20、25、30、40 L/s）；同时，也低于国标《建规》表8.2.2-1中仓库的相应数值（15、15、25、25、35、45 L/s），低于国标《消规》表3.3.2中仓库的相应数值（15、15、25、25、35、45 L/s）。因此，此规定基本上是合理的。

有些人士认为，在国标《建规》表8.2.2-2注3中，规定"铁路车站、码头和机场的中转仓库，其室外消火栓用水量可按丙类仓库确定"。因此，储存原煤或干煤产品的筒仓或封闭型储煤场的室外消火栓用水量，也可类比按丙类仓库对待。笔者认为，筒仓或封闭型储煤场与"铁路车站、码头和机场的中转仓库"相比，还是有一定区别的，不宜同等对待。

1.3.2 湿煤产品或矸石筒仓的室外消火栓用水量

对于湿煤产品或矸石筒仓，因其火灾危险性较低，故在原煤或干煤产品的筒仓数据基础上予以减少。一般按减少1～2支水枪的用水量（5～10 L/s）考虑。同时，确保室外消火栓最小用水量不小于10 L/s（即一个室外消火栓的最小流量）。湿煤产品或矸石筒仓室外消火栓用水量见表3。（笔者已把表3的内容编入国家标准《选火规》（报批稿）表7.2.1中。）

表 3 湿煤产品或矸石筒仓的室外消火栓用水量

建筑体积 V（m³）	$V \leqslant 1\,500$	$1\,500 < V \leqslant 3\,000$	$3\,000 < V \leqslant 5\,000$	$5\,000 < V \leqslant 20\,000$	$20\,000 < V \leqslant 50\,000$	$V > 50\,000$
室外消火栓用水量（L/s）	10	10	10	10	15	20

注：1. 湿煤产品指湿法加工后的煤炭产品（不包括矸石），下同。
  2. 耐火等级为一二级。

根据国标《选设规》表 17.1.5 和国标《选火规》表 3.0.2，湿煤产品或矸石的筒仓的生产火灾危险性类别为戊类，耐火等级为一二级。对比国标《建规》表 8.2.2-2 和国标《消规》表 3.3.2 中"耐火等级为一二级、丁戊类厂房"的室外消火栓用水量，发现本文表 3 中室外消火栓用水量数据（10、10、10、10、15、20 L/s）不大于国标《建规》表 8.2.2-2 中的相应数据（10、10、10、15、15、20 L/s），也不大于国标《消规》表 3.3.2 中的相应数据（15、15、15、15、15、20 L/s）。符合本文 1.1 节的结论"筒仓的室内外消火栓用水量应小于同等条件下的厂房和仓库"。因此，此规定基本上是合理的。

2　封闭型储煤场的室内外消火栓用水量

2.1　概　况

第二类特殊构筑物是封闭型储煤场。有圆形与矩形之分。在圆形封闭型储煤场中，比较大的有 $\phi 90$ m、$\phi 100$ m、$\phi 110$ m 等。在矩形封闭型储煤场中，比较大的建筑面积已经超过 24 000 m²。封闭型储煤场既具备堆煤、取煤等生产特征，也具备煤炭储存的特征。因此，它既不是通常意义上的厂房，又不是通常意义上的仓库。

2.2　封闭型储煤场的室内消火栓用水量

由于封闭型储煤场的煤炭大多以自燃为主，燃烧程度较木料、橡胶、棉花等为弱，故其室内消火栓灭火能力不应高于同等情况下的厂房或仓库。

笔者认为，当 $h \leqslant 24$ m 时，一般最多动用 2 个 DN 65 室内消火栓（2 只 $\phi 19$ mm 水枪）即可控制火势。而根据国标《建规》表 8.4.1，$h \leqslant 24$ m 的厂房或仓库的室内消火栓用水量都不算很大，均为 5~10 L/s；故将 $h \leqslant 24$ m 的储存原煤或干煤产品的封闭型储煤场的室内消火栓用水量为 5~10 L/s）。并类比国标《建规》表 8.4.1 中 $h \leqslant 24$ m 的仓库，按 $V \leqslant 5\,000$ m³ 与 $V > 5\,000$ m³ 分两种情况，将其室内消火栓用水量分别定为 5 L/s 和 10 L/s。

这两个数值（5、10 L/s）小于国标《消规》表 3.5.2 中的厂房的相应数据（20、20 L/s）和仓库的相应数据（20、20 L/s）。符合本节开始的结论。因此，此规定基本上是合理的。

当 24 m $< h \leqslant 50$ m 时，储存原煤或干煤产品的封闭型储煤场的主体部分可看作单层仓库，因它不是标准意义上的高层仓库，故不需在 $h \leqslant 24$ m 封闭型储煤场的基础上大幅提高室内消火栓用水量，可按增加 1 个 DN65 室内消火栓（1 支 $\phi 19$ mm 水枪）用水量考虑，故取 10 + 5 = 15 L/s）。此数据同样小于国标《消规》表 3.5.2 中的厂房的相应数据（30 L/s）和仓库的相应数据（40 L/s）。符合本节开始的结论，因此，此规定基本上是合理的。

而 $h > 50$ m 的封闭型储煤场很不常见，故未予考虑。

将上述数据汇总成表 4。（笔者已把表 4 的内容编入国家标准《选火规》（报批稿）表 7.3.1 中。）

表4　原煤或干煤产品封闭型储煤场室内消火栓用水量

建筑高度 h（m）、建筑体积 V（m³）	室内消火栓用水量（L/s）	同时使用水枪数量（支）	每根立管最小流量（L/s）
$h \leqslant 24$，$V \leqslant 5\,000$	5	1	5
$h \leqslant 24$，$V > 5\,000$	10	2	10
$24 < h \leqslant 50$	15	3	15

另外，关于湿煤产品封闭型储煤场，由于根据国标《选火规》（报批稿），可不设置室内消火栓系统。因此，可认为湿煤产品封闭型储煤场的室内消火栓用水量为零。

2.3 封闭型储煤场的室外消火栓用水量

根据国标《建规》表 8.2.3 及国标《消规》表 3.4.12 的规定，露天或半露天煤堆场的室外消火栓用水量，根据其储量定为：15 L/s（100 t < 总储量 $W \leqslant 5\,000$ t）和 20 L/s（总储量 $W > 5\,000$ t）。

而封闭型储煤场在本质上是加盖且四面围护的煤堆场，就消防车而言，其室外扑救难度较露天的煤堆场为大，应加强室外消火栓的能力。另外，根据国标《选规》表 17.1.5，储存原煤或干煤产品的封闭型储煤场的耐火等级为一二级。因其耐火等级较高，可适当削减室外灭火能力的增幅。

因此，笔者建议，对原煤或干煤产品封闭型储煤场，应在国标《建规》及国标《消规》的基础上增加 5 L/s 的用水量（即 1 支 $\phi 19$ mm 水枪的用水量），变为：20 L/s（$W \leqslant 5000$ t）和 25 L/s（$W > 5\,000$ t）。同时，将第一档中储量前提条件由"100 t < $W \leqslant 5\,000$ t"改为"$W \leqslant 5000$ t"。

由于一些封闭型储煤场的储量非常大，故建议将第二档的 25 L/s（$W > 5\,000$ t）再细划分为两档：25 L/s（50 000 t $\geqslant W > 5\,000$ t）和 30 L/s（$W > 50\,000$ t）。将此结果汇总成表 5。（笔者已把表 5 的内容编入国标《选火规》（报批稿）表 7.2.2 中。）

表5　原煤或干煤产品封闭型储煤场室外消火栓用水量

总储量 W（t）	室外消火栓用水量（L/s）
$W \leqslant 5\,000$	20
$50\,000 \geqslant W > 5\,000$	25
$W > 50\,000$	30

注：耐火等级为一二级。

对湿煤产品封闭型储煤场，因其火灾危险性低，故应在原煤或干煤产品封闭型储煤场的数据上给予减少，建议各减少 2 支 $\phi 19$ mm 水枪的用水量（10 L/s）。将有关数据汇总成表 6。（笔者已把表 6 的内容编入国标《选火规》（报批稿）表 7.2.2 中。）

表6　湿煤产品封闭型储煤场室外消火栓用水量

总储量 W（t）	室外消火栓用水量（L/s）
$W \leqslant 5\,000$	10
$50\,000 \geqslant W > 5\,000$	15
$W > 50\,000$	20

注：1. 湿煤产品指湿法加工后的煤炭产品（不包括矸石）。
　　2. 矸石封闭型储煤场鲜见，故未列出。
　　3. 耐火等级为一二级。

3 栈桥的室内外消火栓用水量

3.1 概况

第三类特殊构筑物是栈桥。栈桥由于是架空设置，因此，在其底板与地面之间是支柱，在此净空高度内一般是不存在室内建筑面积的。虽然本身是厂房，但这与通常意义上的厂房是不同的。

另外，大部分栈桥是倾斜的，有的甚至有两段或三段的倾斜度。有的起点离地面的净空高度只有 6 m，而终点离地面的净空高度却有 29 m，两者的高差有 23 m 之多。栈桥的建筑高度该如何确定呢？

笔者认为，栈桥的建筑高度应根据国标《建规》第 1.0.2 条中注 1 对"建筑高度的计算"规定的基本原则确定。即：对单倾斜角度的栈桥，按其最高点处和最低点处的建筑高度的算术平均值确定；对多倾斜角度的栈桥，先算出每段单一倾斜角度栈桥的建筑高度，再按各段建筑高度的算术平均值确定栈桥的建筑高度；对由水平段和倾斜段组成的栈桥，如果水平段在最高处，则按水平段确定建筑高度。如果水平段在倾斜段的下面，则按倾斜段确定建筑高度。

例 1：某栈桥由两段组成，其倾斜角分别为 8° 和 16°。在倾斜角为 8° 的第一段中，其最低点处的建筑高度为 10 m，最高点处的建筑高度为 14 m，则该段的建筑高度为 12 m。在倾斜角为 16° 的第二段中，其最低点处的建筑高度为 14 m，最高点处的建筑高度为 26 m，则该段的建筑高度为 20 m。根据第一段的建筑高度为 12 m 和第二段的建筑高度为 20 m，该栈桥的建筑高度为 16 m。因此，虽然该栈桥第二段最高点处的建筑高度已超过 24 m，但其建筑高度却小于 24 m。

例 2：某栈桥由两段组成，一段为水平段，一段为倾斜段，水平段在倾斜段之上。倾斜段的最低点处的建筑高度为 14 m，最高点处的建筑高度为 26 m，则倾斜段的建筑高度为 20 m。水平段的建筑高度为 26 m。最终，栈桥的建筑高度按水平段的建筑高度计，即 26 m。

例 3：某栈桥由两段组成，一段为水平段，一段为倾斜段，倾斜段在水平段之上。倾斜段的最低点处的建筑高度为 14 m，最高点处的建筑高度为 26 m，则倾斜段的建筑高度为 20 m。水平段的建筑高度为 14 m。最终，栈桥的建筑高度按倾斜段的建筑高度计，即 20 m。

栈桥的特殊性决定其不宜使用建筑体积的概念，因它的建筑体积里有一部分是空容积。为便于与厂房相比较，笔者建议使用"封闭体积 V_c"的概念以代替"建筑体积 V"的概念。栈桥的封闭体积具体指栈桥的断面面积与长度的乘积。当栈桥倾角为 0°时，栈桥长度指水平长度；当栈桥倾角大于 0°时，栈桥长度指斜长。

3.2 栈桥室内消火栓用水量

根据上述对栈桥建筑高度的理解，笔者认为，对 $h \leqslant 24$ m 的输送原煤或干煤产品栈桥，其室内消火栓用水量基本可按同等条件的厂房对待。即：$V \leqslant 10\,000$ m³，$Q_{室内} = 5$ L/s；$V > 10\,000$ m³，$Q_{室内} = 10$ L/s。

对 $h > 24$ m 的输送原煤或干煤产品栈桥，由于"大高度、小体积"的栈桥与"小高度、大体积"的栈桥的室内火灾对消火栓系统而言，差别不大，故对 $V \leqslant 10\,000$ m³ 的栈桥，按 $h \leqslant 24$ m、$V > 10\,000$ m³ 的考虑，即：$Q_{室内} = 10$ L/s。对 $V > 10\,000$ m³ 的栈桥，需增加室内消火栓用水量。但由于栈桥内配置的工人数量非常有限，同时使用的室内消火栓数量受限，故对 $V > 10\,000$ m³ 的栈桥仅增加 1 个 DN65 室内消火栓（1 支 $\phi 19$ mm 水枪）用水量，即：$Q_{室内} = 10 + 5 = 15$ L/s。

将上述数据汇总成表 7。（笔者已把表 7 的内容编入国标《选火规》（报批稿）表 7.3.1 中。）

表 7 输送原煤或干煤产品的栈桥室内消火栓用水量

建筑高度 h（m）、封闭体积 V_c（m³）	室内消火栓用水量（L/s）	同时使用水枪数量（支）	每根立管最小流量（L/s）
$h\leqslant 24$，$V\leqslant 10\,000$	5	2	5
$h\leqslant 24$，$V>10\,000$ $h>24$，$V\leqslant 10\,000$	10	2	10
$h>24$，$V>10\,000$	15	3	10

另外，关于输送湿煤产品或矸石的栈桥，由于根据国标《选火规》（报批稿），可不设室内消火栓系统。因此，可认为输送湿煤产品或矸石的栈桥的室内消火栓用水量为零。

对于既有可能输送原煤或干煤产品，又有可能输送湿煤产品或矸石的栈桥，应按最不利可能性考虑室内消火栓用水量。

3.3 栈桥室外消火栓用水量

由于栈桥是架空的，因此，如果与同等建筑高度的厂房有同等的体积（指栈桥的封闭体积等于厂房的建筑体积），一般情况下，它会处于标高更高的部位。因此，会变得更不利一些。但栈桥是沿直线布置，火灾不会像厂房那样沿多个方向蔓延，而只是沿直线方向蔓延，因此，其火灾蔓延范围较小。综合考虑，笔者建议，对输送原煤或干煤产品的栈桥，其室外消火栓用水量可比同等条件的厂房增大 5 L/s。

根据国标《洗设规》表 17.1.5，输送原煤或干煤产品的栈桥的生产火灾危险性级别为丙类，耐火等级为一二级。首先，根据国标《建规》表 8.2.2-2 查出"耐火等级为一二级、丙类厂房"的系列室外消火栓用水量。然后，逐个增加 5 L/s；从而得出耐火等级为一二级、输送原煤或干煤产品的栈桥的室外消火栓用水量。即：当 $V\leqslant 1\,500$ m³ 时，$Q_{室内}=15$ L/s；当 $V=1\,500\sim 3\,000$ m³，$Q_{室内}=20$ L/s；当 $V=3\,000\sim 5\,000$ m³，$Q_{室内}=25$ L/s；当 $V=5\,000\sim 20\,000$ m³ 时，$Q_{室内}=30$ L/s；当 $V=20\,000\sim 50\,000$ m³，$Q_{室内}=35$ L/s；当 $V>50\,000$ m³，$Q_{室内}=45$ L/s。将上述数据汇总成表 8-1。

表 8-1 输送原煤或干煤产品栈桥的室外消火栓用水量

（耐火等级为一二级）

封闭体积 V_c（m³）	$V\leqslant 1500$	$1\,500<V\leqslant 3\,000$	$3\,000<V\leqslant 5\,000$	$5\,000<V\leqslant 20\,000$	$20\,000<V\leqslant 50\,000$	$V>50\,000$
室外消火栓用水量（L/s）	15	20	25	30	35	45

需要说明的是，如果根据国标《选火规》表 3.0.2，输送原煤或干煤产品的栈桥的生产火灾危险性类别为丙类，耐火等级最低可为三级。如果耐火等级按三级考虑，则根据国标《建规》表 8.2.2-2 中"耐火等级为三级、丙类厂房"的室外消火栓用水量，逐个增加 5 L/s，就得出耐火等级为三级、输送原煤或干煤产品的栈桥的室外消火栓用水量。即：当 $V\leqslant 1\,500$ m³ 时，$Q_{室内}=20$ L/s；当 $V=1\,500\sim 3\,000$ m³，$Q_{室内}=25$ L/s；当 $V=3\,000\sim 5\,000$ m³，$Q_{室内}=35$ L/s；当 $V=5\,000\sim 20\,000$ m³ 时，$Q_{室内}=45$ L/s；当 $V=20\,000\sim 50\,000$ m³，$Q_{室内}=50$ L/s；当 $V>50\,000$ m³，不允许考虑。将上述数据汇总成表 8-2。

表 8-2　输送原煤或干煤产品栈桥的室外消火栓用水量

（耐火等级为三级）

封闭体积 V_c（m³）	$V \leq 1\,500$	$1\,500 < V \leq 3\,000$	$3\,000 < V \leq 5\,000$	$5\,000 < V \leq 20\,000$	$20\,000 > V \leq 50\,000$	$V > 50\,000$
室外消火栓用水量（L/s）	20	25	35	45	50	—

注："—"表示不允许。

根据国标《选设规》表 17.1.5 和国标《选火规》表 3.0.2，输送湿煤产品或矸石的栈桥的生产火灾危险性类别为戊类，耐火等级为一二级。根据国标《建规》表 8.2.2-2 中"耐火等级为一二级、丁戊类厂房"的室外消火栓用水量，并逐个增加 5 L/s，就得出耐火等级为一二级、输送湿煤产品或矸石的栈桥的室外消火栓用水量。即：当 $V \leq 1\,500$ m³ 时，$Q_{室内} = 15$ L/s；当 $V = 1\,500 \sim 3\,000$ m³，$Q_{室内} = 15$ L/s；当 $V = 3\,000 \sim 5\,000$ m³，$Q_{室内} = 15$ L/s；当 $V = 5\,000 \sim 20\,000$ m³）时，$Q_{室内} = 20$ L/s；当 $V = 20\,000 \sim 50\,000$ m³，$Q_{室内} = 20$ L/s；当 $V > 50\,000$ m³，$Q_{室内} = 25$ L/s。将上述数据汇总成表 9。

表 9　输送湿煤产品或矸石栈桥的室外消火栓用水量

封闭体积 V_c（m³）	$V \leq 1\,500$	$1\,500 < V \leq 3\,000$	$3\,000 < V \leq 5\,000$	$5\,000 < V \leq 20\,000$	$20\,000 < V \leq 50\,000$	$V > 50\,000$
室外消火栓用水量（L/s）	15	15	15	20	20	25

对于既输送原煤或干煤产品，又输送湿煤产品或矸石的栈桥，其室外消火栓用水量应根据表 8-1、表 8-2 和表 9 综合确定。

4　主厂房的消火栓用水量

4.1　概况

第四类特殊构筑物是主厂房。主厂房是对煤炭进行分选作业的主要厂房。主厂房的选煤工艺按是否有水参与，分为湿法分选（洗选）和干法分选。湿法分选主厂房占比例非常大，而干法分选主厂房比较少。

主厂房是标准的厂房，应按照国标《建规》及国标《消规》中的"厂房"工业建筑对待。

4.2　干法分选主厂房消火栓用水量

根据国标《选火规》表 3.0.2，干法分选主厂房的生产火灾危险性类别为丙类，耐火等级为一二级。因此，对干法分选主厂房，直接按照国标《建规》及国标《消规》确定其室内外消火栓用水量即可。

4.3　湿法分选主厂房消火栓用水量

湿法分选主厂房的最上部一般设置 1~2 个局部设备层，用于接收入洗原煤及进行入洗前的最后准备工作。这 1~2 层是原煤生产部位，其生产火灾危险性类别属于丙类。

对块煤和末煤全部入洗的湿法分选主厂房，除去最上部的原煤生产部位外，其余所有部位均为戊类部位。对只洗块煤或只洗末煤的湿法分选主厂房，除去最上部的原煤生产部位外，在其余戊类部位中还包含着输送原煤或干煤产品通道部位，这些部位的生产火灾危险性类别也属于丙类。

由于丙类部位总面积（或体积）相对湿法分选主厂房所占比例很小，故不以这一部分来确定湿法分选主厂房的生产火灾危险性类别。根据国标《选设规》表 17.1.5 和国标《选火规》表 3.0.2，湿法分选主厂房的生产火灾危险性类别为戊类，耐火等级为一二级。

对那些在特殊情况下，所有进入的原煤都不进行洗选（即完全不洗选状态）的湿法分选主厂房，实际上已变成一条输送原煤或干煤产品通道。其中占据绝大部分空间的湿煤部位均已停止运行，这些部位可按戊类考虑。而总体而言，完全不洗选状态的湿法分选主厂房的火灾危险性类别仍为戊类。

4.3.1 湿法分选主厂房室内消火栓用水量

公安部消防局于1991年以"公消〔1991〕80号文"发布文件《对能源部"关于煤炭工业设计规范中有关消防部分条文规定的请示函"的批复》，其内容如下：

"主厂房工艺为水洗作业，当在任何情况下厂房内均不存有干煤时，如耐火等级为一、二级，则此厂房（包括高度大于24 m，体积超过5 000 m³的厂房）可不设室内消火栓系统。"

尽管湿法分选主厂房内的湿煤部位占据绝大部分空间，但仍存在原煤或干煤部位，所以，应对其采取区别对待的措施。

对湿法分选主厂房内的湿煤部位，可按公消〔1991〕80号文的精神不设置室内消火栓系统。

对湿法分选主厂房内的原煤或干煤部位，根据国标《建规》中有关"在一座一、二级耐火等级的厂房内，如有生产性质不同的部位时，可根据各部位的特点确定设置或不设置室内消防给水。"的说明，应设局部室内消火栓系统。考虑到最上部的原煤生产部位（部分入洗的主厂房还另外存在有原煤或干煤产品通道）的建筑体积不大，大多不超过5 000 m³；但标高较高。经综合考虑，确定其室内消火栓用水量可不超过10 L/s。

国标《选设规》第15.2.5条"主厂房内有干煤的部位应设局部消防系统。"和国标《选火规》（报批稿）第7.3.2条"耐火等级为一、二级的湿法分选主厂房，可不设室内消火栓系统。湿法分选主厂房内存在干煤的部位应设局部室内消火栓系统，其室内消火栓用水量最大可为10 L/s。"就是在采纳这些措施的基础上制定的。

对完全不洗选状态的湿法分选主厂房，因全部原煤均不入洗，可燃物数量增大，故对 $h>24$ m 的应加大其室内消火栓用水量。

对 $h>24$ m 的完全不洗选状态的湿法分选主厂房，可按丁戊类高层厂房确定其室内消火栓用水量。根据国标《建规》表8.4.1及表注1和国标《消规》表3.5.2，对丁戊类高层厂房，当 $24\,\text{m}<h\leqslant 50\,\text{m}$ 时，$Q_{室内}=15$ L/s；当 $h>50$ m 时，$Q_{室内}=20$ L/s。

另外，由于其耐火等级（一二级）和生产火灾危险性类别（戊类）与火力发电厂主厂房的耐火等级（一二级）和生产火灾危险性类别（丁类）基本相当。而且，相对而言，火力发电厂主厂房更不利一些。所以，完全不洗选状态的湿法分选主厂房的室内消火栓用水量也可类比火力发电厂主厂房确定。[火力发电厂主厂房的室内消火栓用水量见国家标准《火力发电厂与变电站设计防火规范》（GB 50229—2006）（以下简称《发火规》）表7.3.3。]

在参考上述国标《建规》《消规》《发火规》中有关数据的基础上，编制了表10。（笔者已把表10的内容编入国标《选火规》（报批稿）表7.3.1中。）

表10 湿法分选主厂房（完全不洗选状态）室内消火栓用水量

建筑高度 h（m）、体积 V（m³）		室内消火栓用水量（L/s）	同时使用水枪数量（支）	每根立管最小流量（L/s）
$h\leqslant 24$	$V\leqslant 10\,000$	5	2	5
	$V>10\,000$	10	2	10
$24<h\leqslant 50$		15	3	10
$h>50$		20	4	15

注：生产火灾危险性类别为戊类。

4.3.2 湿法分选主厂房室外消火栓用水量

洗选状态下的湿法分选主厂房室外消火栓用水量，可直接根据国标《建规》或国标《消规》中的"耐火等级为一、二级""生产火灾危险性类别为戊类"的厂房确定。

完全不洗选状态下的湿法分选主厂房室外消火栓用水量，由于全部原煤均不入洗，可燃物数量增大，故应加大其室外消火栓用水量。

由于完全不洗选状态下的湿法分选主厂房中同时存在丙类部位和戊类部位，而丙类部位更不利，故按丙类部位着火的情况考虑。笔者建议采用一种特别的方法，即先对其按照"干法分选主厂房"——耐火等级为一二级、丙类厂房对待；然后，根据国标《建规》或国标《消规》来确定其室外消火栓用水量。

而丙类部位的建筑体积之和一般不超过 20 000 m^3。根据国标《建规》表 8.2.2-2 和国标《消规》表 3.3.2，当 $V \leqslant 20\,000\ m^3$ 时，耐火等级为一二级、丙类厂房的室外消火栓用水量小于等于 25 L/s。因此，规定将其室外消火栓用水量上限定为 25 L/s。

如果一座完全不洗选状态下的湿法分选主厂房的建筑体积为 55 000 m^3，那么根据国标《建规》表 8.2.2-2 和国标《消规》表 3.3.2 查出的室外消火栓用水量为 40 L/s，因大于 25 L/s，则仍按 25 L/s 计。

将上述数据整理成表 11。

表 11　湿法分选主厂房（完全不洗选状态）室外消火栓用水量

建筑体积 V（m^3）	$V \leqslant 1\,500$	$1\,500 < V \leqslant 3\,000$	$3\,000 < V \leqslant 5\,000$	$5\,000 < V \leqslant 20\,000$	$20\,000 < V \leqslant 50\,000$	$V > 50\,000$
室外消火栓用水量（L/s）	10	15	20	25	25	25

注：1. 生产火灾危险性类别为戊类。
　　2. 耐火等级为一二级。

补充说明的是，因完全不洗选状态下的湿法分选主厂房中戊类部位占据空间比例大，若按戊类部位着火的情况考虑，因这种主厂房的生产火灾危险性类别为戊类，根据国标《建规》表 8.2.2-2 和国标《消规》表 3.3.2，不管其建筑体积有多大，耐火等级为一二级的这种主厂房的室外消火栓用水量最大值是 20 L/s，是小于按丙类部位着火情况考虑的 25 L/s 的，是不安全的。因此，笔者按丙类部位考虑的选择是正确的。

上述结论已写入国标《选火规》（报批稿）第 7.2.3 条"主厂房应根据现行国家标准《消防给水及消火栓系统技术规范》（GB 50974）确定其室外消火栓用水量。湿法分选主厂房存在完全不洗选状态时，可按一、二级耐火等级和丙类厂房确定其室外消火栓用水量。室外消火栓用水量超过 25 L/s 时，可按 25 L/s 确定"中。

5　后　记

20 世纪 90 年代，包括笔者在内，曾向笔者所在单位（煤炭工业选煤设计研究院）的上级主管部门——煤炭工业部、中国统配煤矿总公司、国家煤炭工业管理局、国家煤矿安全生产监督管理局等反映选煤厂若干特殊构筑物室内外消火栓用水量难以确定的问题。上级主管部门未给予实质性回复。

2002 年、2003 年，笔者先后以所在单位［中煤国际工程集团北京华宇工程有限公司（原煤炭工业选煤设计研究院&北京煤炭设计研究院）］的名义向国家标准《建筑设计防火规范》管理组和公安部消防局书面反映选煤厂原煤仓和栈桥消火栓用水量难以确定的问题。国家标准《建筑设计防火规范》管理组曾以公函《关于选煤厂原煤仓和栈桥消防用水量确定方法的复函》（公津建字〔2002〕61号）予以回复。公函建议将原煤仓按丙类库房对待，将栈桥按建筑高度大于24 m、但小于50 m的厂房对待。显然，该公函的建议是过分安全和保守了。

2007年，笔者再次以所在单位的名义向国家标准《建筑设计防火规范》管理组书面反映包括选煤厂筒仓、封闭型储煤场、栈桥的消火栓用水量在内的问题。并前往该规范管理组所在地当面进行汇报。该规范管理组表示，对有关问题，将在今后的规范修订工作中予以考虑。

2010年，根据住房和城乡建设部"关于印发《2010年工程建设国家标准规范制订、修订计划》的通知"（建标〔2010〕43号），在中国煤炭建设协会和公安部消防局的组织下，由中煤科工集团北京华宇工程有限公司会同煤炭工业太原设计研究院、中煤科工集团南京设计研究院、中煤西安设计工程有限责任公司、公安部天津消防研究所等单位共同编制国家标准《煤炭洗选工程设计防火规范》。目前，该规范仍处于报批稿阶段。笔者担任了该规范中给水排水部分的起草工作。本文所研究的一些结论已编入该规范中。

作者简介：张之立（1968—），男，高级工程师（享受教授、研究员待遇）。国家注册公用设备（给水排水）工程师、一级注册消防工程师。1989年毕业于武汉城市建设学院（现华中科技大学）给水排水专业。现就职于中煤科工集团北京华宇工程有限公司，从事给水排水、消防设计工作。曾在全国性技术刊物《给水排水》《中国给水排水》《工程建设标准化》《消防科学与技术》《消防技术与产品信息》《煤炭工程》《煤炭加工与利用》《选煤技术》等刊物上发表过三十余篇论文。现为中国建筑学会建筑给水排水研究分会第二届、第三届理事，建筑给水排水研究分会消防专业委员会第二届、第三届常委，中国工程建设标准化协会建筑给水排水专业委员会第六届、第七届委员，全国工业节水标准化技术委员会（SAC/TC442）委员，中国煤炭设计水暖环保专业委员会第一届委员，全国青年给水排水工程师协会常务理事，全国建筑给水排水委员会气体消防分会委员，中煤科工集团北京华宇工程有限公司技术委员会专家和国家标准《建筑灭火器配置设计规范》（GB 50140—2005）、《煤炭洗选工程设计规范》（GB 50359—2005）（GB 50359—2016）、《建筑灭火器配置验收及检查规范》（GB 50444—2008）和国家标准《煤炭洗选工程设计防火规范》（报批中）、《煤炭工业选煤厂可行性研究报告编制规范》等设计规范编制组成员。主编国家标准《取水定额 第11部分 选煤》（GB/T 18916.11—2012）和中国工程建设协会标准《气体消防设施选型配置设计规程》（CECS 292：2011）。参与编写《中国消防手册》（由公安部消防局主编）、《建筑给水排水设计手册》《消防便览》等技术书籍。兼北京建筑大学工程硕士校外导师和北京市职称评审专家。

通信地址：北京市西城区德外安德路67号，邮政编码：100120；

联系电话：13718124720，010-82276454；

电子信箱：13718124720@163.com。

美国清洁灭火剂的发展历程

张之立

(中煤科工集团，北京华宇工程有限公司，北京 100120)

【摘　要】　较为详细地介绍了美国消防协会标准 NFPA2001 前后共七版中清洁灭火剂的发展历程。

【关键词】　NFPA 2001；清洁灭火剂；卤代烷；惰性气体；氟化酮

1987年9月16日，在加拿大通过了《关于消耗臭氧层物质的蒙特利尔议定书》，于1989年1月1日起生效。当时首次规定受控的消耗臭氧层物质有两类。其中第二类即哈龙类物质，包括哈龙1211、1301和2402等三种物质。此后在全世界范围内，开始了哈龙替代品——清洁灭火剂的研发工作。

1991年，美国消防协会NFPA成立了一个哈龙替代保护选择技术委员会。该技术委员会成立后，就着手研究新型清洁灭火剂全淹没系统来替代哈龙1301系统。为满足设计、安装、维护和使用这些新型清洁灭火剂灭火系统的需要，于1994年制定了美国消防协会标准《清洁灭火剂灭火系统标准》(NFPA 2001)(1994年版)，此为第一版。此后，该技术委员会陆续制定了1996年版(第二版)、2000年版(第三版)、2004年版(第四版)。

2005年1月，为了更好地协调几部气体消防系统标准的关系并处理好相关问题，负责起草《二氧化碳灭火系统标准》(NFPA 12)、《哈龙1301灭火系统标准》(NFPA 12A)和《清洁灭火剂灭火系统标准》(NFPA 2001)的技术委员会合并成一个新的技术委员会——气体灭火系统技术委员会。该技术委员会起草了2008年版(第五版)和2012年版(第六版)。

NFPA 2001现行版(2015年版)(第七版)是于2014年11月11日被批准的，同时作为美国国家标准于2014年12月1日正式实施。该版标准是由美国消防协会气溶胶灭火工艺技术委员会负责起草的。

本文着重介绍美国清洁灭火剂发展变化情况。

1　NFPA 2001(1994年版)

允许采用的清洁灭火剂有8种。其中，卤代烷类清洁气体灭火剂有7种，惰性气体灭火剂有1种。

卤代烷类清洁气体灭火剂(7种)有：全氟丁烷(FC-3-1-10)、二氟一溴甲烷(HBFC-22B$_1$)、HCFC混合A、四氟一氯乙烷(HCFC-124)、五氟乙烷(HFC-125)、七氟丙烷(HFC-227$_{ea}$)、三氟甲烷(HFC-23)。包括一种全氟代烷、一种氢氯氟烷、一种氢氯氟烷混合物、一种氢溴氟烷和三种氢氟烷。

惰性气体灭火剂是氮、氩、二氧化碳混合气(IG-541)。

HCFC混合A的成分是三氟二氯乙烷(HCFC-123)、二氟一氯甲烷(HCFC-22)、四氟一氯乙烷(HCFC-124)和异丙烯基-1-甲基环已烯。

在卤代乙烷中，HCFC-124、HFC-125和HCFC-123均是结构形式最对称的同分异构体。因此，其数字代号均无下标。

在卤代丙烷中，七氟丙烷代号HFC-227$_{ea}$里的第一个下标"e"表示七氟丙烷碳链中间碳的结构是

"—CHF—",第二个下标"a"表示七氟丙烷碳链两侧碳上的氢氟原子数完全相等。它是七氟丙烷中的一种同分异构体,即 1,1,1,2,3,3,3-七氟丙烷。

本版所采用的二氟一溴甲烷属于氢溴氟烷(HBFC),虽与哈龙 1301(三氟一溴甲烷)所属的溴氟烷(BFC)不是一类物质,但氢溴氟烷含有溴原子,属优先淘汰的哈龙替代品。

需要说明的是:含氢、氯的哈龙替代品(如氢氯氟烷及其混合物)系过渡性替代品。

三氟甲烷、五氟乙烷和七氟丙烷同属氢氟烷(HFC)物质,且均为除氟原子和碳原子外,只有一个氢原子。

HCFC 混合 A 中,二氟一氯甲烷、三氟二氯乙烷和四氟一氯乙烷同属氢氯氟烷(HCFC)物质,且均为除氟原子、氯原子和碳原子外,只有一个氢原子。

2　NFPA 2001(1996 年版)

允许采用的清洁灭火剂有 11 种。其中,卤代烷类清洁气体灭火剂有 8 种,惰性气体灭火剂有 3 种。

卤代烷类清洁气体灭火剂(8 种)有:全氟丁烷(FC-3-1-10)、HCFC 混合 A、四氟一氯乙烷(HCFC-124)、五氟乙烷(HFC-125)、七氟丙烷(HFC-227$_{ea}$)、三氟甲烷(HFC-23)、六氟丙烷(HFC-236$_{fa}$)、三氟一碘甲烷(FIC-13I$_1$),包括 1 种全氟代烷、1 种氢氯氟烷、1 种氢氯氟烷混合物、1 种氟碘烷和 4 种氢氟烷。

惰性气体灭火剂(3 种)是氩气(IG-01),氮、氩、二氧化碳混合气(IG-541),氮、氩混合气(IG-55)。包括 1 种单一组分惰性气体、2 种多组分惰性气体。

1996 年版比 1994 年版增加了 4 种灭火剂:六氟丙烷(HFC-236$_{fa}$)、三氟一碘甲烷(FIC-13I$_1$)、氩气(IG-01)、氮、氩混合气(IG-55)。删除了一种灭火剂:二氟一溴甲烷(HBFC-22B$_1$)。

增加的六氟丙烷为氢氟烷(HFC)物质,除氟原子和碳原子外,有两个氢原子。在卤代丙烷中,六氟丙烷代号 HFC-236$_{fa}$ 里的第一个下标"f"表示六氟丙烷碳链中间碳的结构是"-CH$_2$-",第二个下标"a"表示六氟丙烷碳链两侧碳上的氢氟原子数完全相等。它是六氟丙烷的一种同分异构体,即 1,1,1,3,3,3-六氟丙烷。

3　NFPA 2001(2000 年版)

允许采用的清洁灭火剂有 13 种。其中,卤代烷类清洁气体灭火剂有 9 种,惰性气体灭火剂有 4 种。

卤代烷类清洁气体灭火剂(9 种)有:全氟丙烷(FC-2-1-8)、全氟丁烷(FC-3-1-10)、HCFC 混合 A、四氟一氯乙烷(HCFC-124)、五氟乙烷(HFC-125)、七氟丙烷(HFC-227$_{ea}$)、三氟甲烷(HFC-23)、六氟丙烷(HFC-236$_{fa}$)、三氟一碘甲烷(FIC-13I$_1$),包括 2 种全氟代烷、1 种氢氯氟烷、1 种氢氯氟烷混合物、1 种氟碘烷和四种氢氟烷。

惰性气体灭火剂(4 种)是氩气(IG-01),氮气(IG-100),氮、氩、二氧化碳混合气(IG-541),氮、氩混合气(IG-55):包括 2 种单一组分惰性气体、2 种多组分惰性气体。

2000 年版比 1996 年版增加了两种灭火剂:全氟丙烷(FC-2-1-8)和氮气(IG-100)。

4　NFPA 2001(2004 年版)

允许采用的清洁灭火剂是 13 种。其中,卤代烷类清洁气体灭火剂是 8 种,惰性气体灭火剂是 4 种,氟化酮灭火剂是 1 种。

卤代烷类清洁气体灭火剂（8 种）有：全氟丁烷（FC-3-1-10）、HCFC 混合 A、四氟一氯乙烷（HCFC-124）、五氟乙烷（HFC-125）、七氟丙烷（HFC-227ea）、三氟甲烷（HFC-23）、六氟丙烷（HFC-236fa）、三氟一碘甲烷（FIC-13I₁），包括 1 种全氟代烷、1 种氢氯氟烷、1 种氢氯氟烷混合物、1 种氟碘烷和 4 种氢氟烷。

惰性气体灭火剂（4 种）是氩气（IG-01），氮气（IG-100），氮、氩、二氧化碳混合气（IG-541），氮、氩混合气（IG-55），包括 2 种单一组分惰性气体、2 种多组分惰性气体。

氟化酮灭火剂（1 种）是全氟乙基异丙基酮（FK-5-1-12）。

全氟乙基异丙基酮是按照习惯命名法命名的。如果按照系统命名法命名，为十二氟-2-甲基-3-戊酮，其分子式为 $C_6F_{12}O$，化学式为 $CF_3CF_2C(O)CF(CF_3)_2$。商标名称：Novec 1230，它不仅是一种氟化酮，更确切地讲，是一种全氟化酮。

在 FK-5-1-12 中，FK 是氟化酮的英文"fluoroketone"或"fluorinated ketone"的缩写，5 代表"碳原子数 – 1"，1 代表"氢原子数+1"，12 代表氟原子数。由于它是一种同分异构体，所以，美国采暖、制冷与空调工程师学会（ASHRAE）将其命名为 FK-5-1-12 mmy2。

美国标准原文把其化学式误印为 $CF_2CF_2C(O)CF(CF_3)_2$，少了一个氢原子。

2004 年版比 2000 年版增加了一种灭火剂：全氟乙基异丙基酮。删除了一种灭火剂：全氟丙烷（FC-2-1-8）。

美国开始看好全氟丁烷，不看好全氟丙烷，故在第一版、第二版中采用了全氟丁烷，而未采用全氟丙烷。在第三版中，虽然采用了全氟丙烷，但在第四版中，还是把它给删除了。

5　NFPA 2001（2008 年版）

允许采用的清洁灭火剂有 13 种。其中，卤代烷类清洁气体灭火剂有 8 种，惰性气体有 4 种，氟化酮有 1 种。

卤代烷类清洁气体灭火剂（8 种）有：HCFC 混合 A、四氟一氯乙烷（HCFC-124）、五氟乙烷（HFC-125）、七氟丙烷（HFC-227ea）、三氟甲烷（HFC-23）、六氟丙烷（HFC-236fa）、三氟一碘甲烷（FIC-13I₁）、HFC 混合 B，包括 1 种氢氯氟烷、1 种氢氯氟烷混合物、1 种氟碘烷、4 种氢氟烷和 1 种氢氟烷混合物。即有 2 种卤代烷混合物、2 种卤代甲烷、2 种卤代乙烷、2 种卤代丙烷。

HFC 混合 B 的组分：四氟乙烷、五氟乙烷和二氧化碳。

美国标准原文把四氟乙烷（CH_2FCF_3）误印为"CH_2, FCF_3"，把五氟乙烷（CHF_2CF_3）误印为"CHF_2, CF_3"。

此四氟乙烷在该版表 4.1.2（d）《HFC 混合 B 的质量要求》中的代号为 HFC-134a，即 1,1,1,2-四氟乙烷（CH_2FCF_3），是四氟乙烷的一种同分异构体。

在四氟乙烷中，结构形式完全对称（也是最对称）的一种同分异构体是 1,1,2,2-四氟乙烷（CHF_2CHF_2），其代号为 HFC-134（无下标）。HFC-134a 的下标"a"表示除 HFC-134 外，对称性最好的一种同分异构体。需要说明的是，四氟乙烷只有这两种同分异构体。

HFC 混合 B 的商标名称为 Halotron II。

HFC 混合 B 中，二氧化碳仅占 5%。笔者猜测，二氧化碳在 HFC 混合 B 中的作用与在 IG-541 中的作用类似。

惰性气体灭火剂（4 种）是氩气（IG-01），氮气（IG-100），氮、氩、二氧化碳混合气（IG-541），氮、氩混合气（IG-55），包括 2 种单一组分惰性气体、2 种多组分惰性气体。

氟化酮灭火剂（1 种）是全氟乙基异丙基酮（FK-5-1-12）。

2008 年版比 2004 年版增加了一种灭火剂——HFC 混合 B，删除了一种灭火剂——全氟丁烷（FC-3-1-10）。至此，美国标准已删除了所有的全氟代烷。

6 NFPA 2001（2012 年版）和 NFPA 2001 现行版（2015 年版）

这两版中允许采用的清洁灭火剂的数量及种类与 NFPA2001（2008 年版）完全一样。

7 NFPA 2001 现行版（2015 年版）中清洁灭火剂一览表（见表 1）。

表 1　NFPA 2001（2015 年版）中清洁灭火剂一览表

符号	中文名称	英文名称	化学式
FK-5-1-12	十二氟-2-甲基-3-戊酮（全氟乙基异丙基酮）	Dodecafluoro-2-methylpentan-3-one	$CF_3CF_2C(O)CF(CF_3)_2$
HCFC 混合 A	三氟二氯乙烷 HCFC-123（4.75%） 二氟一氯甲烷 HCFC-22（82%） 四氟一氯乙烷 HCFC-124（9.5%） 异丙烯基-1-甲基环己烯 $C_{10}H_{16}$（3.75%）	Dichlorotrifluoroethane Chlorodifluoromethane Chlorotetrafluoroethane Isopropenyl-1-methylcyclohexene	$CHCl_2CF_3$ $CHClF_2$ $CHClFCF_3$ $CH_3(C_6H_8)C_3H_5$
HCFC-124	四氟一氯乙烷	Chlorotetrafluoroethane	$CHClFCF_3$
HFC-125	五氟乙烷	Pentafluoroethane	CHF_2CF_3
HFC-227$_{ea}$	七氟丙烷	Heptafluoropropane	CF_3CHFCF_3
HFC-23	三氟甲烷	Trifluoromethane	CHF_3
HFC-236$_{fa}$	六氟丙烷	Hexafluoropropane	$CF_3CH_2CF_3$
FIC-13I$_1$	三氟一碘甲烷	Trifluoroiodide	CF_3I
IG-01	氩气	Argon	Ar
IG-100	氮气	Nitrogen	N_2
IG-541	氮气（52%） 氩气（40%） 二氧化碳（8%）	Nitrogen Argon Carbon dioxide	N_2 Ar CO_2
IG-55	氮气（50%） 氩气（50%）	Nitrogen Argon	N_2 Ar
HFC 混合 B	四氟乙烷 HCFC-134$_a$（86%） 五氟乙烷 HFC-125（9%） 二氧化碳（5%）	Tetrafluoroethane Pentafluoroethane Carbon dioxide	CH_2FCF_3 CHF_2CF_3 CO_2

注：本表所列含氟卤代烷（包括 HCFC 混合 A 和 HFC 混合 B 中的），在化学式上存在如下规律：对含氟卤代乙烷而言，碳链的一端构成为"—CF_3"；对含氟卤代丙烷而言，碳链的两端构成均为"—CF_3"。

8 NFPA2001 各版中清洁灭火剂变化一览表（见表 2）

NFPA2001 各版中清洁灭火剂变化如表 2 所示。

表2 NFPA 2001 历次版本中清洁灭火剂的演变历程

《清洁灭火剂灭火系统标准》(NFPA 2001)	清洁灭火剂数量	卤代烷类清洁灭火剂数量	氟化酮灭火剂数量	惰性气体灭火剂数量	所增加的灭火剂	所删除的灭火剂	说明
1994年版（第一版）（自1994年2月11日至1996年2月1日施行）	8种（FC-3-1-10、HBFC-22B₁、HCFC 混合 A、HCFC-124、HFC-125、HFC-227ea、HFC-23、IG-541）	7种（FC-3-1-10、HBFC-22B₁、HCFC 混合 A、HCFC-124、HFC-125、HFC-227ea、HFC-23）	0	1种（IG-541）	0	0	已做废
1996年版（第二版）（自1996年2月2日至2000年2月10日施行）	11种（FC-3-1-10、HCFC 混合 A、HCFC-124、HFC-125、HFC-227ea、HFC-23、HFC-236fa、FIC-13I₁、IG-541、IG-01、IG-55）	8种（FC-3-1-10、HCFC 混合 A、HCFC-124、HFC-125、HFC-227ea、HFC-23、HFC-236fa、FIC-13I₁）	0	3种（IG-01、IG-541、IG-55）	HFC-236fa、FIC-13I₁、IG-01、IG-55	HBFC-22B₁	已做废 HBFC-22B₁是含溴的 HBFC 物质，HBFC 物质不得作为哈龙替代品，含氯的 HCFC 物质可作为过渡性哈龙替代品
2000年版（第三版）（自2000年2月11日至2004年2月4日施行）	13种（FC-3-1-10、HCFC 混合 A、HCFC-124、HFC-125、HFC-227ea、HFC-23、HFC-236fa、FIC-13I₁、IG-01、IG-100、IG-541、IG-55）	9种（FC-3-1-10、HCFC 混合 A、HCFC-124、HFC-125、HFC-227ea、HFC-23、HFC-236fa、FIC-13I₁）	0	4种（IG-01、IG-100、IG-541、IG-55）	FC-2-1-8、IG-100	0	已做废 13种灭火剂当时均有相应的 ISO 14520第一版（2000年版）标准，NFPA 2001和 ISO 14520两者一致
2004年版（第四版）（自2004年2月5日至2007年8月14日施行）	13种（FC-2-1-8、FC-3-1-10、FK-5-1-12、HCFC 混合 A、HCFC-124、HFC-125、HFC-227ea、HFC-23、HFC-236fa、FIC-13I₁、IG-01、IG-100、IG-541、IG-55）	8种（FC-3-1-10、HCFC 混合 A、HCFC-124、HFC-125、HFC-227ea、HFC-23、HFC-236fa、FIC-13I₁）	1种（FK-5-1-12）	4种（IG-01、IG-100、IG-541、IG-55）	FK-5-1-12	FC-2-1-8	已做废 除了原有的卤代烷类清洁气体灭火剂和惰性气体灭火剂两类外，增加氟化酮类灭火剂 2006年作废的 FK-5-1-12在2006年所增加的 ISO 14520-5（第一版）采纳 所删除的 FC-2-1-8后被 ISO 14520删除
2008年版（第五版）（自2007年8月15日至2011年8月30日施行）	13种（FK-5-1-12、HCFC 混合 A、HCFC-124、HFC-125、HFC-227ea、HFC-23、HFC-236fa、FIC-13I₁、HFC 混合 B、IG-01、IG-100、IG-541、IG-55）	9种（HCFC 混合 A、HCFC-124、HFC-125、HFC-227ea、HFC-23、HFC-236fa、FIC-13I₁、HFC 混合 B）	1种（FK-5-1-12）	4种（IG-01、IG-100、IG-541、IG-55）	HFC 混合 B	FC-3-1-10	已做废 所增加的 HFC 混合 B 无相应的 ISO 标准 HCFC-124虽曾有相应的 ISO 14520-7（第一版），但此标准已在2006年作废 其余11种灭火剂均有 ISO 14520第二版（2005或2006年版）标准 所删除的 FC-3-1-10已在之前的2006年被 ISO 14520删除

美国清洁灭火剂的发展历程

续表

《清洁灭火剂灭火系统标准》（NFPA 2001）	清洁灭火剂数量	卤代烷类清洁灭火剂数量	氟化酮灭火剂数量	惰性气体灭火剂数量	所增加的灭火剂	所删除的灭火剂	说明
2012年版（第六版）（自2011年8月31日至2014年11月30日施行）	13种 （FK-5-1-12、HCFC 混合 A、HCFC-124、HCFC-125、HCFC-227ea、HFC-23、HFC-236fa、FIC-13I$_1$、HFC 混合 B、IG-01、IG-100、IG-541、IG-55）	9种 （HCFC 混合 A、HCFC-124、HFC-125、HFC-227ea、HFC-23、HFC-236fa、FIC-13I$_1$、HFC 混合 B）	1种 （FK-5-1-12）	4种 （IG-01、IG-100、IG-541、IG-55）	0	0	已作废，说明同上
2015年版（第七版）（自2014年12月1日起施行）	13种 （FK-5-1-12、HCFC 混合 A、HCFC-124、HFC-125、HCFC-227ea、HFC-23、HFC-236fa、FIC-13I$_1$、HFC 混合 B、IG-01、IG-100、IG-541、IG-55）	9种 （HCFC 混合 A、HCFC-124、HFC-125、HFC-227ea、HFC-23、HFC-236fa、FIC-13I$_1$、HFC 混合 B）	1种 （FK-5-1-12）	4种 （IG-01、IG-100、IG-541、IG-55）	0	0	现行版 FIC-13I$_1$（CF$_3$I）、FK-5-1-12、HCFC 混合 A、HCFC-125、HFC-227ea、HFC-23、HFC-236fa、IG-01、IG-100、IG-55、IG-541等11种灭火剂均有对应的 ISO 14520 第三版（2015或2016年版）标准 HFC 混合 B 仍未有相应的 ISO 标准

9 美国清洁灭火剂的特点

从 1994 年的第一版到 2015 年的第七版，NFPA 2001 中的清洁灭火剂具备以下特点：

9.1 清洁灭火剂的成分

一直采用的清洁灭火剂有 6 种：HCFC 混合 A、四氟一氯乙烷（HCFC-124）、五氟乙烷（HFC-125）、七氟丙烷（HFC-227ea）、三氟甲烷（HFC-23）、IG-541。即有 1 种氢氯氟烷、1 种氢氯氟烷混合物、3 种氢氟烷和 1 种惰性气体。其中的 3 种氢氟烷（三氟甲烷、五氟乙烷、七氟丙烷）均为除氟原子和碳原子外，只有一个氢原子。

我国目前仅应用了上述六种清洁灭火剂中的七氟丙烷（HFC-227ea）、三氟甲烷（HFC-23）、IG-541。根据公消〔2001〕217 号文，HCFC 混合 A、四氟一氯乙烷（HCFC-124）和五氟乙烷（HFC-125）这 3 种灭火剂在我国属于禁用物质。

虽然，含氯、氢的哈龙替代品系过渡性替代品。但是，由于它的综合性能可被接受，所以，美国尽可能在氢氯氟烷的过渡期内加以利用。（美国规定：自 2010 年 1 月 1 日起，冻结 HCFC-22 的生产。自 2015 年 1 月 1 日起，冻结 HCFC-123 和 HCFC-124 的生产。自 2020 年 1 月 1 日起，禁用 HCFC-22。自 2030 年 1 月 1 日起，禁用 HCFC-123 和 HCFC-124。）

从第一版开始，陆续增加且未被删除过的清洁灭火剂是六氟乙烷、三氟一碘甲烷、氩气、氮氩混合气、氮气、全氟乙基异丙基酮和 HFC 混合 B。

9.2 清洁灭火剂的种类

清洁灭火剂从开始的两大种类（卤代烷类清洁气体灭火剂和惰性气体灭火剂）扩展到现在的三大种类（卤代烷类清洁气体灭火剂、惰性气体灭火剂和氟化酮灭火剂）。

9.3 全氟代烷

全氟代烷，在 1994 年版中为一种，即全氟丁烷（FC-3-1-10）；到 2000 年版中为两种，即全氟丙烷（FC-2-1-8）和全氟丁烷，增加了一种（全氟丙烷）；到 2004 年版中为一种，即全氟丁烷，同时删除了一种（全氟丙烷）；到 2008 年版中删除了全氟丁烷。至此，全氟代烷全部被美国淘汰了。

对于全氟代烷，美国过去研究较多的是全氟丙烷（八氟丙烷）、全氟丁烷（十氟丁烷）和全氟己烷（十四氟己烷），对全氟甲烷（四氟甲烷）、全氟乙烷（六氟乙烷）、全氟戊烷（十二氟戊烷）等很少问津。

全氟代烷的优点是基本无毒，但它过于稳定，在大气中的存活时间（ALT）太长。虽不破坏臭氧层，但其温室效应值（GWP）较高。这些可能导致其综合性能较差，因而最终被淘汰。

10 卤代烷、氟化酮清洁灭火剂和惰性气体灭火剂的物理特性

在美国标准 NFPA2001 中，《卤代烷、氟化酮清洁灭火剂的物理特性》见表 3，《惰性气体灭火剂的物理特性》见表 4。

表 3　卤代烷、氟化酮清洁灭火剂的物理特性

物理特性	单位	FIC-13I₁	FK-5-1-12	HCFC混合A	HFC混合B	HCFC-124	HFC-125	HFC-227ea	HFC-23	HFC-236fa
分子量	N/A	195.91	316.04	92.90	99.4	136.5	120	170	70.01	152
沸点（760 mm Hg）	°C	-22.5	49	-38.3	-26.1	-12.0	-48.1	-16.4	-82.1	-1.4
凝固点	°C	-110	-108	<107.2	-103	-198.9	-102.8	-131	-155.2	-103
临界温度	°C	122	168.66	124.4	101.1	122.6	66	101.7	26.1	124.9
临界压力	kPa	4 041	1 865	6 647	4 060	3 620	3 618	2 912	4 828	3 200
临界比容	cc/mole	225	494.5	162	198	243	210	274	133	276*
临界密度	kg/m³	871	639.1	577	515.3	560	574	621	527	551.3
液体比热（25 °C）	kJ/kg·°C	0.592	1.103	1.256	1.44	1.153	1.407	1.184	4.130（20 °C）	1.264
蒸汽比热[恒压（1atm）和25 °C]	kJ/kg·°C	0.3618	0.891	0.67	0.848	0.742	0.797	0.808	0.731（20 °C）	0.840
沸点时的蒸发潜热	kJ/kg	112.4	88	225.6	217.2	165.9	164.1	132.6	239.3	160.4
液体的导热率（25 °C）	W/m·°C	0.07	0.059	0.09	0.082	0.0684	0.0592	0.069	0.053 4	0.0729
液体黏度（25 °C）	厘泊	0.196	0.524	0.21	0.202	0.257	0.14	0.184	0.044	0.286
相对介电强度[1atm（734 mmHg），25 °C（N₂=1.0）]	N/A	1.41	2.3	1.32	1.014	1.55	0.955（21 °C）	2	1.04	1.0166
水在灭火剂中的溶解度	ppm	1.006 2%（重量比）	<0.001	0.12%（重量比）	0.11%（重量比）	700（25 °C）	700（25 °C）	0.06%（重量比）	500（10 °C）	740（20 °C）

注：1. 本表译自美国NFPA2001（2015年版）附录A中的表A.1.4.1（c）。

2. HCFC混合A中，二氟一氯甲烷（82%）的分子量：12.01×1+1.008×1+19.00×2+35.45×1=86.468；四氟一氯乙烷（9.5%）的分子量：12.01×2+1.008×4+19.00×4+35.45×1=136.478；三氟二氯乙烷（4.75%）的分子量：12.01×2+1.008×1+19.00×3+35.45×2=152.928；异丙烯基-1-甲基环己烯（3.75%）的分子量：12.01×10+1.008×16=136.228。根据表1，HCFC混合A中各组分为重量比，所以，HCFC混合A的分子量：86.468×82%+136.478×9.5%+152.928×4.75%+136.228×3.75%=96.242。与本表中的HCFC混合A的分子量（92.90）不一致，比表中值略大。具体原因，尚不清楚。可能是与对非理想气体状态的修正有关。

3. HFC混合B中，四氟乙烷（86%）的分子量：12.01×2+1.008×2+19.00×4=102.036；五氟乙烷（9%）的分子量：12.01×2+1.008×1+19.00×5=120.028；二氧化碳（5%）的分子量：12.01×1+16.00×2=44.01。根据表1，HFC混合B中各组分为重量比，所以，HFC混合B的分子量：102.036×86%+120.028×9%+44.01×5%=100.754。与本表中的HFC混合B的分子量（99.4）不一致，比表中值略大。具体原因，尚不清楚。可能是与对非理想气体状态的修正有关。

表 4　惰性气体灭火剂的物理特性

物理特性	单位	IG-01	IG-100	IG-541	IG-55
分子量	N/A	39.9	28.0	34.0	33.95
沸点（760 mmHg）	°C	−189.85	−195.8	−196	−190.1
凝固点	°C	−189.35	−210.0	−78.5	−199.7
临界温度	°C	−122.3	−146.9	N/A	−134.7
临界压力	kPa	4 903	3 399	N/A	4 150
蒸汽比热[恒压（1atm）和 25 °C]	kJ/kg·°C	0.519	1.04	0.574	0.782
沸点时的蒸发潜热	kJ/kg	163	199	220	181
相对介电强度[1atm（734 mmHg），25 °C（N_2=1.0）]	N/A	1.01	1.0	1.03	1.01
水在灭火剂中的溶解度（25 °C）	N/A	0.006%	0.0013%	0.015%	0.006%

注：1. 本表译自美国 NFPA2001（2015 年版）附录 A 中的表 A.1.4.1（d）。
　　2. IG-541 中，氮气（52%）的分子量：14.01×2＝28.02；氩气（40%）的分子量：39.95×1＝39.95；二氧化碳（8%）的分子量：12.01×1+16.00×2＝44.01。IG-541 的分子量：28.02×52%+39.95×40%+44.01×8%＝34.07。与本表中的 IG-541 的分子量（34.0）基本一致。
　　3. IG-55 中，氮气（50%）的分子量：14.01×2＝28.02；氩气（50%）的分子量：39.95×1＝39.95。IG-55 的分子量：28.02×50%+39.95×50%＝33.99。与本表中的 IG-55 的分子量（33.95）基本一致。

作者简介： 张之立（1968—），男，高级工程师（享受教授、研究员待遇）。国家注册公用设备（给水排水）工程师、一级注册消防工程师。1989 年毕业于武汉城市建设学院（现华中科技大学）给水排水专业。现就职于中煤科工集团北京华宇工程有限公司，从事给水排水、消防设计工作。曾在全国性技术刊物《给水排水》《中国给水排水》《工程建设标准化》《消防科学与技术》《消防技术与产品信息》《煤炭工程》《煤炭加工与利用》《选煤技术》等刊物上发表过三十余篇论文。现为中国建筑学会建筑给水排水研究分会第二届、第三届理事，建筑给水排水研究分会消防专业委员会第二届、第三届常委，中国工程建设标准化协会建筑给水排水专业委员会第六届、第七届委员，全国工业节水标准化技术委员会（SAC/TC442）委员，中国煤炭设计水暖环保专业委员会第一届委员，全国青年给水排水工程师协会常务理事，全国建筑给水排水委员会气体消防分会委员，中煤科工集团北京华宇工程有限公司技术委员会专家和国家标准《建筑灭火器配置设计规范》（GB 50140—2005）、《煤炭洗选工程设计规范》（GB 50359—2005）（GB 50359—2016）、《建筑灭火器配置验收及检查规范》（GB 50444—2008）和国家标准《煤炭洗选工程设计防火规范》（报批中）、《煤炭工业选煤厂可行性研究报告编制规范》等设计规范编制组成员。主编国家标准《取水定额 第 11 部分 选煤》（GB/T 18916.11—2012）和中国工程建设协会标准《气体消防设施选型配置设计规程》（CECS 292：2011）。参与编写《中国消防手册》（由公安部消防局主编）、《建筑给水排水设计手册》《消防便览》等技术书籍。兼北京建筑大学工程硕士校外导师和北京市职称评审专家。

通信地址：北京市西城区德外安德路 67 号，邮政编码：100120；

联系电话：13718124720，010-82276454；

电子信箱：13718124720@163.com。

中国清洁灭火剂的发展历程

张之立

(中煤科工集团，北京华宇工程有限公司，北京 100120)

【摘 要】 较为详细地介绍了我国有关设计规范、规程中清洁灭火剂的发展历程。对五氟乙烷在我国的禁用问题提出作者个人的看法。

【关键词】 公消〔2001〕217号文；GB 50370；CECS 292；清洁灭火剂；卤代烷；惰性气体；五氟乙烷

1987年9月16日，在加拿大通过了《关于消耗臭氧层物质的蒙特利尔议定书》，于1989年1月1日起生效。当时首次规定受控的消耗臭氧层物质有两类。其中，第二类即哈龙类物质，包括哈龙1211、1301和2402等三种物质。此后在全世界范围内，开始了哈龙替代品——清洁灭火剂的研发工作。

本文着重介绍我国清洁灭火剂发展变化情况。

1 我国关于清洁灭火剂的政策规定

1991年6月，中国政府宣布正式加入《关于消耗臭氧层物质的蒙特利尔议定书》(伦敦修正案)。

随着我国环保总局《中国消耗臭氧层物质逐步淘汰国家方案》和公安部《中国消防行业哈龙整体淘汰计划》《哈龙替代品推广应用的规定》(公消〔1996〕196号文)等文件的制订与实施，大致从20世纪90年代中期起，我国开始大规模应用清洁灭火剂，主要是七氟丙烷和IG-541等。

2001年8月1日，公安部消防局向全国各省、自治区、直辖市公安厅(局)消防局发布了《关于进一步加强哈龙替代品及其替代技术管理的通知》(公消〔2001〕217号文)。该文是我国目前唯一的关于清洁灭火剂使用规定的政策性文件。

该文件规定：含氢氯氟烃(HCFC)、氢溴氟烃(HBFC)、全氟烃(PFC)和五氟乙烷的灭火剂在我国属于禁用灭火剂。

该文件的附件1《几种清洁灭火剂在我国的政策允许情况》见表1。

表1 几种清洁灭火剂在我国的政策允许情况

一般名称	商品名称	化学组成	类别	政策允许情况
HCFC混合A	NAF S-Ⅲ	$CHClF_2$ (82.00%) $CHClFCF_3$ (9.50%) $CHCl_2CF_3$ (4.75%) $C_{10}H_{16}$ (3.75%)	HCFC	禁用
HCFC-124	FE-241	$CHClFCF_3$	HCFC	禁用
HFC-23	FE-13	CHF_3	HFC	可用
HFC-125	FE-25	CF_3CHF_2	HFC	禁用

续表

一般名称	商品名称	化学组成	类别	政策允许情况
HFC-227$_{ea}$	FM-200	CF_3CHFCF_3	HFC	可用
HFC-236$_{fa}$	FE-36	$CF_3CH_2CF_3$	HFC	可用
FC-3-1-10	CEA-410	C_4F_{10}	PFC	禁用
FC-2-1-8	CEA-308	C_3F_8	PFC	禁用
氩气	IG-01	Ar	惰性气体	可用
氮气	IG-100	N_2	惰性气体	可用
氮、氩混合气体	IG-55	N_2（50%） Ar（50%）	惰性气体	可用
氮、氩、CO_2混合气体	IG-541	N_2（52%） Ar（40%） CO_2（8%）	惰性气体	可用

根据表1，我国可用的清洁灭火剂有7种，禁用的有5种。

根据公消〔2001〕217号文的精神，二氟一溴甲烷、各种HCFC混合物和全氟己烷（十四氟己烷）等虽未出现在表1中，但在我国也是禁用的。

2 我国设计规范、规程关于清洁灭火剂的应用规定

我国于2006年5月1日起实施的国家标准《气体灭火系统设计规范》（GB 50370—2005，以下简称《规范》）中采用的清洁灭火剂是七氟丙烷和IG-541。在该《规范》1.0.1条的条文说明中指出：待时机成熟，可分阶段地编入三氟甲烷、六氟丙烷等气体灭火系统。

近些年来，我国部分省、市、自治区制定了一些国家标准《气体灭火系统设计规范》中尚未采用的清洁灭火剂灭火系统技术规程。如：对三氟甲烷，有江苏省地方标准《三氟甲烷灭火系统设计、施工及验收规程》（DGJ 32/J 10—2005）、广西壮族自治区地方标准《三氟甲烷灭火系统设计、施工及验收规范》（DB 45/T 88—2003）等。对六氟丙烷，有江苏省地方标准《六氟丙烷气体灭火系统设计、施工及验收规程》（DGJ 32/TJ 56—2006）等。对氮气，有广东省地方标准《洁净气体IG 100灭火系统设计、施工及验收规范》（DBJ 15-47—2005）等。

此外，由中国工程建设标准化协会防火防爆专业委员会归口管理、中船第九设计研究院工程有限公司主编的中国工程建设协会标准《气体消防设施选型配置设计规程》（CECS 292：2011）已于2011年8月1日起施行。该规程采用7种清洁灭火剂——三氟甲烷、六氟丙烷、七氟丙烷、氮气、氩气、氮氩混合气、氮氩二氧化碳混合气，并涉及7种清洁灭火剂的气体灭火系统和注氮控氧防火系统及火探管气体灭火系统（装置）。

3 关于五氟乙烷的禁用问题

五氟乙烷在我国虽然是禁用的，但它与三氟甲烷、七氟丙烷在化学构成上十分相似，均是氢氟烷，

都是除氟、碳原子外，只有一个氢原子，不含氯、溴原子。因此，它们的臭氧消耗潜能值（ODP）都是零。

关于温室效应潜能值（GWP），以二氧化碳的 GWP = 1 为基准，三氟甲烷的 GWP = 14 310，五氟乙烷的 GWP = 3 450，七氟丙烷的 GWP = 3 140。以 CFC 11 的 GWP = 1 为基准，三氟甲烷的 GWP = 1.32，五氟乙烷的 GWP = 0.84，七氟丙烷的 GWP = 0.40。可见，五氟乙烷的 GWP 介于三氟甲烷和七氟丙烷之间。如果按对哈龙替代物 GWP 的理想要求指标——GWP≤0.1（以 CFC 11 的 GWP = 1 计），三氟甲烷、五氟乙烷和七氟丙烷都不符合要求。

关于大气中存活寿命（ALT），三氟甲烷的 ALT = 270 年，五氟乙烷的 ALT = 41 年，七氟丙烷的 ALT = 34.2 年。五氟乙烷的 ALT 也介于三氟甲烷和七氟丙烷之间。

关于毒理学指标，三氟甲烷的无毒性反应（NOAEL）浓度 = 30%，有毒性反应（LOAEL）浓度>30%；五氟乙烷的 NOAEL = 7.5%，LOAEL = 10.0%；七氟丙烷的 NOAEL = 9.0%，LOAEL = 10.5%。五氟乙烷的 NOAEL 和 LOAEL 比三氟甲烷和七氟丙烷差，但只是略小于七氟丙烷的相应数据。

既然五氟乙烷的环境指标（ODP、GWP 和 ALT）总体上介于三氟甲烷和七氟丙烷之间，其毒理学指标只是略差于七氟丙烷。而三氟甲烷和七氟丙烷在我国又是可用的，所以，禁用五氟乙烷令人感到比较费解。

由于五氟乙烷的解禁涉及国家技术政策的重大修改，因此，笔者认为应持非常谨慎的态度。此外，目前对五氟乙烷的生产原料、生产过程及相关环节是否存在环保等问题，仍不清楚。但五氟乙烷在国际标准化组织、美国和俄罗斯等国家的标准中，都允许使用。

由于公消〔2001〕217 号文是在 21 世纪初的国内技术水平的基础上制定的，而当时美国的 NFPA 2001（2000 年版）和国际标准化组织的 ISO 14520（2000 年版）在五氟乙烷的使用问题上就与我们不一致。现在，离公消〔2001〕217 号文的发布时间已过去 16 年，所以，建议国家公安消防主管部门可根据当前的技术发展水平，重新对五氟乙烷予以审视。

由于一些清洁灭火剂，如 HFC 混合 B，均为含有五氟乙烷的灭火剂，是否为禁用品尚不明确。所以，五氟乙烷不仅是个案问题，而且涉及含有五氟乙烷成分的其他灭火剂的问题。

另外，希望国家公安消防主管部门能对公消〔2001〕217 号文中未涉及的清洁灭火剂种类做出原则规定，如氟碘烷、氟化酮等。

4　中国与国际标准化组织、美国、俄罗斯的清洁灭火剂采用情况对比

中国与国际标准化组织、美国、俄罗斯现行标准中清洁灭火剂采用情况对比见表 3。

表 3　中国与国际标准化组织、美国、俄罗斯现行标准中清洁灭火剂采用情况对比

序号	国际标准化组织 ISO14520：2015	中国（GB 50370—2005、CECS 292：2011 等）	美国（NFPA2001：2015）	俄罗斯（НПБ 88：2001）
1	全氟乙基异丙基酮	—	全氟乙基异丙基酮	—
2	三氟甲烷	三氟甲烷	三氟甲烷	三氟甲烷
3	三氟一碘甲烷	—	三氟一碘甲烷	—
4	已删除	禁用	四氟一氯乙烷	—
5	五氟乙烷	禁用	五氟乙烷	五氟乙烷
6	六氟丙烷	六氟丙烷	六氟丙烷	—

续表

序号	国际标准化组织 ISO14520：2015	中国 （GB 50370—2005、CECS 292：2011 等）	美国 （NFPA2001：2015）	俄罗斯 （НПБ 88：2001）
7	七氟丙烷	七氟丙烷	七氟丙烷	七氟丙烷
8	HCFC 混合 A	禁用	HCFC 混合 A	—
9	—	—	HFC 混合 B	—
10	氮气	氮气	氮气	氮气
11	氩气	氩气	氩气	氩气
12	氮、氩混合气	氮、氩混合气	氮、氩混合气	—
13	氮、氩、二氧化碳混合气	氮、氩、二氧化碳混合气	氮、氩、二氧化碳混合气	氮、氩、二氧化碳混合气
14	已删除	禁用	已删除	全氟丙烷（八氟丙烷）
15	—	禁用	—	八氟环丁烷（全氟环丁烷）
16	—	—	—	六氟化硫

5 常见气体灭火剂国内外使用规定一览表（见表4）

表4 常见气体灭火剂国内外使用规定一览表

气体灭火剂名称	中国 （公消〔2001〕217号文）	世界标准化组织 ISO 14520：2015	美国 NFPA 2001：2015	俄罗斯 НПБ 88：2001
清洁灭火剂（哈龙替代物）				
全氟乙基异丙基酮	未明确、未采用	采用	采用	未采用
HCFC 混合 A	禁用	采用	采用	未采用
HCFC 混合 B	禁用	未采用	未采用	未采用
HCFC 混合 C	禁用	未采用	未采用	未采用
HCFC 混合 D	禁用	未采用	未采用	未采用
HCFC 混合 E	禁用	未采用	未采用	未采用
NAF S 125	未明确、未采用	未采用	采用	未采用
HFC 混合 B	未明确、未采用	未采用	采用	未采用
三氟甲烷	采用	采用	采用	采用
四氟甲烷（全氟甲烷）	禁用	未采用	未采用	未采用
三氟一碘甲烷	未明确、未采用	采用	采用	未采用
二氟一溴甲烷	禁用	未采用	淘汰	未采用
二氟一氯甲烷	禁用	未采用	未采用	未采用
三氟二氯乙烷	禁用	未采用	未采用	未采用
四氟一氯乙烷	禁用	淘汰	采用	未采用

续表

气体灭火剂名称	中国 (公消〔2001〕217号文)	世界标准化组织 ISO 14520：2015	美国 NFPA 2001：2015	俄罗斯 НПБ 88：2001
四氟乙烷	未明确、未采用	未采用	采用	未采用
五氟乙烷	禁用	采用	采用	采用
六氟丙烷	采用	采用	采用	未采用
七氟丙烷	采用	采用	采用	采用
全氟丙烷 (八氟丙烷)	禁用	淘汰	淘汰	采用
全氟丁烷 (十氟丁烷)	禁用	淘汰	淘汰	未采用
全氟己烷 (十四氟己烷)	禁用	未采用	未采用	未采用
八氟环丁烷 (全氟环丁烷)	禁用	未采用	未采用	未采用
六氟化硫	未明确、未采用	未采用	未采用	未采用
氩气	采用	采用	采用	采用
氮气	采用	采用	采用	采用
氮气、氩气混合物	采用	采用	采用	未采用
氮气、氩气、二氧化碳混合物	采用	采用	采用	采用
传统气体灭火剂（二氧化碳和哈龙）				
二氧化碳	采用	采用	采用	采用
三氟一溴甲烷 (用于灭火系统)	在必要场所，可用； 在非必要场所，禁用	在必要场所，可用； 在非必要场所，禁用	在必要场所，可用； 在非必要场所，禁用	在必要场所，可用； 在非必要场所，禁用
二氟一氯一溴甲烷 (用于灭火器)	在必要场所，可用； 在非必要场所，禁用	在必要场所，可用； 在非必要场所，禁用	在必要场所，可用； 在非必要场所，禁用	在必要场所，可用； 在非必要场所，禁用
四氟二溴乙烷 (用于灭火系统)	禁用	禁用	禁用	在必要场所，可用； 在非必要场所，禁用

注：1. HCFC混合A由二氟一氯甲烷（HCFC-22）（82%）、四氟一氯乙烷（HCFC-124）（9.5%）、三氟二氯乙烷（HCFC-123）（4.75%）和异丙烯基-1-甲基环己烯（$C_{10}H_{16}$）（3.75%）组成。
2. HCFC混合B（商标名：Halotron I）由三氟二氯乙烷（HCFC-123）、氩气（Ar）和四氟化碳（四氟甲烷）（CF_4）组成。
3. HCFC混合C（商标名：NAF P-III）由三氟二氯乙烷（HCFC-123）（55%）、四氟一氯乙烷（HCFC-124）（31%）、四氟乙烷（HFC-134a）（10%）和异丙烯基-1-甲基环己烯（$C_{10}H_{16}$）（4%）组成。异丙烯基-1-甲基环己烯的国际代号：CAS 5989-27-5。
4. HCFC混合D（商标名：Blitz III）由三氟二氯乙烷（HCFC-123）和添加剂（名称保密）组成。
5. HCFC混合E（商标名：NAF P-IV）由三氟二氯乙烷（HCFC-123）（90%）、五氟乙烷（HFC-125）（8%）和异丙烯基-1-甲基环己烯（$C_{10}H_{16}$）（2%）组成。
6. SHT-2000（商标名：NAF S 125）由五氟乙烷（HFC-125）和异丙烯基-1-甲基环己烯（$C_{10}H_{16}$）组成。按重量比，五氟乙烷占99.85%，异丙烯基-1-甲基环己烯占0.15%。
7. HFC混合B由四氟乙烷（HCFC-134a）（86%）、五氟乙烷（HFC-125）（9%）和二氧化碳（CO_2）（5%）组成。
8. 全氟乙基异丙基酮（FK-5-1-12）、HCFC混合B和六氟丙烷也可用于灭火器。
9. 英国和乌克兰等国完全或等效采用国际标准ISO 14520。

6 原子的种类和数量对清洁灭火剂特性的影响

清洁灭火剂化学分子式中各种原子的种类和数量对其物理化学、环保、灭火特性的影响如下所述：

6.1 沸点和临界温度

随氯原子和碳原子数的增加而上升，随氟原子数的增加而下降。

6.2 可燃性

随氢原子数的增加而增大。因此，大多数的全氟烷碘代烷（即全卤代烷）通常都是不可燃的。按碘、溴、氯、氟原子的顺序，卤代烷的灭火能力呈明显降低的趋势。三氟一碘甲烷含有碘、氟原子，哈龙 1301 和哈龙 2402 含有溴、氟原子，哈龙 1211 含有溴、氯、氟原子，均优于氢氟烷（只含有卤族元素里的氟原子，如三氟甲烷、五氟乙烷、六氟丙烷、七氟丙烷等）的灭火效果。

6.3 稳定性

全氟烷碘代烷通常都具有良好的耐热稳定性和化学稳定性。其中，全氟代烷的稳定性最高。但是，含氢原子的氯氟代烷的耐热稳定性较差，含氯原子较多的、氯氟代烷的化学稳定性较低。

6.4 毒 性

含氯、溴、碘原子的数量越少，毒性越小。而全氟代烷基本无毒。

6.5 环保特性

含少量的氢原子和不含氯原子的氢氟烷的环保特性较好，即其破坏臭氧层的可能性较小，温室效应值也较低。从当前的发展情况来看，含一个氢原子的氢氟烷，其综合环保特性较佳。

6.6 综 合

综合上述因素，就卤代烷系列清洁灭火剂而言，含一个氢原子的氢氟烷（如三氟甲烷、五氟乙烷、七氟丙烷）的综合特性较为理想，比含有多个氢原子的氢氟烷及其他气体灭火剂的性能较佳。

从美国和国际标准化组织在历次筛选淘汰之后，在最新版 NFPA 2001（2015 年版）和 ISO 14520（2015 年版）中所使用的卤代烷清洁灭火剂的种类看，在氢氟烷中，有三氟甲烷（HFC-23）、五氟乙烷（HFC-125）、六氟丙烷（HFC-236$_{fa}$）、七氟丙烷（HFC-227$_{ea}$）四种。其中，除六氟丙烷有两个氢原子外，其余三种灭火剂——三氟甲烷、五氟乙烷、七氟丙烷均只有一个氢原子。这与上述的"含一个氢原子的氢氟烷的综合特性较为理想"的观点基本相符。俄罗斯也只使用三氟甲烷、五氟乙烷、七氟丙烷这三种氢氟烷。此外，NFPA 2001（2015 年版）所使用的 HFC 混合 B 灭火剂中的主要成分——四氟乙烷，含有两个氢原子。

目前，美国和国际标准化组织允许采用的唯一氟化酮灭火剂是全氟化酮（FK-5-1-12）。不知非全氟化酮（如氢氟化酮）是否具备入选清洁灭火剂的潜力？

作者简介：张之立（1968—），男，高级工程师（享受教授、研究员待遇）。国家注册公用设备（给水排水）工程师、一级注册消防工程师。1989 年毕业于武汉城市建设学院（现华中科技大学）给水排水专业。现就职于中煤科工集团北京华宇工程有限公司，从事给水排水、消防设计工作。曾在全国性技术刊物《给水排水》《中国给水排水》《工程建设标准化》《消防科学与技术》《消防技术与产品信息》《煤炭工程》《煤炭加工与利用》《选煤技术》等刊物上发表过三十余篇论文。现为中国建筑学会建筑给水排水研究分会第二届、第三届理事，建筑给水排水研究分会消防专业委员会第二届、第三届常委，中国工程建设标准化协会建筑给水排水专业委员会第六届、第七届委员，全国工业节水标准化技术委员会（SAC/TC442）委员，中国煤炭设计水暖环保专业委员会第一届委员，全国青年给水排水工程师协会常务理事，全国建筑给水排水委员会气体消防分会委员，中煤科工集团北京华宇工程有限公司技术委员会专家和国家标准《建筑灭火器配置设计规范》（GB 50140—2005）、《煤炭洗选工程设计规范》（GB 50359—2005）（GB 50359—2016）、《建筑灭火器配置验收及检查规范》（GB 50444—2008）和国家标准《煤炭洗选工程设计防火规范》（报批中）、《煤炭工业选煤厂可行性研究报告编制规范》等设计规范编制组成员。主编国家标准《取水定额 第 11 部分 选煤》（GB/T 18916.11—2012）和中国工程建设协会标准《气体消防设施选型配置设计规程》（CECS 292：2011）。参与编写《中国消防手册》（由公安部消防局主编）、《建筑给水排水设计手册》《消防便览》等技术书籍。兼北京建筑大学工程硕士校外导师和北京市职称评审专家。

通信地址：北京市西城区德外安德路 67 号，邮政编码：100120；

联系电话：13718124720，010-82276454；

电子信箱：13718124720@163.com。

自然排烟窗开启系统中理解的误区及对策

解 宏，解文炎

（宁波合力伟业消防科技有限公司，浙江 宁波 315000）

【摘 要】自然排烟系统作为火灾防烟排烟重要的一种方式，因其构造简单实用、运行维护成本低等特点而在国内得到大力推广和应用。但自然排烟系统在国内发展和理论研究时间不长，尚缺乏针对性的国家标准，导致设计及监管部门对自然排烟系统的利用存在误区。低门槛的技术原理致使大量排烟窗厂家涌现，缺乏深入的理论基础，不仅未促进行业向更高水平发展，反而错误宣传降低性能。本文整理作者近期在工作中发现的一些问题并进行阐述，提出相应的对策供参考。

【关键词】自然排烟；误区；对策；手动开启

1 引 言

研究表明火灾烟气是火场中人员致死的主要诱因。排出火灾烟气是保障建筑内人员安全疏散的有效措施。建筑内部对于火灾烟气的应对策略分为防烟和排烟。而防烟可分为机械加压防烟和自然排烟，排出烟气也为防烟，但这种自然排烟的防烟手段主要用于楼梯间及前室。而排烟也可分为机械排烟和自然排烟。同时因自然排烟系统的构成相对简单美观、运行维护费用低、不占用空间高度、兼做通风节能等优点而广泛采用。

在编国家标准《建筑防烟排烟系统技术规范》要求建筑排烟系统的设计应根据建筑的使用性质、平面布局等因素，优先采用自然排烟系统。许多学者或工程设计人员对建筑特别是高大空间建筑采用自然排烟的可行性进行过研究，自然排烟开口面积、排烟补风口位置、火源功率、外界风速风向等对自然排烟效果都有所研究成果，并在规范编制中得以应用。

但目前既有和在编规范尚缺乏对后续自然排烟产品的明确约束。因为自然排烟系统控制原理和系统构成相对简单、门槛低、开窗机电器具获取渠道丰富，许多相关行业和厂家都能开发出自己的自然排烟、通风产品，并结合时下物联网等概念包装出形形色色的组合产品。并且有些厂家通过购买一些简单的成品配件都可以组装出自然排烟产品。但这些简单组合凸显出来的问题是对自然排烟系统缺乏足够的认识，没有把自然排烟系统看作火场救命的保障，仅仅是普通民用产品的一种。笔者长期从事自然排烟系统产品的开发与研究，当看到自然排烟窗被错误地使用和安装时，深感相关设计人员和厂家并未仔细研究自然排烟的机理，仅仅是为了满足规范条款而达成任务。常见自然排烟窗的开启方式主要有电动开窗机开启和气动开窗机开启两种。无论哪种开启方式，都必须能够在火灾时有效且及时开启至设计角度，但是在理解规范和标准的要求时存在一些误区。

2 认识误区及应对策略

2.1 误区一：高侧排烟窗开启方向

原《高层民用建筑设计防火规范》（GB 50045—95）（2005 年版）和《建筑设计防火规范》（GB 50016—2006）均未明确要求自然排烟窗的开启方向。按照"法不禁止即可为"的原则，大多数设计人员、排烟窗厂家和施工人员并未深入了解和研究热烟气流动规律，草率参照普通民用通风挡雨上悬窗户的安装方式，大大降低火灾烟气排出效率。

虽然原来的建筑设计防火规范乃至现行的《建筑设计防火规范》（GB 50016—2014）[1]未明确排烟窗开启方向，但如果对烟气流稍作分析，也不会采用图示安装和开启方式。并且 2006 年即发布执行的上海市工程建设规范《建筑防排烟技术规程》（DGJ 08-88—2006）[2]第 4.3.1 条明确提出当自然排烟窗设置在外墙上时，设置高度不应低于储烟仓的下沿或室内净高度的 1/2，并应沿火灾气流方向开启。北京市地方标准《自然排烟系统设计施工及验收规范》（DBJ 01-623—2006）[3]第 3.2.6 条明确要求自动排烟窗应设置在储烟仓的顶部或外墙上，当设置在外墙上时，其底边设置高度不应低于储烟仓的下沿，且应沿着火灾气流方向开启。上海和北京的地方标准发展至今十年有余，从笔者的工作经历感受来看，多数设计人员未借鉴发达地区的经验，而是掩耳弃置不理。因为采用上悬窗可以充分满足业主日常通风时的遮风挡雨功能，采用下悬窗易导致雨水飘入室内，或者密封锁紧不严的下悬窗还将导致漏水等问题。从这一点来说，业主、设计人员意识中并未将消防功能放在第一位。因为无国家标准的约束，消防监管部门执法也无法强制要求参照外地标准。图 1、图 2 分别为高侧窗错误、正确开启方向示意图。

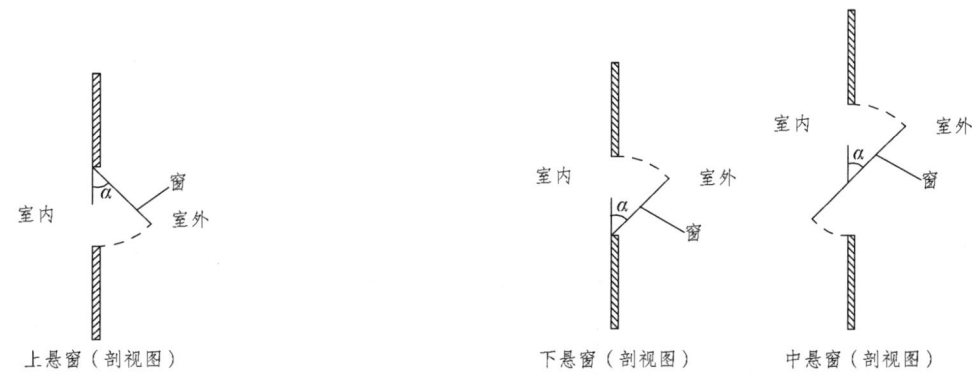

图 1　高侧窗错误开启方向示意图　　　　图 2　高侧窗正确开启方向示意图

应对策略：在编《建筑防烟排烟系统技术规范》国家标准已明确要求自然排烟窗（口）应沿火灾烟气的气流方向开启。相关设计人员应在该问题上提高认识，积极学习扩展自己的知识技能水平，同时应该强化认知我国"预防为主，防消结合方针"的含义。为避免下悬窗可能导致后期漏水等问题，首先应采用可靠的排烟窗产品，避免劣质产品密封材料快速老化、开窗机无法锁紧等问题；其次应该由厂家的专业施工队伍进行安装，降低误操作、误安装的风险，排除不具备资质的厂家或产品代理商的低劣做法；此外，建筑设计或外幕墙设计时应充分考虑为高侧排烟窗设置挡雨设施，如外挑的屋檐等。

2.2 误区二：气动开窗机开启时间测试

排烟窗开启时间应有限制要求，火灾情况下所有设施设备都是争分夺秒地控火排烟。不管是电动开窗还是气动开窗都应尽快响应，及时排出火灾烟气。否则仅在规范中要求排烟窗需联动开启就失去了意义，60 s 开启也算开启，1 h 开启也算开启，应避免有些厂家利用这些漏洞降低工程质量。

国家标准《电动采光排烟天窗》（GB/T 28637—2012）[4]中 6.4.2.6 条款明确要求：窗扇应在 60 s 内达到设计开启角度。在检测时，要求开窗机 60 s 之内达到设计行程。该项标准中的这一要求虽然同样适用于气动开窗机，但在检测方法上气动开窗机和电动开窗机应有所区别。从实际工程角度出发，同一防烟分区若干个电动开窗机采用的是并联的方式连接（即通电或断电时同一条线路上的所有电动开窗机同时得电或失电），工作电压可以瞬间从额定电压降为零甚至生成反向电压。其开启或关闭动作是同步进行的，即在额定工作电压下，单机动作达到设计行程所需工作时间与同一线路上接入的所有开窗机同时动作达到设计行程所需工作时间是一致的（单机 60 s 内动作达到设计行程则可实现 60 s 内同一线路上所有开窗机动作达到设计行程），一扇排烟窗开启完成所需要的时间即为同一防烟分区所有排烟窗开启完成所需要的时间。而气动开窗机则不同。同一防烟分区若干个气动开窗机采用的是"串联"的方式连接（即充气或放气时，同一线路上的所有气动开窗机沿着管路的方向有一个压力递增或递减的变化曲线，这些气动开窗机在工作时会呈现顺序开启或顺序关闭的现象），因此单个气动开窗机动作到设计行程所需要的工作时间并不等同于同一线路上所有气动开窗机全部动作到设计行程所需要的工作时间，所有气动开窗机全部动作到设计行程所需要的工作时间与该条线路上气动开窗机的距离、数量、管径尺寸、管路气压强度、进出气口总截面积的比例甚至管路弯头的多少都有关系。由于管路中气体压力不可能瞬间降为零，更不能在瞬间生产反向气压，充气和放气都需要时间，如同火灾时逃生口的距离、数量和宽度等直接影响逃生效果一样。

试验表明：即使单台气动开窗机在额定气压下动作到设计行程所需要的时间只有 2 s，50 台气动开窗机（25 扇排烟窗需要 50 台气动开窗机）全部动作到设计行程所需要的时间为 70 s，开启时间较长，不能满足消防要求。

应对策略：不论是电动开窗机还是气动开窗机都应尽快开启至设计角度。故气动开窗机也应参照国家标准《电动采光排烟天窗》（GB/T 28637—2012）中 6.4.2.6 条款基本要求，气动排烟窗的开启时间试验应在施工完成后实地现场测试和调试。建议每个防烟分区都应进行测试，不能以单台气动开窗机的测试时间代替实地现场测试结果。如果完全开启时间超过 60 s 则需要增加足够的进气主管道和出气主管道或（和）以减少每组排烟窗的数量，降低完全开启时间，满足消防要求。

2.3 误区三：手动开启概念

在《建筑设计防火规范》（GB 50016—2014）、公安部公消〔2016〕113 号文件《关于加强超大城市综合体消防安全工作的指导意见》[5]及一些地方标准中，对开窗机的功能有不同的要求，如：手动开启、手动控制开启、手动机械开启、手动机械集中开启、应急开启、无电手动开启、无源手动开启、断电下可靠开启、防失效开启、事故开启功能等。说法不同但其核心内容或基本要求就是设备能够在设备断电、电缆线断裂、电器元件老化等状态下及时有效开启。由于在编《建筑防烟排烟系统技术规范》尚未颁布，行业内对《建筑设计防火规范》（GB 50016—2014）中自然排烟窗"手动开启"的要求理解上并不深入更未达成共识。从对概念的理解层面上来说主要有两种：① 手动开启错误地理解为通过按钮开关给开窗机供电实现排烟窗开启的方式；② 应急开启、防失效开启错误地理解为通过设置 UPS 备用电源确保供电稳定。从字面上理解，上述的解释不能说有原则性的错误，部分施工单位甚至建设单位从自身利益角度更愿意甚至强化上述错误的理解。规范条款的设置初衷是：鉴于火灾烟气的危害性，通过提升开窗机的防失效功能（手动开启功能），提高排烟窗开启的可靠性以确保排烟窗在断电、电线断裂甚至设备故障等情况下能够及时有效将烟气排出建筑物外。上述错误的理解与规范条款的设置初衷背道而驰，其较大风险在于一旦供电线缆断裂时设备无法得电（UPS 因电缆线断裂无法对设备供电），开窗机不能工作，排烟窗不能及时有效开启，火灾烟气不能及时有效被排出建筑物外。

应对策略：公安部公消〔2016〕113 号文件《关于加强超大城市综合体消防安全工作的指导意见》重申"步行街、中庭等共享空间设置的自动排烟窗，应具有与自动报警系统联动和手动控制开启的功能，并宜依靠自身重力下滑开启。"该意见不仅对"手动开启"进行了解释，同时更进一步说明了"手动开启"的概念：无须电动开窗机电机做功，通过人力直接操纵机械机构在窗扇的自身重力蓄能或窗扇的机械蓄能实现排烟窗的及时有效开启。就如同我国某些超高层建筑将灭火所需的所有消防用水量储存在屋顶，在火灾时仅需要简单地将蓄积的水释放出来即可有效灭火，而不需要火灾时再通过地下一层消防水泵向高层供水，可靠性显著提高。所以新建工程中的自然排烟窗应设计具有手动机械开启（防失效开启）的电动开窗机，配以手动机械开启机构，该机构放置在距地面 1.3～1.5 m 高度。对已完工或投入使用的自然排烟窗开窗机应进行技术升级，使之在保持消防联动开启的功能基础上增加手动机械开启（防失效开启）功能，同时配以手动机械开启机构，同样该机构放置在距地面 1.3～1.5 m 高度。

2.3　误区三：开启面积（开窗机开启行程）

发生火灾时排烟窗开启的有效面积方能作为排烟面积，并不是能开启的排烟窗整个窗框面积都能计入排烟面积。排烟窗有效面积与它的开启角度的正弦值成正比。虽然 $\sin 90°=1$，理论开启角度达 90°时排烟窗排烟面积最大。而实际应用中 90°开启的排烟窗很难实现，并无实用价值或实现成本过高。而 $\sin 70°=0.94$ 且 70°的开启角度在工程中却不难达到，故通常认为能达到 70°开启时整个窗框面积均有效。

当前诸多工程中，对排烟窗开启面积（开窗机开启行程）要求越大越好。主要表现在对于对用于排烟的滑移屋顶要求在消防状态下处于全开状态，对于顶窗和下悬侧窗要求开启 70°。这对保证排烟口有效面积是必要的。但当该排烟口的邻近有更高的建筑时（如裙楼和塔楼的关系），其排烟效果可能会受到影响。在邻近塔楼受到正向风压或斜向下风压时，风向会因为受到塔楼的阻挡和弹力进而直接向邻近排烟口逆向灌风，不仅阻碍烟气的排放，更可能将已排出洞口的烟气压回（吹回）洞口内。同时，洞口内的烟气被冷却降温，导致烟气非预期性沉降，其危害程度不可小视。

应对策略：在邻近塔楼（或其他高层建筑）的裙楼屋顶不宜设置滑移屋顶作为排烟天窗。尽可能设置侧向下悬开启排烟窗，并相对建筑结构对称分布，同时在下悬窗的上部设置挡风设施如挑檐、风帽等。对于排烟窗开启角度等还应引入消防性能化模拟研究，并充分考虑建筑外部构造特征、室外主导风向风速，论证选取合适的开启角度。

3 小　结

  本文结合笔者自身经历，浅谈近期常常遇到的对自然排烟窗开启方向、开启时间、手动开启概念等的误解，提出自己的意见和建议，可供设计人员、监管人员参考。同时期望行业同仁提高消防认识，将消防设计放在重要考虑位置，真正促进行业的深入健康发展。

参考文献

[1]　GB 50016—2014. 建筑设计防火规范[S]. 北京：中国计划出版社，2014.
[2]　DGJ 08-88—2006. 建筑防排烟技术规程[S]. 上海：上海市建设和交通委员会，2006.
[3]　DBJ 01-623—2006. 自然排烟系统设计施工及验收规范[S]. 北京：北京市建筑设计标准化办公室，2006.
[4]　GB/T 28637—2012. 电动采光排烟天窗[S]. 北京：中国标准出版社，2013.
[5]　公安部公消〔2016〕113号文件. 关于加强超大城市综合体消防安全工作的指导意见[Z]. 2016.